21世纪高职高专新概念规划教材

经济数学

（第三版）

主　编　何春江

副主编　张翠莲　王晓威　毕亚军

中国水利水电出版社
www.waterpub.com.cn

内 容 提 要

本书是根据教育部最新制定的《高职高专教育高等数学课程教学基本要求》编写的。本书主要包括：函数、极限与连续，导数与微分，中值定理与导数的应用，不定积分，定积分，定积分的应用，多元函数微分学，多元函数积分学，常微分方程，无穷级数等。本书依据“以应用为目的，以必需、够用为度”的原则，在尽量保证科学性的基础上，注意讲清概念，减少数学理论的推证，注重学生基本运算能力和分析问题、解决问题能力的培养，强调数学的应用。本教材力求叙述简明，深入浅出，分散难点。

本书既可作为高等专科学校、高等职业学校、成人高校及本科院校举办的二级职业技术学院和民办高校经济类各专业的教材，又可作为“专升本”及学历文凭考试的经济类专业的教材或参考书。

图书在版编目（CIP）数据

经济数学 / 何春江主编. -- 3版. -- 北京 : 中国水利水电出版社, 2015.1
21世纪高职高专新概念规划教材
ISBN 978-7-5170-2766-9

Ⅰ. ①经… Ⅱ. ①何… Ⅲ. ①经济数学－高等职业教育－教材 Ⅳ. ①F224.0

中国版本图书馆CIP数据核字(2014)第308652号

策划编辑：雷顺加　　责任编辑：宋俊娥　　封面设计：李 佳

书 名	21世纪高职高专新概念规划教材 **经济数学（第三版）**
作 者	主 编 何春江 副主编 张翠莲 王晓威 毕亚军
出版发行	中国水利水电出版社 （北京市海淀区玉渊潭南路1号D座 100038） 网址：www.waterpub.com.cn E-mail：mchannel@263.net（万水） sales@waterpub.com.cn 电话：（010）68367658（发行部）、82562819（万水）
经 售	北京科水图书销售中心（零售） 电话：（010）88383994、63202643、68545874 全国各地新华书店和相关出版物销售网点
排 版	北京万水电子信息有限公司
印 刷	北京正合鼎业印刷技术有限公司
规 格	170mm×227mm 16开本 16.25印张 328千字
版 次	2004年9月第1版 2004年9月第1次印刷 2015年1月第3版 2015年1月第1次印刷
印 数	0001—3000册
定 价	30.00元

第三版前言

本书在第二版基础上，根据多年的教学改革实践和高校教师提出的一些建议进行修订。修订工作主要包括以下方面的内容：

（1）仔细校对并订正了第二版中的印刷错误。

（2）对第二版教材中的某些疏漏予以补充完善。

（3）调整了原书中的部分习题，使之与书中内容搭配更加合理。

负责本书修订编写工作的有何春江、张翠莲、王晓威、毕雅军等。本书仍由何春江主编，由张翠莲、王晓威、毕雅军担任副主编，各章编写分工如下：第 1 章、第 2 章由张翠莲编写，第 3 章王晓威编写，第 4 章、第 5 章由何春江编写，第 6 章由霍东升编写，第 7 章由邓凤茹编写，第 8 章由张钦礼编写，第 9 章由毕雅军编写，第 10 章由张文治编写，书后附录由王晓威编写。牛莉、翟秀娜、曾大有、岳雅璠、张京轩、毕晓华、郭照庄、赵艳、江志超、陈博海、聂铭玮、孙月芳、程广涛、张静等同志参加了本书的修订工作。

在修订过程中，我们认真考虑了读者的建议意见，在此对提出意见建议的读者表示衷心感谢。新版中存在的问题，欢迎广大专家、同行和读者继续给予批评指正。

编　者

2014 年 12 月

第二版前言

本书第一版自 2004 年 9 月出版以来，广大读者和使用本书的同行们对它的编写体系和结构都表示赞同，同时，一些高校教师和学生也提出了一些建议，经编者慎重研究，决定对本教材进行修订。修订工作主要包括以下几方面的内容：

（1）仔细校对并订正了原书中的错误。

（2）对原教材中的某些疏漏予以补充完善。

（3）调整了原书中的部分习题，使之与书中内容搭配更加合理。

本书由何春江任主编，张翠莲、王晓威、毕亚军任副主编。各章编写分工如下：第 1、2 章由张翠莲编写，第 3 章由王晓威编写，第 4、5 章由何春江编写，第 6 章由霍东升编写，第 7 章由邓凤茹编写，第 8 章由张钦礼编写，第 9 章由毕亚军编写，第 10 章由张文治编写，书后附录由王晓威编写。参加本书讨论的有牛莉、翟秀娜、曾大有、江志超、郭照庄、陈博海等，他们对全书框架、风格提出了许多宝贵意见。全书框架、统稿、定稿由何春江、王晓威承担。

在修订过程中，我们认真考虑了读者的建议和意见，在此对提出建议和意见的读者表示衷心感谢。

编　者

2007 年 10 月

第一版前言

我国高等教育正在快速发展，教材建设也要与之适应，特别是教育部关于“高等教育面向21世纪内容与课程改革”计划的实施，对教材建设提出了新的要求。本书为了适应高等教育的快速发展，满足教学改革和课程建设的需要，为体现高职高专教育的特点而编写的。

本书按照教育部制定的《高职高专教育基础课程教学基本要求》和《高职高专教育专业人才培养目标及规格》的要求，严格依据教育部提出的高职高专教育“以应用为目的，以必需、够用为度”的原则，精心选择教材的内容，从实际应用出发，加强数学思想和数学概念与工程实际相结合的综合能力的培养，并结合高职高专的特点，淡化深奥的数学理论，强化几何说明。每章都设有学习目标、小结、测试题等，便于学生总结学习内容和学习方法，巩固所学知识。

全书内容包括函数，极限与连续，导数与微分，导数的应用，不定积分，定积分，定积分的应用，常微分方程，多元函数微分学，多元函数积分学，无穷级数，书后附有积分表、习题与测试题答案。

本书可作为高等职业学校、高等专科学校、成人及本科院校举办的二级职业技术学院和民办高校各专业高等数学经济类教材，也可作为工程技术人员的参考资料。

本书由何春江任主编，张翠莲、王晓威任副主编。各章编写分工如下：第1、2章由张翠莲编写，第3章由王晓威编写，第4～6章由何春江编写，第7章由邓凤茹编写，第8章由张钦礼编写，第9章由毕亚军编写，第10章由张文治编写，书后附录由王晓威编写。参加本书讨论的有牛莉、翟秀娜、曾大有等。全书框架、统稿、定稿由何春江、王晓威承担。

在本书的编写过程中，编者参考了很多相关的书籍和资料，吸取了很多同仁的宝贵经验，在此谨表谢意。

由于时间仓促及作者水平所限，书中错误和不足之处在所难免，恳请广大读者批评指正，我们将不胜感激。

编　者

2004年8月

目　录

第 1 章　函数、极限与连续

本章学习目标

- 理解函数的概念和基本性质
- 了解反函数、复合函数的概念，会分析复合函数的复合结构
- 理解数列和函数极限的描述性概念，了解极限的性质
- 能熟练运用极限的四则运算法则和两个重要极限求极限
- 了解分段函数及其在分段点处的极限和连续性
- 了解无穷大、无穷小的概念、相互关系和性质
- 理解函数连续的概念及有关性质，会判断函数间断点的类型

1.1　函数

1.1.1　函数的概念

在某个变化过程中，往往出现多个变量，这些变量不是彼此孤立的，而是相互制约的，一个量或一些量的变化会引起另一个量的变化，如果这些影响是确定的，是依照某一规则的，那么我们说这些变量之间存在着函数关系．“函数关系”是数学中的一个重要概念，下面我们给出函数的定义．

定义 1　设 x，y 是两个变量，若当变量 x 在非空数集 D 内任取一个数值时，变量 y 按照某种对应法则 f 总有一个确定的数值与之对应，则称变量 y 为变量 x 的函数，记作

$$y = f(x)\,,\quad x \in D\,.$$

这里 x 称为自变量，y 称为因变量或 x 的函数．集合 D 是指使函数有意义的点的集合，称为函数的定义域，记为 D_f，相应的 y 值组成的集合称为函数的值域，记为 Z_f．

当 x 取数值 $x_0 \in D_f$ 时，与 x_0 对应的数值 y 称为函数 $y = f(x)$ 在 x_0 点处的函数值，记作 $f(x_0)$ 或 $y|_{x=x_0}$，此时函数 $y = f(x)$ 在 x_0 点处有定义．

1.1.2　函数的表示法

例 1　已知某商品的总成本函数为：$C = C(Q) = 100 + \dfrac{Q^2}{4}$．

这里 C 与 Q 都是变量，Q 是生产产品的数量，当 Q 变化时，商品的总成本函

数 C 也作相应的变化.

例 2 某工厂全年 1～12 月原材料进货数量如下表，这里表达的是时间 T（月）和原材料进货数量 Q（吨）之间的关系.

T（月）	1	2	3	4	5	6	7	8	9	10	11	12
Q（吨）	11	10	12	11	12	12	13	13	12	12	13	12

例 3 “需求”是指在一定价格条件下，消费者愿意购买并且有支付能力购买的商品量. 设 P 表示商品价格，Q 表示需求量，则有需求函数 $Q=f(P)$，一般来说，商品的价格低，需求量就大；商品的价格高，需求量就小，因此一般需求函数通常是单调递减函数.

“供给”是指在一定价格条件下，生产者愿意出售并且有可供出售的商品量. 设 P 表示商品价格，Q 表示供给量，则有供给函数 $Q=\varphi(P)$，一般来说，商品的价格低，生产者不愿意生产，供给量就少；商品的价格高，供给量就多，因此一般供给函数通常是单调递增函数.

如图 1.1 所示为某商品的需求曲线和供给曲线，其中 D 表示需求曲线 $Q=f(P)$，S 表示供给曲线 $Q=\varphi(P)$，E 点为需求和供给平衡点.

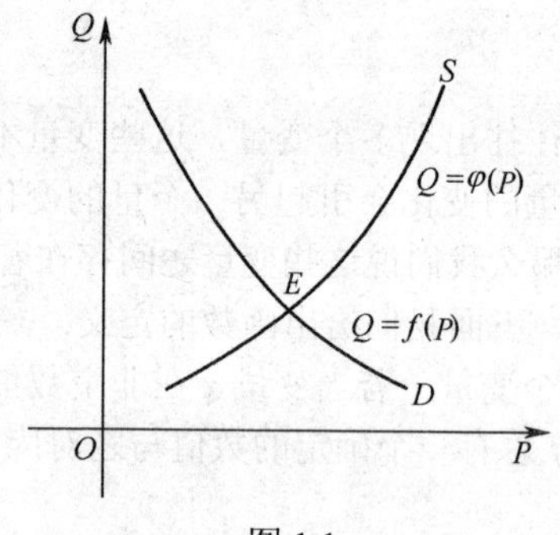

图 1.1

通常函数的表示法有解析法（又称公式法）（如例 1）、表格法（如例 2）、图像法（如例 3）等.

以上三例的实际意义虽不相同，但却具有共同之处：每个例子所描述的变化过程都有两个变量，当其中一个变量在一定的变化范围内取定一数值时，按照某个确定的法则，另一个变量有唯一确定的数值与之对应. 变量之间的这种对应关系就是函数概念的实质.

函数的定义域 D_f 和对应法则 f 是函数的两个主要要素.

如果两个函数具有相同的定义域和对应法则，则它们是相同的函数.

例如函数 $y=\dfrac{1-x^2}{1+x}$ 与函数 $y=1-x$ 是不同的函数，因为它们的定义域不同，

分别是 $(-\infty,-1)\cup(-1,+\infty)$ 与 $(-\infty,+\infty)$.

在实际问题中，有时会遇到一个函数在定义域的不同范围内，用不同的解析式表示的情形，这样的函数称为分段函数.

例如函数 $f(x)=\begin{cases}x+1, & x<1,\\ 2x, & x\geqslant 1\end{cases}$ 是一个分段函数，在它的整个定义域 $(-\infty,+\infty)$ 上是一个函数而不是几个函数，但它的表达式在区间 $(-\infty,1)$ 和区间 $[1,+\infty)$ 上是不同的.

又如常见的符号函数 $y=\operatorname{sgn}x=\begin{cases}1, & x>0,\\ 0, & x=0,\\ -1, & x<0\end{cases}$ 也是一个分段函数，它的定义域为 $(-\infty,+\infty)$，如图 1.2 所示.

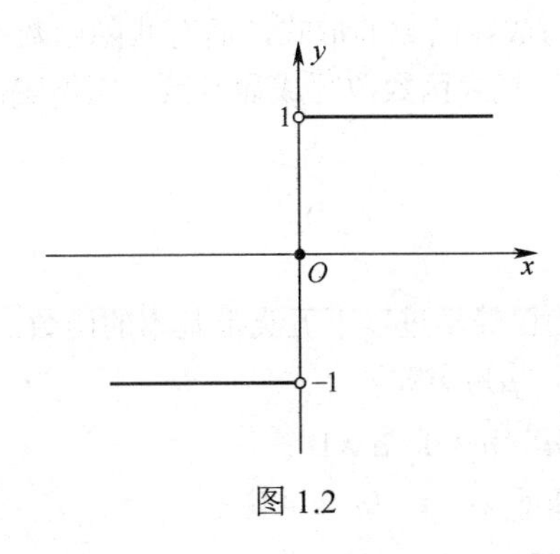

图 1.2

1.1.3 复合函数

定义 2 设 $y=f(u)$，$u=\varphi(x)$. 如果 $u=\varphi(x)$ 的值域 Z_φ 与 $y=f(u)$ 的定义域 D_f 的交集非空，则 y 通过中间变量 u 构成 x 的函数，称 y 为由 $y=f(u)$ 及 $u=\varphi(x)$ 复合而成的 x 的复合函数，记为 $y=f[\varphi(x)]$，其中 x 是自变量，u 称为中间变量.

例 4 问函数 $y=\mathrm{e}^{\ln\sin x}$ 是由哪些较简单的函数复合而成的？

解 是由 $y=\mathrm{e}^u$，$u=\ln v$，$v=\sin x$ 三个较简单的函数复合而成的.

把一个较复杂的函数分解成几个较简单的函数，这对于今后的许多运算是很有用的.

并非任意两个函数都能复合成一个复合函数的. 例如，$y=\ln u$ 和 $u=\sin x-2$，这是因为对于后一个函数的值域中的每一个 u 值，都不可能使前一个函数有定义.

1.1.4 反函数与隐函数

定义 3 设 $y=f(x)$ 是定义在 D_f 上的一个函数，其值域为 Z_f，对任意 $y\in Z_f$，如果有一个确定的且满足 $y=f(x)$ 的 $x\in D_f$ 与之对应，则得到一个定义在 Z_f 上的

以 y 为自变量的函数，我们称它为函数 $y=f(x)$ 的反函数，记作 $x=f^{-1}(y)$.

我们总是习惯用 x 表示函数的自变量，所以反函数一般记为 $y=f^{-1}(x)$.

例 5 某商品的需求函数为 $Q=20-8P$，求其反函数.

解 由 $Q=20-8P$ 解得 $P=\dfrac{20-Q}{8}$，交换 P 和 Q，得 $Q=\dfrac{20-P}{8}$，即 $Q=\dfrac{20-P}{8}$ 是 $Q=20-8P$ 的反函数.

通常，函数 $y=f(x)$ 的表示形式是一个解析式，如 $y=\sqrt{1+\sin x}$，$y=\arcsin 2x$ 等. 用这种方法表示的函数称为显函数. 有时变量 x，y 之间的函数关系是由某个二元方程 $F(x,y)=0$ 给出的，如 $x^2+y^2-xy+5=0$，$\sin(2xy)+e^{x+y}=6$ 等，用这种方法表示的函数称为隐函数.

有些隐函数可以改写成显函数的形式，而有些隐函数不能改写成显函数的形式，如 $\sin(xy)-2x^2y=1$. 把隐函数改写成显函数，叫做隐函数的显化.

1.1.5 初等函数

1. 基本初等函数

在中学数学里，我们已经学过以下五类最基本的函数：

（1）幂函数 $y=x^{\mu}$（μ为实数）；

（2）指数函数 $y=a^x$（$a>0$，$a\neq 1$）；

（3）对数函数 $y=\log_a x$（$a>0$，$a\neq 1$）；

（4）三角函数 $y=\sin x$，$y=\cos x$，$y=\tan x$，$y=\cot x$；

（5）反三角函数 $y=\arcsin x$，$y=\arccos x$，$y=\arctan x$，$y=\text{arccot}\, x$.

以上五类函数统称为基本初等函数，这些函数的性质、图像在中学已经学过，今后会经常遇到它们.

2. 初等函数

由常数和基本初等函数经过有限次四则运算或复合所构成的，并可用一个解析式表示的函数称为初等函数.

例如函数 $y=\sqrt{1-\sin x}$，$y=\arcsin\dfrac{a}{x}$，$y=\ln(x+\sqrt{1+x^2})$ 等都是初等函数.

1.1.6 函数的基本性质

1. 函数的奇偶性

设函数 $y=f(x)$ 的定义域 D_f 关于原点对称，如果对于任意的 $x\in D_f$，恒有 $f(-x)=-f(x)$（或 $f(-x)=f(x)$），则称 $f(x)$ 为奇（或偶）函数.

例如 $f(x)=x^3$ 是奇函数，这是因为 $f(-x)=-x^3=-f(x)$；又如 $f(x)=\cos x$ 是

偶函数，这是因为 $f(-x)=\cos(-x)=\cos x=f(x)$；而 $y=x^3+x^2$ 既不是奇函数也不是偶函数.

奇函数的图像关于原点对称，偶函数的图像关于 y 轴对称.

2. 函数的周期性

设函数 $y=f(x)$ 的定义域为 D_f，如果存在一个常数 $T\neq 0$，使得对任意的 $x\in D_f$，恒有 $f(x\pm T)=f(x)$（$x\pm T\in D_f$），则称函数 $f(x)$ 为周期函数，T 称为 $f(x)$ 的周期. 通常我们所说的周期是指函数 $f(x)$ 的最小正周期.

例如 $\sin x$ 和 $\cos x$ 的周期为 2π，$\tan x$ 和 $\cot x$ 的周期为 π.

3. 函数的单调性

设函数 $y=f(x)$ 在区间 $[a,b]$ 上有定义，对 $[a,b]$ 内任意两点 x_1 和 x_2，当 $x_1<x_2$ 时，都有 $f(x_1)<f(x_2)$，则称函数 $f(x)$ 在区间 $[a,b]$ 上是单调增加的，图 1.3（a）；当 $x_1<x_2$ 时，都有 $f(x_1)>f(x_2)$，则称函数 $f(x)$ 在区间 $[a,b]$ 上是单调减少的，图 1.3（b）. 单调增加（或单调减少）的函数又称为递增（或递减）函数，统称为单调函数，使函数保持单调性的自变量的取值区间称为该函数的单调区间.

例如函数 $y=4x^2$，在区间 $[0,+\infty)$ 内单调增加；在区间 $(-\infty,0]$ 内单调减少；在区间（$-\infty,+\infty$）内则不具有单调性.

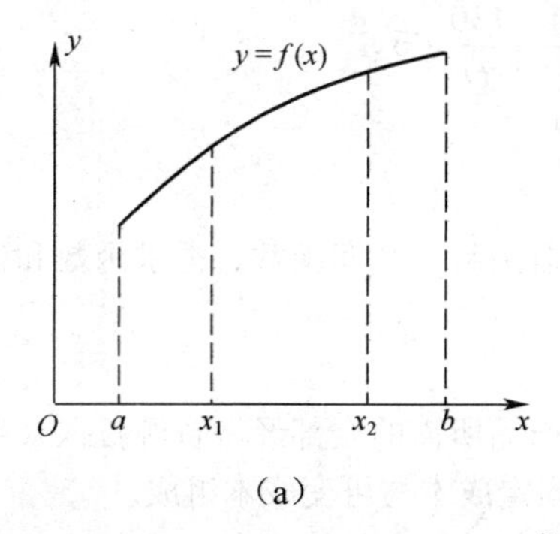

（a）

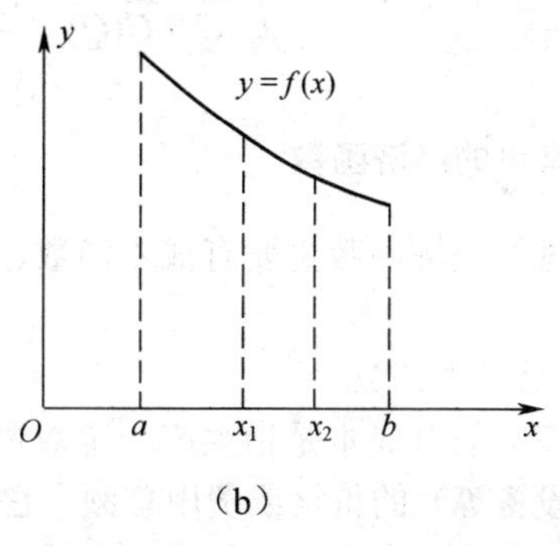

（b）

图 1.3

4. 函数的有界性

设函数 $y=f(x)$ 在区间 I 上有定义，如果存在一个正常数 M，使得对于区间 I 内所有 x，恒有 $|f(x)|\leqslant M$，则称函数 $f(x)$ 在区间 I 上是有界的. 如果这样的 M 不存在，则称 $f(x)$ 在区间 I 上是无界的.

例如 $y=\sin x$，对于一切 x 都有 $|\sin x|\leqslant 1$，所以函数 $y=\sin x$ 在区间 $(-\infty,+\infty)$ 内是有界的. 又如函数 $y=\dfrac{1}{x}$ 在区间 $[1,+\infty)$ 上有界，这是因为当 $x\in[1,+\infty)$ 时，$\left|\dfrac{1}{x}\right|$

$\leqslant 1$，但是函数 $y=\dfrac{1}{x}$ 在区间 $(0,1)$ 内是无界的.

1.1.7 函数关系的建立

例 6 某运输公司规定货物的吨千米运价为：在 1000 千米以内，每千米 k 元；超过 1000 千米，超过部分每千米 $\dfrac{4}{5}k$ 元. 求运价 P 和运送里程 s 之间的函数关系.

解 根据题意可列出函数关系如下：

$$P=\begin{cases} ks, & 0<s\leqslant 1000, \\ 1000k+\dfrac{4}{5}k(s-1000), & 1000<s<+\infty. \end{cases}$$

这里运价 P 和运送里程 s 之间的函数关系是用分段函数表示的.

例 7 某工厂生产某产品，每日最多生产 100 件，它的日固定成本为 130 元，生产一件产品的可变成本为 6 元. 求该厂日总成本函数与平均成本函数.

解 设日产量为 Q，日总成本函数为 $C(Q)$，平均每件成本为 $\overline{C}$.

因为日总成本为固定成本与可变成本之和，则由题意，日总成本函数为

$$C=C(Q)=130+6Q,$$

平均每件成本为

$$\overline{C}=\overline{C}(Q)=\frac{C(Q)}{Q}=\frac{130}{Q}+6.$$

1.1.8 常见的经济函数

常见的经济函数主要有成本函数、收益函数、利润函数、需求函数和供给函数等.

1. 总成本函数

某商品的总成本是指生产一定数量的产品所需的全部经济资源投入（劳力、原料、设备等）的价格或费用总额，它由固定成本与可变成本组成.

平均成本是生产一定数量的产品，平均每单位产品的成本.

在生产技术水平和生产要素的价格固定不变的条件下，产品的总成本与平均成本都是产量的函数.

总成本函数 $C=C(Q)=C_1+C_2(Q)$，

平均成本函数 $\overline{C}=\overline{C}(Q)=\dfrac{C(Q)}{Q}=\dfrac{C_1}{Q}+\dfrac{C_2(Q)}{Q}$.

2. 总收益函数

总收益是生产者出售一定量产品所得到的全部收入，是销售量的函数.

设 P 为商品价格，Q 为销售量，R 为总收益，则有

总收益函数 $R=R(Q)=PQ$，

平均收益函数 $\overline{R}=\overline{R}(Q)=\dfrac{R(Q)}{Q}=P$.

3. 总利润函数

设某商品的成本函数为 C，销售收益函数为 R，则销售某商品 Q 个单位时的总利润函数为 $L=L(Q)=R(Q)-C(Q)$.

4. 需求函数与供给函数

见例 3.

例 8 已知某产品的总成本函数为

$$C(Q)=0.2Q^2+2Q+20,$$

求当生产 100 个该种产品时的总成本和平均成本.

解 由题意，产量为 100 时的总成本函数为

$$C(100)=0.2\times100^2+2\times100+20=2220,$$

平均成本为

$$\overline{C}(100)=\frac{C(100)}{100}=\frac{2220}{100}=22.2.$$

例 9 设某商品的需求关系为 $Q=\dfrac{100-2P}{5}$，求销售 5 件该商品时的总收入和平均收入.

解 由题意，商品的价格为

$$P=\frac{100-5Q}{2},$$

所以，总收入函数为

$$R(Q)=PQ=\frac{100Q-5Q^2}{2}.$$

销售 5 件该商品时的总收入为

$$R(5)=\frac{100\times5-5\times5^2}{2}=187.5.$$

销售 5 件该商品时的平均收入为

$$\overline{R}(5)=\frac{R(5)}{5}=\frac{187.5}{5}=37.5.$$

习题 1.1

1. 下列各题中，$f(x)$ 与 $\varphi(x)$ 是否表示同一个函数，说明理由.

（1）$f(x)=\dfrac{x^2-4}{x-2}$，$\varphi(x)=x+2$；　　（2）$f(x)=\ln x^2$，$\varphi(x)=2\ln x$.

2. 求下列函数的定义域.

（1） $y=\sqrt{4-x^2}+\frac{1}{x-1}$； （2） $y=\ln\sqrt{9-x^2}$.

3．判断下列函数的奇偶性.

（1） $y=\frac{x^2\cdot\sin x}{x^2+1}$； （2） $y=\lg\frac{1-x}{1+x}$，$x\in(-1,1)$.

4．如果 $f(x)=\begin{cases}2x+1, & x>0,\\ 1, & x=0,\\ x^2, & x<0,\end{cases}$ 求 $f(0)$， $f(-\frac{1}{2})$， $f(\frac{1}{2})$.

5．下列函数是由哪些简单函数复合而成的?

（1） $y=\ln(2x+1)^2$； （2） $y=\sin^2(3x+1)$.

6．求下列函数的反函数.

（1） $y=x^2-2x,\ [1,+\infty)$； （2） $Q=3P-5$.

7．已知 $f(x+1)=x^2+3x+5$，求 $f(x)$， $f(x-1)$.

8．已知某产品的总成本函数为 $C(Q)=1000+\frac{Q^2}{10}$，求当生产 100 个该种产品时的总成本和平均成本.

1.2 极限的概念

极限是高等数学的重要概念之一，是研究微积分学的重要工具，高等数学中的导数、积分、级数等概念都是通过极限来定义的，因此，学习和掌握极限概念与方法是十分重要的.

1.2.1 数列的极限

1. 数列的概念

定义 1 自变量为正整数的函数 $u_n=f(n)$（ $n=1,2,\cdots$），将其函数值按自变量 n 由小到大排成一列数 $u_1,u_2,u_3,\cdots,u_n,\cdots$ 称为数列，将其简记为 $\{u_n\}$，其中 u_n 称为数列的通项或一般项.

古语云：“一尺之棰，日取其半，万世不竭.”意思是一尺长的木棒，每天截去一半，是永远也截不完的. 实际上若天数为 n，相应的每天剩下的木棒长度分别为

$$\frac{1}{2},\frac{1}{4},\cdots,\frac{1}{2^n},\cdots,$$

从而可以得到一个数列.

2. 数列的极限

考察一个数列，主要研究当 n 无限增大时，数列的变化趋势，考察下面几个数列.

（1）$1,\frac{1}{2},\frac{1}{3},\cdots,\frac{1}{n},\cdots$，通项为$u_n=\frac{1}{n}$；

（2）$\frac{2}{1},\frac{3}{2},\cdots,\frac{n+1}{n},\cdots$，通项为$u_n=\frac{n+1}{n}$；

（3）$1,-1,\cdots,(-1)^{n+1},\cdots$，通项为$u_n=(-1)^{n+1}$；

（4）$3,5,\cdots,2n+1,\cdots$，通项为$u_n=2n+1$.

数列（1）当n无限增大时，$u_n=\frac{1}{n}$无限趋近于0，即数列（1）以0为它的变化趋向；

数列（2）当n无限增大时，$u_n=\frac{n+1}{n}$无限趋近于常数1，即数列（2）以1为它的变化趋向；

数列（3），当n无限增大时，$u_n=(-1)^{n+1}$其奇数项为1，偶数项为-1，随着n的增大，它的通项在±1之间变动，所以当n无限增大时，没有确定的变化趋向；

数列（4）当n无限增大时，u_n也无限增大.

通过以上四个例子的讨论可以看出，数列当n无限增大时，其变化趋向可分为两种：或者无限趋近于某个确定的常数，或者不趋近于任何确定的常数. 由此我们给出数列极限的定义.

定义 2 对于数列$\{u_n\}$，如果当n无限增大时，通项u_n无限趋近于某个确定的常数A，则称常数A为数列$\{u_n\}$的极限，或称数列$\{u_n\}$收敛于A，记为

$$\lim_{n\to\infty}u_n=A \text{ 或 } u_n\to A \quad (n\to\infty).$$

若数列$\{u_n\}$没有极限，我们称数列是发散的.

数列（1）$\lim\limits_{n\to\infty}\frac{1}{n}=0$；数列（2）$\lim\limits_{n\to\infty}\frac{n}{n+1}=1$；数列（1）和数列（2）是收敛的.

数列（3）和数列（4）没有极限，这两个数列是发散的.

如果数列$\{u_n\}$对于每一个正整数n，都有$u_n\leqslant u_{n+1}$，则称数列$\{u_n\}$为单调递增的数列；类似地，如果数列$\{u_n\}$对于每一个正整数n，都有$u_n\geqslant u_{n+1}$，则称数列$\{u_n\}$为单调递减的数列，单调递增与单调递减的数列统称为单调数列. 如果对于数列$\{u_n\}$存在一个固定的常数M，使得对于其每一项u_n，都有$|u_n|\leqslant M$，则称数列$\{u_n\}$为有界数列. 数列（1）是一个单调递减数列，且有下界，数列（2）是一个单调递减数列，且有上界，它们都是单调有界数列.

定理 1 单调有界数列必有极限.

例 1 观察下列数列的极限：

（1）$u_n=1-\frac{(-1)^{n+1}}{n}$；　　（2）$u_n=q^{n-1}$，$|q|<1$.

解 通过观察以上数列，有如下变化趋向：

（1）$\lim\limits_{n\to\infty}u_n=\lim\limits_{n\to\infty}\left[1-\frac{(-1)^{n+1}}{n}\right]=1$；

（2）$\lim\limits_{n\to\infty}u_n=\lim\limits_{n\to\infty}q^{n-1}=0$ （$|q|<1$）.

1.2.2 函数的极限

数列是一种特殊的函数，下面将这种特殊函数的极限概念推广到一般函数的极限概念.

1. 当 $x\to\infty$ 时，函数 $f(x)$ 的极限

考察函数 $f(x)=\frac{x}{x+1}$. 从图 1.4 中可以看出，当 $x\to+\infty$ 时，函数 $f(x)=\frac{x}{x+1}$ 无限趋近于常数 1，此时我们称 1 为 $f(x)=\frac{x}{x+1}$ 当 $x\to+\infty$ 时的极限.

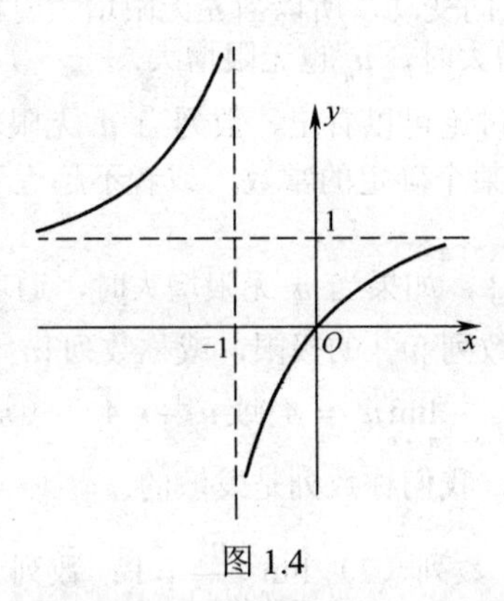

图 1.4

定义 3 如果当自变量 x 无限增大时，函数 $f(x)$ 无限趋近于某个确定的常数 A，则称常数 A 为函数 $f(x)$ 当 $x\to+\infty$ 时的极限，记为

$$\lim_{x\to+\infty}f(x)=A \text{ 或 } f(x)\to A \quad (x\to+\infty).$$

由定义 3 可知，1 为 $f(x)=\frac{x}{x+1}$ 当 $x\to+\infty$ 时的极限，即 $\lim\limits_{x\to+\infty}\frac{x}{x+1}=1$.

同样，从图 1.4 中可以看出，当 $x\to-\infty$ 时，函数 $f(x)=\frac{x}{x+1}$ 也无限趋近于常数 1，此时我们称 1 为 $f(x)=\frac{x}{x+1}$ 当 $x\to-\infty$ 时的极限.

关于 $x\to-\infty$ 时函数极限的定义，可仿照上面的定义给出.

定义 4 如果当 $|x|$ 无限增大时函数 $f(x)$ 无限趋近于 A，则称当 $x\to\infty$ 时，函数 $f(x)$ 以 A 为极限，记为

$$\lim_{x\to\infty} f(x)=A \quad 或 \quad f(x)\to A \quad (x\to\infty).$$

由上面的讨论可知，函数 $f(x)=\dfrac{x}{x+1}$ 当 $x\to\infty$ 时的极限为 1，即 $\lim\limits_{x\to\infty}\dfrac{x}{x+1}=1$.

定理 2 $\lim\limits_{x\to\infty} f(x)=A \Leftrightarrow \lim\limits_{x\to-\infty} f(x)=\lim\limits_{x\to+\infty} f(x)=A$.

2. 当 $x\to x_0$ 时，函数 $f(x)$ 的极限

考察函数 $f(x)=\dfrac{x^2-1}{x-1}$，从图 1.5 中可以看出当 $x\to 1$ 时，函数 $f(x)=\dfrac{x^2-1}{x-1}$ 的值无限趋近于常数 2，此时我们称当 x 趋近于 1 时，函数 $f(x)=\dfrac{x^2-1}{x-1}$ 极限为 2.

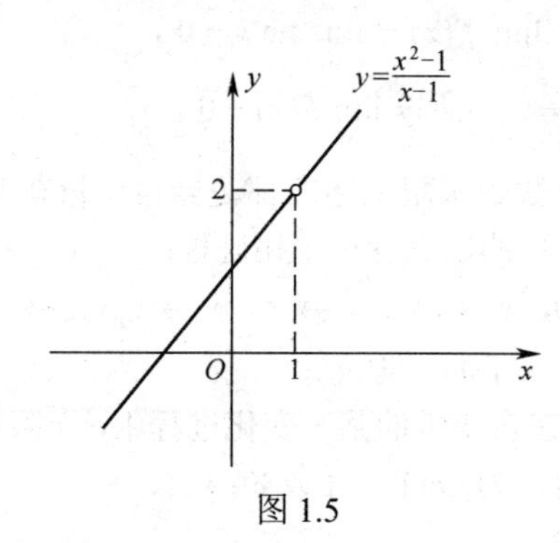

图 1.5

一般地，有如下定义：

定义 5 设函数 $f(x)$ 在 x_0 点的某邻域内有定义（x_0 可以除外），如果当自变量 x 趋近于 x_0（$x\neq x_0$）时，函数 $f(x)$ 的函数值无限趋近于某个确定的常数 A，则称 A 为函数 $f(x)$ 当 $x\to x_0$ 时的极限，记为

$$\lim_{x\to x_0} f(x)=A \quad 或 \quad f(x)\to A \quad (x\to x_0).$$

说明 $f(x)$ 在 $x\to x_0$ 时的极限是否存在，与 $f(x)$ 在点 x_0 处有无定义以及在点 x_0 处的函数值无关.

由此可知，$\lim\limits_{x\to 1}\dfrac{x^2-1}{x-1}=2$.

在定义 5 中，x 是以任意方式趋近于 x_0 的，但在有些问题中，往往只需要考虑点 x 从 x_0 的一侧趋近于 x_0 时，函数 $f(x)$ 的变化趋向.

如果当 x 从 x_0 的左侧（$x<x_0$）趋近于 x_0（记为 $x\to x_0^-$）时，$f(x)$ 以 A 为极限，则称 A 为函数 $f(x)$ 当 $x\to x_0$ 时的左极限，记为

$$\lim_{x\to x_0^-} f(x)=A \quad 或 \quad f(x)\to A \ (x\to x_0^-).$$

如果当 x 从 x_0 的右侧（$x>x_0$）趋近于 x_0（记为 $x\to x_0^+$）时，$f(x)$ 以 A 为极限，则称 A 为 $f(x)$ 当 $x\to x_0$ 时的右极限，记为

$$\lim_{x \to x_0^+} f(x) = A \text{ 或 } f(x) \to A\ (x \to x_0^+).$$

函数的极限与左、右极限有如下关系：

定理 3 $\lim\limits_{x \to x_0} f(x) = A \Leftrightarrow \lim\limits_{x \to x_0^-} f(x) = \lim\limits_{x \to x_0^+} f(x) = A$.

这个定理常用来判断分段函数的极限是否存在.

例 2 判断函数 $f(x) = \begin{cases} 1 - \cos x, & x > 0, \\ \sin x, & x \leqslant 0 \end{cases}$ 在 $x = 0$ 点处是否有极限.

解 计算函数 $f(x)$ 在 $x = 0$ 处的左、右极限.

$$\lim_{x \to 0^+} f(x) = \lim_{x \to 0^+} (1 - \cos x) = 0,$$

$$\lim_{x \to 0^-} f(x) = \lim_{x \to 0^-} \sin x = 0,$$

因为 $\lim\limits_{x \to 0^-} f(x) = \lim\limits_{x \to 0^+} f(x) = 0$，所以 $\lim\limits_{x \to 0} f(x) = 0$.

以上数列的极限、函数的极限描述的都是当自变量在某一变化过程中函数的变化趋向，因此，在自变量的以下各种变化过程：

$$n \to \infty,\ x \to +\infty,\ x \to -\infty,\ x \to \infty,\ x \to x_0,\ x \to x_0^-,\ x \to x_0^+,$$

其函数极限的定义可以统一于如下定义.

定义 6 如果变量 Y 在自变量的某一变化过程中，无限趋近于某一常数 A，则称 A 为变量 Y 的极限，简记为 $\lim Y = A$ 或 $Y \to A$.

3. 函数极限的性质

定理 4（唯一性定理） 如果函数 $f(x)$ 在某一变化过程中有极限，则其极限是唯一的.

定理 5（有界性定理） 若函数 $f(x)$ 当 $x \to x_0$ 时极限存在，则必存在点 x_0 的某一邻域，使得函数 $f(x)$ 在该邻域内有界.

定理 6（两边夹定理） 如果对于点 x_0 的某邻域内的一切 x（x_0 可以除外），有

$$h(x) \leqslant f(x) \leqslant g(x)\text{，且 } \lim_{x \to x_0} h(x) = \lim_{x \to x_0} g(x) = A\text{，则 } \lim_{x \to x_0} f(x) = A.$$

1.2.3 无穷小量与无穷大量

1. 无穷小量

定义 7 若函数 $f(x)$ 在自变量 x 的某一变化过程中以零为极限，则称在该变化过程中，$f(x)$ 为无穷小量，简称无穷小.

例 3 当 $x \to 0$ 时，$\sin x$ 的极限为零，所以当 $x \to 0$ 时，函数 $\sin x$ 为无穷小.

但当 $x \to \dfrac{\pi}{2}$ 时，$\sin x$ 的极限不为零，所以当 $x \to \dfrac{\pi}{2}$ 时，函数 $\sin x$ 不是无穷小.

说明： 无穷小是以零为极限的变量，不能将其与很小的常数相混淆. 在所有常数中，零是唯一可以看作无穷小的数，这是因为如果 $f(x) \equiv 0$，则 $\lim f(x) = 0$. 同

时也要注意无穷小与自变量的变化过程有关，当$x \to x_0$时，$f(x)$是无穷小，但当$x \to x_1$ （$x_1 \neq x_0$）时，$f(x)$不一定是无穷小.

2. 无穷小的性质

定理 7　在自变量的同一变化过程中，

（1）有限个无穷小的代数和仍是无穷小；

（2）有限个无穷小的乘积仍是无穷小；

（3）常数与无穷小的乘积仍是无穷小；

（4）有界函数与无穷小的乘积仍是无穷小.

例 4　求极限$\lim\limits_{x \to 0} x\sin\dfrac{1}{x}$.

解　因为当$x \to 0$时，x为无穷小，又因为$\left|\sin\dfrac{1}{x}\right| \leqslant 1$为有界量，因此当$x \to 0$时，$x \cdot \sin\dfrac{1}{x}$为无穷小量，所以

$$\lim_{x \to 0} x \cdot \sin\frac{1}{x} = 0 .$$

定理 8　在自变量x的某一变化过程中，函数$f(x)$有极限的充分必要条件是$f(x) = A + \alpha$，其中α为这一变化过程中的无穷小.

3. 无穷大量

定义 8　在自变量x的某一变化过程中，若函数值的绝对值$|f(x)|$无限增大，则称$f(x)$为此变化过程中的无穷大量，简称无穷大.

无穷大是指绝对值无限增大的变量，不能将其与很大的常数相混淆，任何常数都不是无穷大.

4. 无穷小与无穷大的关系

定理 9　在自变量的同一变化过程中，若$f(x)$为无穷大，则$\dfrac{1}{f(x)}$为无穷小；反之，若$f(x)$为无穷小且$f(x) \neq 0$，则$\dfrac{1}{f(x)}$为无穷大.

例 5　考察$f(x) = \dfrac{x+1}{x-1}$.

解　当$x \to 1$时，$\dfrac{x+1}{x-1} \to \infty$，所以当$x \to 1$时，$f(x) = \dfrac{x+1}{x-1}$为无穷大量；

当$x \to 1$时，$\dfrac{x-1}{x+1} \to 0$，所以当$x \to 1$时，$\dfrac{1}{f(x)} = \dfrac{x-1}{x+1}$为无穷小量.

习题 1.2

1. 观察下列数列，哪些数列收敛？其极限是多少？哪些数列发散？

（1）$u_n=\frac{(-1)^n}{n}$；（2）$u_n=1+\left(\frac{3}{4}\right)^n$；

（3）$u_n=\frac{2n+3}{n^2}$；（4）$u_n=\frac{1}{n}\sin\frac{n\pi}{2}$；

（5）$u_n=(-1)^n$；（6）$u_n=\frac{4n+3}{3n-1}$.

2. 设 $f(x)=\begin{cases}x^2-1, & x<0,\\ x, & x\geqslant 0.\end{cases}$ 作出 $f(x)$ 的图像，求 $\lim\limits_{x\to0^-}f(x)$ 及 $\lim\limits_{x\to0^+}f(x)$，并问 $\lim\limits_{x\to0}f(x)$ 是否存在.

3. 观察下列函数，哪些是无穷小？哪些是无穷大？

（1）$f(x)=\frac{x-2}{x}$，当 $x\to0$ 时；（2）$f(x)=\lg x$，当 $x\to0^+$ 时；

（3）$f(x)=10^{\frac{1}{x}}$，当 $x\to0^+$ 时；（4）$f(x)=x^2\cdot\sin\frac{1}{x}$，当 $x\to0$ 时；

（5）$f(x)=2^{-x}-1$，当 $x\to0$ 时；（6）$f(x)=\mathrm{e}^{-x}$，当 $x\to+\infty$ 时.

1.3 极限的运算

1.3.1 极限的运算法则

定理 1 若 $\lim\limits_{x\to x_0}f(x)=A$，$\lim\limits_{x\to x_0}g(x)=B$，则

（1）$\lim\limits_{x\to x_0}[f(x)\pm g(x)]=A\pm B$；

（2）$\lim\limits_{x\to x_0}[f(x)\cdot g(x)]=A\cdot B$；

（3）$\lim\limits_{x\to x_0}\frac{f(x)}{g(x)}=\frac{A}{B}\quad(B\neq0)$.

定理 1 中的（1）、（2）可推广到有限多个函数的情形，即若当 $x\to x_0$ 时，$f_1(x),f_2(x),\cdots,f_n(x)$ 的极限都存在，则有

$$\lim_{x\to x_0}[f_1(x)\pm f_2(x)\pm\cdots\pm f_n(x)]=\lim_{x\to x_0}f_1(x)\pm\lim_{x\to x_0}f_2(x)\pm\cdots\pm\lim_{x\to x_0}f_n(x);$$

$$\lim_{x\to x_0}[f_1(x)\cdot f_2(x)\cdot\cdots\cdot f_n(x)]=\lim_{x\to x_0}f_1(x)\cdot\lim_{x\to x_0}f_2(x)\cdot\cdots\cdot\lim_{x\to x_0}f_n(x).$$

特别地，在（2）中若 $g(x)\equiv C$，则有

$$\lim_{x\to x_0}[Cf(x)]=C\cdot A.$$

以上结论仅就 $x\to x_0$ 时加以叙述，对于自变量 x 的其他变化过程同样成立.

例 1 求 $\lim\limits_{x\to2}(3x^2+5x-2)$.

解 $\lim\limits_{x\to2}(3x^2+5x-2)=\lim\limits_{x\to2}3x^2+\lim\limits_{x\to2}5x-\lim\limits_{x\to2}2=20$.

例 2 求 $\lim\limits_{x\to 2}\dfrac{2x^2+2x-1}{3x^2+1}$.

解 $\lim\limits_{x\to 2}\dfrac{2x^2+2x-1}{3x^2+1}=\dfrac{\lim\limits_{x\to 2}(2x^2+2x-1)}{\lim\limits_{x\to 2}(3x^2+1)}=\dfrac{11}{13}$.

例 3 求 $\lim\limits_{x\to 3}\dfrac{x^3-27}{x^2-9}$.

解 因为 $\lim\limits_{x\to 3}(x^2-9)=0$，不能直接用定理 1 中商的极限的运算法则. 注意到分子的极限也为零，此时可首先找出分子分母中的零因子 $x-3$，当 $x\to 3$ 时，由函数的极限定义知 $x\neq 3$，这样可先约去零因子，再计算极限.

$$\lim_{x\to 3}\frac{x^3-27}{x^2-9}=\lim_{x\to 3}\frac{(x-3)(x^2+3x+9)}{(x-3)(x+3)}.$$

$$=\lim_{x\to 3}\frac{x^2+3x+9}{x+3}=\frac{9}{2}.$$

例 4 求 $\lim\limits_{x\to\infty}\dfrac{x^3+2x^2-1}{2x^3+1}$.

解 当 $x\to\infty$ 时，分子、分母都是无穷大，不能直接利用商的极限的运算法则，此时可先将分子、分母同除以 x 的最高次幂 x^3，易知

$$\lim_{x\to\infty}\frac{x^3+2x^2-1}{2x^3+1}=\lim_{x\to\infty}\frac{1+2\left(\frac{1}{x}\right)-\left(\frac{1}{x}\right)^3}{2+\left(\frac{1}{x}\right)^3}=\frac{1}{2}.$$

一般地，对于有理函数（即两个多项式函数的商）的极限，有下面的结论：

$$\lim_{x\to\infty}\frac{a_0x^n+a_1x^{n-1}+\cdots+a_{n-1}x+a_n}{b_0x^m+b_1x^{m-1}+\cdots+b_{m-1}x+b_m}=\begin{cases}\infty，当\ m<n,\\ \dfrac{a_0}{b_0}，当\ m=n,\\ 0，当\ m>n.\end{cases}$$

其中 $a_0\neq 0$，$b_0\neq 0$.

例 5 求 $\lim\limits_{x\to\infty}\dfrac{2x^2-2x+3}{3x^2+1}$.

解 分子、分母同除以 x 的最高次幂 x^2，得极限

$$\lim_{x\to\infty}\frac{2x^2-2x+3}{3x^2+1}=\lim_{x\to\infty}\frac{2-\frac{2}{x}+\frac{3}{x^2}}{3+\frac{1}{x^2}}=\frac{\lim\limits_{x\to\infty}\left[2-\frac{2}{x}+\frac{3}{x^2}\right]}{\lim\limits_{x\to\infty}\left[3+\frac{1}{x^2}\right]}=\frac{2}{3}.$$

1.3.2 两个重要极限

1. $\lim\limits_{x\to 0}\dfrac{\sin x}{x}=1$

证 当$x\to 0$时，函数$f(x)=\dfrac{\sin x}{x}$的极限不能用商的运算法则来计算．为证明这个极限，作一单位圆（图 1.6），令$\angle AOB=x$，设$0<x<\dfrac{\pi}{2}$，过点A作切线AC，那么$\triangle AOC$的面积为$\dfrac{1}{2}\tan x$，扇形AOB的面积为$\dfrac{1}{2}x$，$\triangle AOB$的面积为$\dfrac{1}{2}\sin x$，因为扇形面积介于两个三角形面积之间，所以

$$\frac{1}{2}\sin x<\frac{1}{2}x<\frac{1}{2}\tan x,$$

即

$$\sin x<x<\tan x.$$

因为$\sin x>0$，用$\sin x$除上式，有

$$1<\frac{x}{\sin x}<\frac{1}{\cos x}\text{ 或 }\cos x<\frac{\sin x}{x}<1.$$

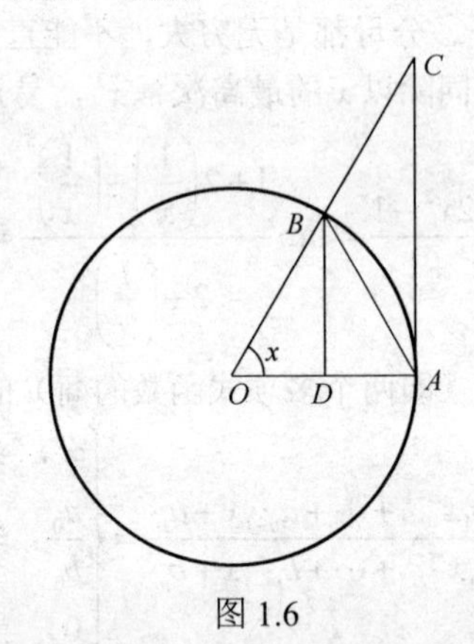

图 1.6

由于$\dfrac{\sin x}{x}$与$\cos x$都是偶函数，所以当x取负值时上式也成立，因而当$0<|x|<\dfrac{\pi}{2}$时有

$$\cos x<\frac{\sin x}{x}<1.$$

由图 1.6 不难看出，当$x\to 0$时，$\cos x=OD\to OA=1$，于是由极限的两边夹定理有

$$\lim_{x\to 0}\frac{\sin x}{x}=1.$$

此极限也可记为

$$\lim_{\square\to 0}\frac{\sin\square}{\square}=1\ （方块\square代表同一变量）.$$

例 6 求 $\lim\limits_{x\to 0}\frac{\sin mx}{nx}$.

解 $\lim\limits_{x\to 0}\frac{\sin mx}{nx}=\lim\limits_{x\to 0}\frac{m}{n}\cdot\frac{\sin mx}{mx}=\frac{m}{n}$.

例 7 求 $\lim\limits_{x\to 0}\frac{\tan x}{x}$.

解 $\lim\limits_{x\to 0}\frac{\tan x}{x}=\lim\limits_{x\to 0}\frac{1}{x}\frac{\sin x}{\cos x}=\lim\limits_{x\to 0}\frac{1}{\cos x}\lim\limits_{x\to 0}\frac{\sin x}{x}=1$.

例 8 求 $\lim\limits_{x\to 0}\frac{1-\cos x}{x^2}$.

解 $\lim\limits_{x\to 0}\frac{1-\cos x}{x^2}=\lim\limits_{x\to 0}\frac{2\sin^2\frac{x}{2}}{x^2}=\frac{1}{2}\lim\limits_{x\to 0}\left[\frac{\sin\frac{x}{2}}{\frac{x}{2}}\right]^2=\frac{1}{2}$.

2. $\lim\limits_{x\to\infty}\left(1+\frac{1}{x}\right)^x=\mathrm{e}$

这里 e 是一个无理数 2.71828⋯.

此极限也可记为

$$\lim_{\square\to\infty}(1+\frac{1}{\square})^{\square}=\mathrm{e}\ （方块\square代表同一变量）.$$

如果令 $\frac{1}{x}=t$，则当 $x\to\infty$ 时，$t\to 0$，从而

$$\lim_{t\to 0}(1+t)^{\frac{1}{t}}=\mathrm{e}.$$

例 9 求 $\lim\limits_{x\to\infty}\left(1+\frac{2}{x}\right)^x$.

解 $\lim\limits_{x\to\infty}\left(1+\frac{2}{x}\right)^x=\lim\limits_{x\to\infty}\left[\left(1+\frac{1}{\frac{x}{2}}\right)^{\frac{x}{2}}\right]^2=\mathrm{e}^2$，

或令 $t=\frac{x}{2}$，当 $x\to\infty$ 时，$t\to\infty$，故

$$\lim_{x\to\infty}\left(1+\frac{2}{x}\right)^x=\left[\lim_{x\to\infty}\left(1+\frac{1}{t}\right)^t\right]^2=\mathrm{e}^2.$$

例 10 求 $\lim\limits_{x\to\infty}\left(\dfrac{x^2+1}{x^2}\right)^{x^2+1}$.

解 $\lim\limits_{x\to\infty}\left(\dfrac{x^2+1}{x^2}\right)^{x^2+1}=\lim\limits_{x\to\infty}\left[\left(1+\dfrac{1}{x^2}\right)^{x^2}\left(1+\dfrac{1}{x^2}\right)\right]=\mathrm{e}$.

下面我们介绍复利公式，所谓复利计息，就是将第一期的利息和本金之和作为第二期的本金，然后反复计息.

设本金为 p，年利率为 r，一年后的利息和本金之和为 s_1，则

$$s_1=p+pr=p(1+r),$$

把 s_1 作为本金存入，第二年末的本利之和为

$$s_2=s_1+s_1r=s_1(1+r)=p(1+r)^2,$$

如此反复，第 n 年末的本利之和为

$$s_n=p(1+r)^n.$$

这就是以年为期的复利公式.

若把一年均分为 m 期计息，这时每期利率可以认为是 $\dfrac{r}{m}$，于是可以推得 n 年末的本利之和为

$$s_n=p\left(1+\frac{r}{m}\right)^u,\ u=nm,$$

假设计息期无限缩短，则期数 $m\to\infty$，可以得到连续复利的计算公式为

$$s_n=\lim_{m\to\infty}p\left(1+\frac{r}{m}\right)^{nm}=p\lim_{m\to\infty}\left[\left(1+\frac{r}{m}\right)^{\frac{m}{r}}\right]^{nr}=p\mathrm{e}^{nr}.$$

1.3.3 无穷小的比较

在前面有关无穷小的讨论中，没有提及两个无穷小之比，这是因为两个无穷小的比会出现不同的情况. 例如，当 $x\to 0$ 时，x，x^2，$\sin x$，$x\sin\dfrac{1}{x}$ 等都是无穷小，但它们的比在 $x\to 0$ 时却有不同的变化性态，$\dfrac{x^2}{x}\to 0$，$\dfrac{\sin x}{x}\to 1$，$\dfrac{x}{x^2}\to\infty$，而 $\dfrac{x\sin\frac{1}{x}}{x}$ 没有极限.

这一事实反映了同一过程中如 $x\to 0$ 时各个无穷小趋于 0 的快慢程度，因此有必要进一步讨论两个无穷小之比.

定义 1 设 α 与 β 是自变量的同一变化过程中的两个无穷小，则在所讨论过程中：

（1）若 $\dfrac{\alpha}{\beta}\to 0$，则称 α 是比 β 高阶的无穷小，记作 $\alpha=o(\beta)$；

（2）若 $\dfrac{\alpha}{\beta}\to C\neq 0$，$C$ 为常数，则称 α 与 β 为同阶无穷小；

（3）若 $\dfrac{\alpha}{\beta}\to 1$，则称 α 与 β 为等价无穷小，记作 $\alpha\sim\beta$.

例 12　证明当 $x\to 0$ 时，$\arcsin x$ 与 x 是等价无穷小.

证　令 $\arcsin x=t$，则 $x=\sin t$，当 $x\to 0$ 时，$t\to 0$，于是

$$\lim_{x\to 0}\frac{\arcsin x}{x}=\lim_{t\to 0}\frac{t}{\sin t}=1,$$

故当 $x\to 0$ 时，$\arcsin x\sim x$.

同理，当 $x\to 0$ 时，$\arctan x$ 与 x 是等价无穷小.

在极限计算中，经常使用下述等价无穷小代换定理，从而使两个无穷小之比的极限问题简化.

定理 2　设在自变量的同一变化过程中 $\alpha\sim\alpha'$，$\beta\sim\beta'$，且 $\lim\dfrac{\beta'}{\alpha'}$ 存在，则 $\lim\dfrac{\beta}{\alpha}=\lim\dfrac{\beta'}{\alpha'}$.

证　$$\lim\frac{\beta}{\alpha}=\lim\left(\frac{\beta}{\beta'}\cdot\frac{\beta'}{\alpha'}\cdot\frac{\alpha'}{\alpha}\right)$$

$$=\lim\frac{\beta}{\beta'}\cdot\lim\frac{\beta'}{\alpha'}\cdot\lim\frac{\alpha'}{\alpha}=\lim\frac{\beta'}{\alpha'}.$$

例 13　求下列极限：

（1）$\displaystyle\lim_{x\to 0}\frac{\tan 2x}{\sin 3x}$；　　（2）$\displaystyle\lim_{x\to 0}\frac{1-\cos x}{x\cdot\sin x}$.

解（1）当 $x\to 0$ 时，$\tan 2x\sim 2x$，$\sin 3x\sim 3x$，因此

$$\lim_{x\to 0}\frac{\tan 2x}{\sin 3x}=\lim_{x\to 0}\frac{2x}{3x}=\frac{2}{3}.$$

（2）当 $x\to 0$ 时，$1-\cos x\sim\dfrac{1}{2}x^2$（见例 8），因此

$$\lim_{x\to 0}\frac{1-\cos x}{x\cdot\sin x}=\lim_{x\to 0}\frac{\frac{1}{2}x^2}{x\cdot x}=\frac{1}{2}.$$

例 14　求 $\displaystyle\lim_{x\to 0}\frac{\tan x-\sin x}{x^3}$.

解　$$\lim_{x\to 0}\frac{\tan x-\sin x}{x^3}=\lim_{x\to 0}\frac{\sin x(1-\cos x)}{x^3\cos x}$$

$$=\lim_{x\to 0}\frac{\sin x}{x}\cdot\frac{1-\cos x}{x^2}\cdot\frac{1}{\cos x}$$

$$=\lim_{x\to 0}\frac{\sin x}{x}\cdot\lim_{x\to 0}\frac{1-\cos x}{x^2}\cdot\lim_{x\to 0}\frac{1}{\cos x}=\frac{1}{2}.$$

或者，因为当 $x\to 0$ 时， $\sin x\sim x$ ， $1-\cos x\sim\frac{1}{2}x^2$ ，所以

$$\lim_{x\to 0}\frac{\sin x(1-\cos x)}{x^3\cos x}=\lim_{x\to 0}\frac{x\cdot\frac{1}{2}x^2}{x^3\cos x}=\frac{1}{2}.$$

但下面的解法是错误的：

因为当 $x\to 0$ 时， $\sin x\sim x$ ， $\tan x\sim x$ ，所以

$$\lim_{x\to 0}\frac{\tan x-\sin x}{x^3}=\lim_{x\to 0}\frac{x-x}{x^3}=0.$$

就是说无穷小的等价代换只能代换乘积的因子.

习题 1.3

1．求下列极限：

（1） $\lim\limits_{x\to 2}\frac{x^2+5}{x^2-3}$ ；　　（2） $\lim\limits_{x\to 1}\frac{x^2-2x+1}{x^3-x}$ ；

（2） $\lim\limits_{x\to\infty}\frac{x^2+2x-3}{3x^2-5x+2}$ ；　　（4） $\lim\limits_{x\to 0}x^2\cos\frac{1}{x^2}$ ；

（5） $\lim\limits_{n\to\infty}\left(\frac{1}{n^2}+\frac{2}{n^2}+\frac{3}{n^2}+\cdots+\frac{n}{n^2}\right)$.

2．求下列极限：

（1） $\lim\limits_{x\to 0}\frac{\sin 3x}{4x}$ ；　　（2） $\lim\limits_{x\to 0}\frac{\sin 5x}{\tan 2x}$ ；　　（3） $\lim\limits_{x\to\infty}\left(1+\frac{2}{x}\right)^{x+3}$ ；

（4） $\lim\limits_{x\to 0}(1-4x)^{\frac{1}{x}}$ ；　　（5） $\lim\limits_{x\to\infty}\left(\frac{x+1}{x-2}\right)^x$.

3．利用等价无穷小代换计算下列极限：

（1） $\lim\limits_{x\to 0}\frac{\arctan 2x}{\sin 5x}$ ；　　（2） $\lim\limits_{x\to 0}\frac{\ln(1+3x)}{\sin 2x}$.

1.4 函数的连续性

1.4.1 函数的连续性概念

在现实生活中有许多的量都是连续变化的，例如气温变化，植物的生长，物

体的运动路程等，这些现象反映到数学上，就是所谓的函数的连续性.

首先引入增量的概念.

设函数 $y=f(x)$ 在点 x_0 的某邻域内有定义，当自变量 x 由 x_0（称为初值）变化到 x_1（称为终值）时，终值与初值之差 x_1-x_0 称为自变量的增量（或改变量），记为 $\Delta x=x_1-x_0$.

相应地，函数的终值 $f(x_1)$ 与初值 $f(x_0)$ 之差 $f(x_1)-f(x_0)=f(x_0+\Delta x)-f(x_0)$ 称为函数的增量（或改变量），记为 $\Delta y=f(x_0+\Delta x)-f(x_0)$.

几何上，函数的增量表示当自变量从 x_0 变化到 $x_0+\Delta x$ 时，曲线上对应点的纵坐标的增量（图 1.7）.

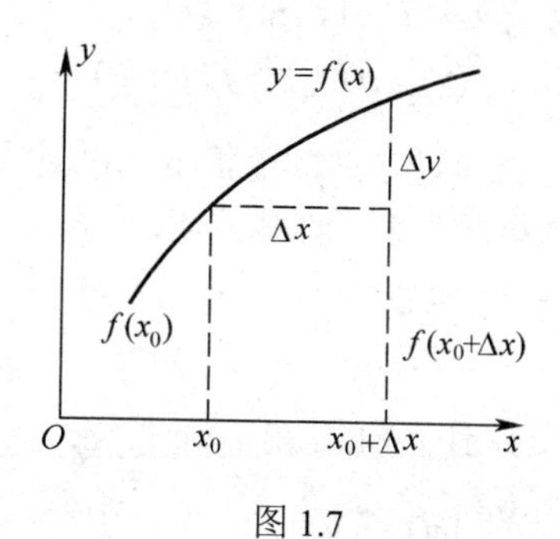

图 1.7

函数在某点 x_0 处连续，在几何上表示为函数图像在点 x_0 处附近为一条连续不断的曲线；从图 1.7 可以看出，其特点是当自变量的增量 Δx 趋于零时，函数的增量 Δy 也趋于零.

定义 1 设函数 $y=f(x)$ 在点 x_0 的某邻域内有定义，当自变量 x 在点 x_0 处有增量 Δx 时，相应地函数有增量

$$\Delta y=f(x_0+\Delta x)-f(x_0).$$

如果当自变量的增量 Δx 趋于零时，函数的增量 Δy 也趋于零，即

$$\lim_{\Delta x\to 0}\Delta y=\lim_{\Delta x\to 0}\left[f(x_0+\Delta x)-f(x_0)\right]=0,$$

则称函数 $y=f(x)$ 在点 x_0 处连续，x_0 称为函数 $f(x)$ 的连续点.

定义 1 中，若记 $x=x_0+\Delta x$，则 $\Delta y=f(x)-f(x_0)$，且当 $\Delta x\to 0$ 时，$x\to x_0$，故定义 1 又可叙述为

定义 2 设函数 $y=f(x)$ 在点 x_0 的某邻域内有定义，如果当 $x\to x_0$ 时，函数 $f(x)$ 的极限存在，且等于函数在点 x_0 处的函数值 $f(x_0)$，即

$$\lim_{x\to x_0}f(x)=f(x_0),$$

则称函数 $y=f(x)$ 在点 x_0 处连续.

如果函数 $y=f(x)$ 在开区间 (a,b) 内每一点都连续，则称函数 $f(x)$ 在区间 (a,b) 内连续.

若函数 $f(x)$ 满足 $\lim\limits_{x\to x_0^-} f(x)=f(x_0)$，则称函数 $f(x)$ 在点 x_0 处左连续；若函数 $f(x)$ 满足 $\lim\limits_{x\to x_0^+} f(x)=f(x_0)$，则称函数 $f(x)$ 在点 x_0 处右连续；如果函数 $f(x)$ 在区间 (a,b) 内连续，且在左端点 a 处右连续，在右端点 b 处左连续，则称函数 $f(x)$ 在闭区间 $[a,b]$ 上连续.

由上述定义可以得出下面的结论：

（1）若函数 $f(x)$ 在点 x_0 处连续，则函数 $f(x)$ 在点 x_0 处的极限一定存在；反之，若函数 $f(x)$ 在点 x_0 处的极限存在，则函数 $f(x)$ 在点 x_0 处不一定连续.

（2）若函数 $f(x)$ 在点 x_0 处连续，求 $\lim\limits_{x\to x_0} f(x)$ 时，只需求出 $f(x_0)$ 即可.

（3）当函数 $f(x)$ 在点 x_0 处连续时，有

$$\lim_{x\to x_0} f(x)=f(x_0)=f(\lim_{x\to x_0} x).$$

这个等式的成立意味着在函数连续的前提下，极限的符号和函数符号可以互相交换，这一结论给我们求极限带来了许多方便.

例 1 求 $\lim\limits_{x\to 0}\dfrac{\ln(1+x)}{x}$.

解 因为 $\lim\limits_{x\to 0}(1+x)^{\frac{1}{x}}=\mathrm{e}$，且 $y=\ln u$ 在 $u=\mathrm{e}$ 处连续，则

$$\begin{aligned}\lim_{x\to 0}\frac{\ln(1+x)}{x}&=\lim_{x\to 0}\ln(1+x)^{\frac{1}{x}}\\&=\ln\left[\lim_{x\to 0}(1+x)^{\frac{1}{x}}\right]=\ln\mathrm{e}=1.\end{aligned}$$

1.4.2 函数的间断点及其分类

如果函数 $f(x)$ 在点 x_0 处不连续，则称点 x_0 为函数 $f(x)$ 的间断点.

根据函数 $y=f(x)$ 在点 x_0 处连续的定义可知，如果函数 $y=f(x)$ 在点 x_0 处有下列三种情况之一，则点 x_0 为函数 $f(x)$ 的一个间断点.

（1）$f(x)$ 在 x_0 点没有定义；

（2）$\lim\limits_{x\to x_0} f(x)$ 不存在；

（3）$\lim\limits_{x\to x_0} f(x)$ 存在，但 $\lim\limits_{x\to x_0} f(x)\neq f(x_0)$.

如果 x_0 是函数 $f(x)$ 的间断点，并且函数 $f(x)$ 在点 x_0 处的左、右极限存在，则称点 x_0 是函数 $f(x)$ 的第一类间断点；若函数 $f(x)$ 在点 x_0 处的左、右极限至少有一个不存在，则称点 x_0 为函数 $f(x)$ 的第二类间断点.

下面通过例子说明间断点的类型.

例 2 考察函数 $f(x)=\begin{cases}\sqrt{x}, & x\leqslant 1,\\ 1+\sqrt{x}, & x>1.\end{cases}$ 由于函数在 $x=1$ 处左右极限存在但不

相等，所以函数在 $x=1$ 处间断．事实上有

$$\lim_{x\to 1^-} f(x)=\lim_{x\to 1^-}\sqrt{x}=1,\quad \lim_{x\to 1^+} f(x)=\lim_{x\to 1^+}(1+\sqrt{x})=2,$$

函数 $f(x)$ 在点 $x_0=1$ 处的左、右极限存在但不相等，点 $x_0=1$ 是 $f(x)$ 的第一类间断点．如图 1.8（a）所示．

例 3 考察函数 $f(x)=\begin{cases}\dfrac{x^2-1}{x-1}, & x\neq 1,\\ 3, & x=1.\end{cases}$

解 因为 $\lim\limits_{x\to 1} f(x)=\lim\limits_{x\to 1}\dfrac{x^2-1}{x-1}=2$，而 $f(1)=3$，

函数 $f(x)$ 在该点处的极限存在但不等于该点处的函数值，所以函数在 $x=1$ 处间断，如果改变定义，令 $x=1$ 时，$f(1)=2$，则所构造的新的函数在 $x=1$ 处成为连续函数．

一般地，如果函数 $f(x)$ 在点 x_0 处极限存在，但不等于函数在该点的函数值（图 1.8（b））；或者函数 $f(x)$ 在点 x_0 处极限存在，但函数在该点处没有定义（图 1.8（c）），设 $\lim\limits_{x\to x_0} f(x)=A$，可以通过改变或补充定义，使函数在点 x_0 处的函数值等于 A，即构造一个新的函数

$$\varphi(x)=\begin{cases}f(x), & x\neq x_0,\\ A, & x=x_0.\end{cases}$$

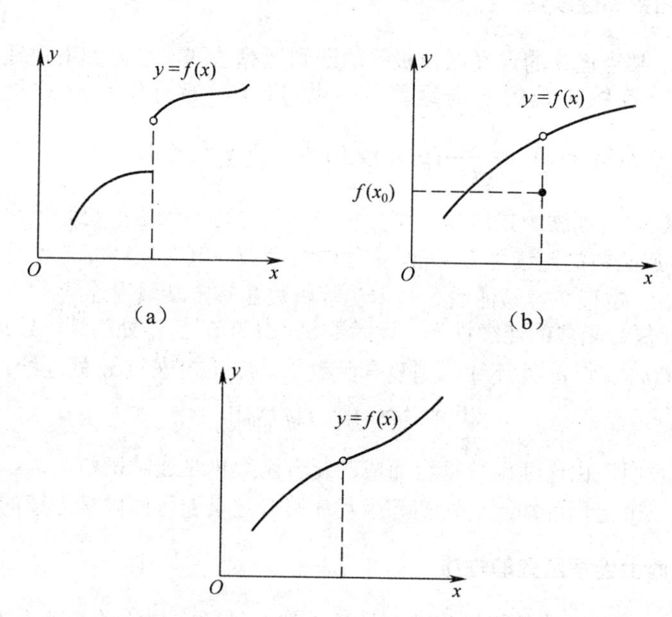

图 1.8

这时，$\varphi(x)$ 在点 x_0 处连续，x_0 称为 $f(x)$ 的可去间断点，可去间断点是第一类间断点．

例 4 考察函数 $f(x)=\dfrac{1}{x+1}$．该函数在 $x=-1$ 处没有定义，所以函数在 $x=-1$ 处间断；又因为 $\lim\limits_{x\to-1}\dfrac{1}{x+1}=\infty$（图 1.9），极限不存在，趋于无穷，所以 $x=-1$ 是函数 $f(x)=\dfrac{1}{x+1}$ 的第二类间断点．

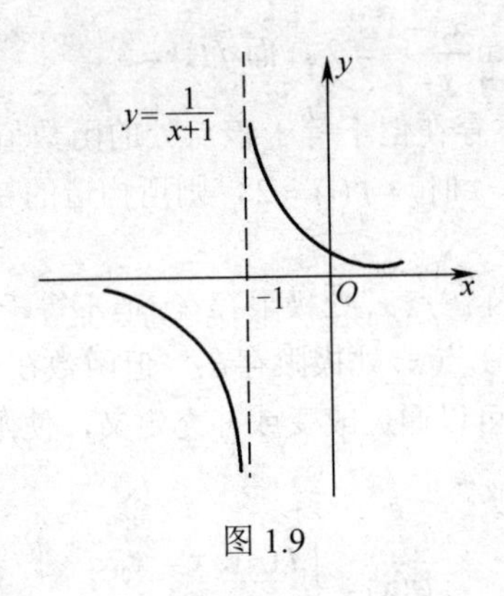

图 1.9

1.4.3 初等函数的连续性

由函数在某点连续的定义以及极限的四则运算法则，可得如下定理 1：

定理 1（连续函数的四则运算） 设 $f(x)$，$g(x)$ 均在点 x_0 处连续，则 $f(x)\pm g(x)$，$f(x)\cdot g(x)$，$\dfrac{f(x)}{g(x)}(g(x_0)\neq 0)$ 也在点 x_0 处连续．

此定理表明，连续函数的和、差、积、商（分母不为零）仍是连续函数．

定理 2（反函数的连续性） 连续函数的反函数在其对应区间上也是连续函数．

由定理 1、定理 2 容易证明：基本初等函数在其定义域内连续．

定理 3（复合函数的连续性） 设函数 $u=\varphi(x)$ 在点 x_0 处连续，且 $u_0=\varphi(x_0)$，又函数 $y=f(u)$ 在点 u_0 处连续，则复合函数 $y=f[\varphi(x)]$ 在点 x_0 处连续，即

$$\lim_{x\to x_0} f[\varphi(x)]=f[\varphi(x_0)].$$

此定理表明，由连续函数复合而成的复合函数仍是连续函数．

由以上三个定理可知：一切初等函数在其有定义的区间内是连续的．

1.4.4 闭区间上连续函数的性质

闭区间上连续函数具有一些重要性质，这些性质在理论和实践上都有着广泛的应用，它们的几何意义都很直观，容易理解．

定理 4（最值定理） 如果函数 $f(x)$ 在闭区间 $[a,b]$ 上连续，则它在这个区间上一定有最大值和最小值.

即，如果函数 $f(x)$ 在闭区间 $[a,b]$ 上连续，那么在 $[a,b]$ 上至少存在一点 x_1，对于任意的 $x\in[a,b]$，有 $f(x_1)\leqslant f(x)$；也至少存在一点 x_2，对于任意的 $x\in[a,b]$，有 $f(x_2)\geqslant f(x)$（图 1.10）. $f(x_1)$ 与 $f(x_2)$ 分别称为在闭区间 $[a,b]$ 上的最小值和最大值.

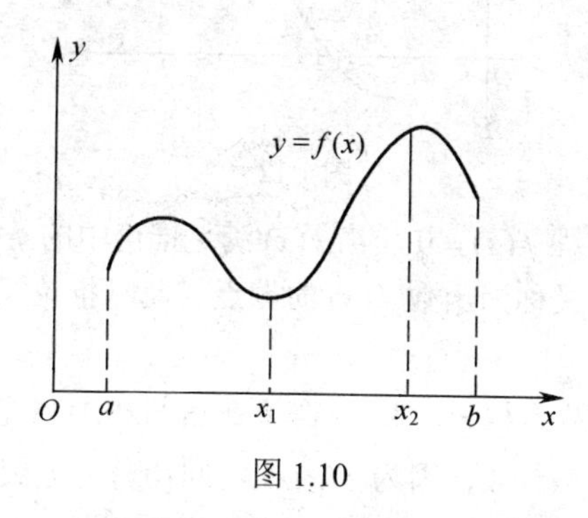

图 1.10

注意，对于在开区间连续的函数或在闭区间上有间断点的函数，结论不一定正确. 如函数 $y=x^2$ 在 $(-1,1)$ 内没有最大值，只有最小值. 又如函数

$$f(x)=\begin{cases}x+1, & -1\leqslant x<0,\\ 0, & x=0,\\ x-1, & 0<x\leqslant 1\end{cases}$$

在闭区间 $[-1,1]$ 上有间断点 $x=0$，它在此区间上没有最大值和最小值.

定理 5（介值定理） 设函数 $f(x)$ 在闭区间 $[a,b]$ 上连续，且 $f(a)\neq f(b)$，C 为介于 $f(a)$ 与 $f(b)$ 之间的任一实数，则至少存在一点 $\xi\in(a,b)$，使得 $f(\xi)=C$.

定理 5 的几何意义是：连续曲线 $y=f(x)$ 与水平直线 $y=C$ 至少有一个交点（图 1.11）.

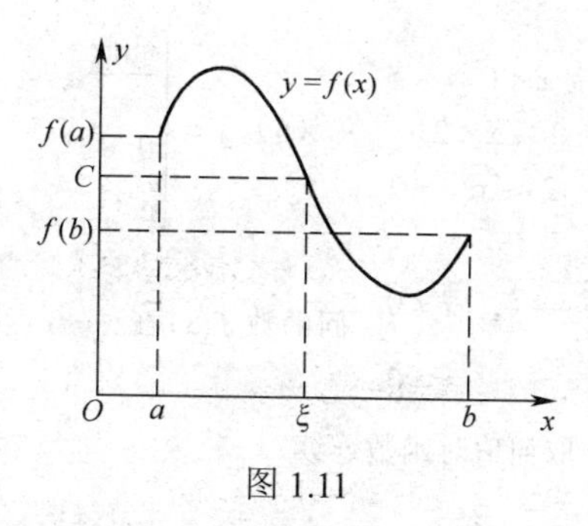

图 1.11

在介值定理中，如果 $f(a)$ 与 $f(b)$ 异号，并取 $C=0$，即可得如下推论：

推论 如果 $f(x)$ 在闭区间 $[a,b]$ 上连续，且 $f(a)\cdot f(b)<0$，则至少存在一点

$\xi \in (a,b)$，使得 $f(\xi)=0$（图 1.12）.

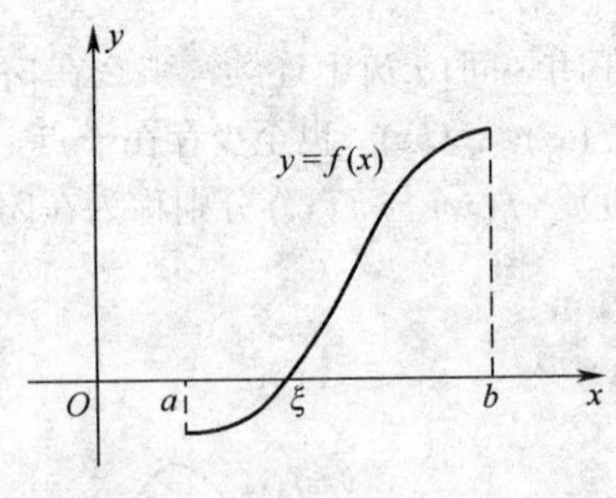

图 1.12

推论表明，对于方程 $f(x)=0$，若 $f(x)$ 满足推论中的条件，则方程在 (a,b) 内至少存在一个根 ξ，ξ 又称为函数 $f(x)$ 的零点，此时推论又称为零点定理或根的存在性定理.

例 5 证明三次代数方程 $x^3-4x^2+1=0$ 在区间 $(0,1)$ 内至少有一个实根.

证 设 $f(x)=x^3-4x^2+1$，因为 $f(x)$ 在区间 $[0,1]$ 上连续，且

$$f(0)=1>0,\quad f(1)=-2<0,$$

由介值定理知，在 $(0,1)$ 内至少有一点 ξ，使 $f(\xi)=0$，即方程 $x^3-4x^2+1=0$ 在区间 $(0,1)$ 内至少有一个实根.

习题 1.4

1．求下列函数的间断点，并确定其所属类型．如果是可去间断点，试补充或改变函数定义使函数在该点连续.

（1）$y=\dfrac{1}{(x+2)^2}$；（2）$y=\dfrac{x^2-1}{x^2-3x+2}$；

（3）$y=\dfrac{x}{\sin x}$；（4）$y=\dfrac{1-\cos x}{x^2}$；

（5）$y=\begin{cases}0, & x<1,\\ 2x+1, & 1\leqslant x<2,\\ 1+x^2, & 2\leqslant x;\end{cases}$（6）$y=\begin{cases}\dfrac{\sin x}{x}, & x<0,\\ 0, & x=0,\\ \mathrm{e}^{-x}, & x>0.\end{cases}$

2．设 $f(x)=\begin{cases}\dfrac{3x^3+2x^2+x}{\sin x}, & x\neq 0,\\ 0, & x=0.\end{cases}$ 问函数 $f(x)$ 在 $x=0$ 点处是否连续？

3．在下列函数中，a 取何值时函数连续？

（1）$f(x)=\begin{cases}\dfrac{x^2-16}{x-4}, & x\neq 4,\\ a, & x=4;\end{cases}$（2）$f(x)=\begin{cases}\mathrm{e}^x, & x<0,\\ a+x, & x\geqslant 0.\end{cases}$

本章小结

1．函数的两要素

函数的定义域和对应法则称为函数的两要素，要判断两个函数是否相同，就是要看这两要素是否相同.

2．函数的定义域

函数的定义域是指使函数有意义的全体自变量构成的集合，求函数的定义域要考虑下列几个方面：

（1）分式的分母不能为零；

（2）偶次根式下不能为负值；

（3）负数和零没有对数；

（4）反三角函数要考虑主值区间；

（5）代数和的情况下取各式定义域的交集.

3．复合函数

（1）构成复合函数 $y=f[\varphi(x)]$ 要求外函数 $y=f(u)$ 的定义域与内函数 $u=\varphi(x)$ 的值域的交集非空，即 $D_f \cap Z_\varphi \neq \varnothing$.

（2）复合函数的复合过程有两层意义：一是将简单函数用“代入”的方法构成复合函数，二是能将复合函数分解成基本初等函数或由其和、差、积、商构成的简单函数.

4．五类基本初等函数及其性质.

5．成本函数、收益函数、利润函数等经济类函数及其相互关系.

6．掌握下列求极限的几种方法：

（1）利用极限的四则运算法则求极限；

（2）利用无穷小与有界变量的乘积仍是无穷小求极限；

（3）利用两个重要极限求极限；

要理解下面这两个公式的真正含义

$$\lim_{\square \to 0}\frac{\sin\square}{\square}=1, \qquad \lim_{\Delta\to\infty}\left(1+\frac{1}{\Delta}\right)^{\Delta}=\mathrm{e}.$$

式中的□和Δ分别代表某一过程中的变量；

（4）利用无穷小与无穷大的倒数关系求极限；

（5）利用函数的连续性求极限；

（6）利用两个多项式商的极限公式求极限；

（7）利用有理式分解后消掉零因子求极限.

7．函数的连续性.

函数的连续性这部分主要应掌握函数在点 x_0 处连续的判别方法，掌握函数在

点 x_0 处连续和在点 x_0 极限存在的关系，会判别间断点的类型．

复习题 1

1．已知 $f(x)=ax+b$，且 $f(0)=-2$，$f(3)=5$，求 a 和 b．

2．已知 $f(x)$ 的定义域为 $[-1,2)$，求 $y=f(x-2)$ 的定义域．

3．判断下列函数的奇偶性：

（1）$f(x)=\dfrac{3^x+3^{-x}}{2}$；（2）$f(x)=\lg(x+\sqrt{1+x^2})$．

4．求下列函数的反函数：

（1）$y=\dfrac{x+1}{x-1}$；（2）$y=1-\ln(x+2)$．

5．复合函数 $y=\sin^2(2x+5)$ 是由哪些简单函数复合而成的．

6．求下列极限：

（1）$\lim\limits_{x\to 0}\dfrac{\sqrt{1+\tan x}-\sqrt{1-\tan x}}{\sin x}$；（2）$\lim\limits_{x\to \pi}\dfrac{\sin^2 x}{1+\cos^3 x}$；

（3）$\lim\limits_{x\to 0}\dfrac{\tan x}{1-\sqrt{1+\tan x}}$；（4）$\lim\limits_{x\to 4}\dfrac{\sqrt{1+2x}-3}{\sqrt{x}-2}$．

7．证明当 $x\to 0$ 时，$\mathrm{e}^x-1\sim x$，并利用此结果求 $\lim\limits_{x\to 0}\dfrac{\sqrt{1+\sin x}-1}{\mathrm{e}^x-1}$．

8．设函数 $f(x)=\begin{cases}\dfrac{1}{x}\sin \pi x, & x\neq 0,\\ a, & x=0\end{cases}$ 在 $x=0$ 处连续，求 a 的值．

9．设甲车间生产某产品 2000 箱，每箱定价为 280 元，销售量在 900 箱以内按原价销售，超过 900 箱的部分在原价的基础上打八折销售，试建立销售总收入 R 与销售量 Q 之间的函数关系式．

自测题 1

1．填空题

（1）函数 $y=\dfrac{\sqrt{x^2-4}}{x-2}$ 的定义域是__________________；

（2）函数 $y=\mathrm{e}^x-1$ 的反函数是__________________；

（3）若 $\lim\limits_{x\to 0}\dfrac{\sin kx}{2x}=2$，则 $k=$__________________；

（4）$\lim\limits_{x\to \infty}x\cdot\sin\dfrac{1}{x}=$__________________；

（5）设函数 $f(x)=\dfrac{1-\cos x}{x^2}$，则 $x=0$ 为 $f(x)$ 的__________________间断点；

（6）设函数 $f(x)=\dfrac{x^2-5x+6}{x^2-4}$，则当 $x\to$ ________时，$f(x)$ 为无穷大.

2．选择题

（1）函数 $y=1+\sin x$ 是（　　）.

A．无界函数；　　　　　　B．单调减少函数；

C．单调增加函数；　　　　D．有界函数.

（2）下列极限存在的是（　　）.

A．$\lim\limits_{x\to\infty}3^{-x}$；　　　　B．$\lim\limits_{x\to\infty}\dfrac{2x^4+x+1}{3x^4-x+2}$；

C．$\lim\limits_{x\to\infty}\ln|x|$；　　　　D．$\lim\limits_{x\to\infty}\cos x$.

（3）设 $f(x)=\mathrm{e}^{\frac{1}{x}}$，则 $f(x)$ 在 $x=0$ 处（　　）.

A．有定义；　　　　B．极限存在；

C．左极限存在；　　D．右极限存在.

（4）当 $x\to 0$ 时，（　　）与 x 不是等价无穷小.

A．$\ln(1+x)$；　　　　B．$\sqrt{1+x}-\sqrt{1-x}$；

C．$\tan x$；　　　　D．$\sin x$.

3．计算题

（1）设 $f(x)=x^2-2x+1$，求 $f(2)$，$f(x+1)$.

（2）求 $\lim\limits_{x\to+\infty}\left(1-\dfrac{1}{x}\right)^{-x}$；

（3）求 $\lim\limits_{x\to 0}\sqrt[x]{1+3x}$；

（4）设 $f(x)=\begin{cases}\dfrac{1}{x}\cdot\sin x, & x<0,\\ k, & x=0,\\ x\cdot\sin\dfrac{1}{x}+1, & x>0\end{cases}$ 在 $x=0$ 点处连续，求 k 的值.

4．应用题

某企业生产一种产品，固定成本为12000元，每单位产品的可变成本为10元，每单位产品的单价为30元，求

（1）总成本函数；　　（2）总收益函数；　　（3）总利润函数.

第 2 章　导数与微分

本章学习目标

- 理解导数和微分的概念及其几何意义
- 熟练掌握导数的四则运算法则和基本求导公式
- 熟练掌握复合函数、隐函数的求导方法
- 了解高阶导数的概念，掌握二阶导数的求法
- 了解可导、可微与连续之间的关系

2.1　导数的概念

2.1.1　引出导数概念的实例

例 1　平面曲线的切线斜率.

曲线 $y=f(x)$ 的图像如图 2.1 所示，现在我们来讨论它的切线问题. 在曲线上任取两点，$M(x_0,y_0)$, $N(x_0+\Delta x,y_0+\Delta y)$，作割线 MN. 让 N 沿着曲线趋向 M，割线 MN 的极限位置 MT 就称为曲线 $y=f(x)$ 在点 M 处的切线. 则割线 MN 的斜率为

$$k_{MN}=\tan\varphi=\frac{\Delta y}{\Delta x}=\frac{f(x_0+\Delta x)-f(x_0)}{\Delta x}.$$

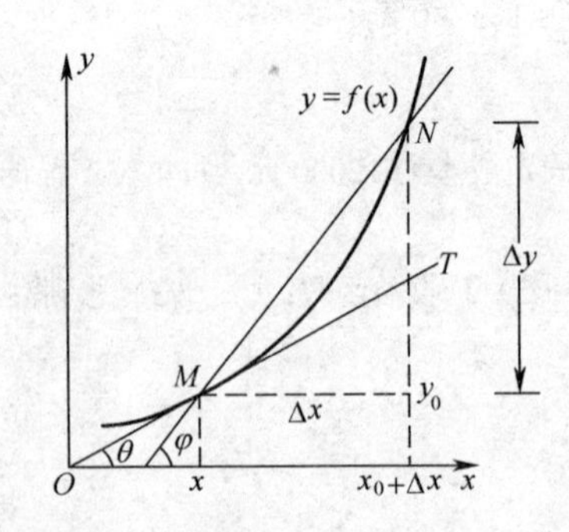

图 2.1

这里 φ 为割线 MN 的倾角，设 θ 是切线 MT 的倾角，当 $\Delta x\to 0$ 时，点 N 沿曲线趋于点 M，若上式的极限存在，记为 k，则此极限值 k 就是所求的切线 MT 的

斜率，即

$$k = \tan\theta = \lim_{\Delta x \to 0} \tan\varphi = \lim_{\Delta x \to 0} \frac{\Delta y}{\Delta x} = \lim_{\Delta x \to 0} \frac{f(x_0 + \Delta x) - f(x_0)}{\Delta x}.$$

例 2 产品总成本的变化率.

设某产品的总成本 C 是产量 Q 的函数，即 $C = C(Q)$，当产量由 Q_0 变到 $Q_0 + \Delta Q$ 时，总成本相应的改变量为 $\Delta C = C(Q_0 + \Delta Q) - C(Q_0)$.

则产量由 Q_0 变到 $Q_0 + \Delta Q$ 时，总成本的平均变化率为

$$\frac{\Delta C}{\Delta Q} = \frac{C(Q_0 + \Delta Q) - C(Q_0)}{\Delta Q}.$$

当 ΔQ 趋向于零时，如果极限

$$\lim_{\Delta Q \to 0} \frac{\Delta C}{\Delta Q} = \lim_{\Delta Q \to 0} \frac{C(Q_0 + \Delta Q) - C(Q_0)}{\Delta Q}$$

存在，由称此极限是产量为 Q_0 时总成本的变化率.

2.1.2 导数的概念

1. 导数的概念

定义 设函数 $y = f(x)$ 在点 x_0 的某邻域内有定义，当自变量 x 在点 x_0 处取得增量 Δx（点 $x_0 + \Delta x$ 也在该邻域内）时，相应地函数 y 取得增量 $\Delta y = f(x_0 + \Delta x) - f(x_0)$，如果当 $\Delta x \to 0$ 时，极限

$$\lim_{\Delta x \to 0} \frac{\Delta y}{\Delta x} = \lim_{\Delta x \to 0} \frac{f(x_0 + \Delta x) - f(x_0)}{\Delta x} \tag{2.1.1}$$

存在，则称函数 $y = f(x)$ 在点 x_0 处可导，并称此极限值为函数 $y = f(x)$ 在点 x_0 处的导数，记作 $f'(x_0)$，或记为

$$y'\big|_{x=x_0}，\quad \left.\frac{\mathrm{d}y}{\mathrm{d}x}\right|_{x=x_0} \quad 或 \quad \left.\frac{\mathrm{d}f}{\mathrm{d}x}\right|_{x=x_0}.$$

即

$$f'(x_0) = \lim_{\Delta x \to 0} \frac{f(x_0 + \Delta x) - f(x_0)}{\Delta x}.$$

如果极限（2.1.1）不存在，则称函数 $y = f(x)$ 在点 x_0 处不可导.

若记 $x = x_0 + \Delta x$，由于当 $\Delta x \to 0$ 时，有 $x \to x_0$，所以导数 $f'(x_0)$ 的定义也可表示为

$$f'(x_0) = \lim_{x \to x_0} \frac{f(x) - f(x_0)}{x - x_0}.$$

由于引入了导数的概念，曲线 $y = f(x)$ 在点 $(x_0, f(x_0))$ 处的切线斜率是函数 $y = f(x)$ 在点 x_0 处的导数，即

$$k = \tan\theta = f'(x_0).$$

2. 左、右导数

既然导数是增量比$\frac{\Delta y}{\Delta x}$当$\Delta x \to 0$时的极限，那么下面两个极限

$$\lim_{\Delta x \to 0^-} \frac{\Delta y}{\Delta x} = \lim_{\Delta x \to 0^-} \frac{f(x_0+\Delta x)-f(x_0)}{\Delta x},$$

$$\lim_{\Delta x \to 0^+} \frac{\Delta y}{\Delta x} = \lim_{\Delta x \to 0^+} \frac{f(x_0+\Delta x)-f(x_0)}{\Delta x}$$

分别叫做函数$y=f(x)$在点x_0处的左导数和右导数，分别记为$f'_-(x_0)$和$f'_+(x_0)$.

由上一章关于左、右极限的性质可知下面的定理.

定理 1 函数$y=f(x)$在点x_0处可导的充分必要条件是$f(x)$在点x_0处的左、右导数都存在并且相等.

若函数$y=f(x)$在开区间(a,b)内每一点都可导，则称$f(x)$在区间(a,b)内可导. 此时，对于每一个$x\in(a,b)$，都对应着$f(x)$的一个确定的导数值$f'(x)$，从而构成了一个新的函数，称为函数$f(x)$的导函数，记作

$$y',\ f'(x),\ \frac{\mathrm{d}y}{\mathrm{d}x},\ 或\frac{\mathrm{d}f}{\mathrm{d}x},$$

即

$$f'(x)=\lim_{\Delta x \to 0} \frac{f(x+\Delta x)-f(x)}{\Delta x}.$$

显然，函数$y=f(x)$在点x_0处的导数$f'(x_0)$就是导函数$f'(x)$在点x_0处的函数值，即

$$f'(x_0)=f'(x)\big|_{x=x_0}.$$

通常在不致发生混淆的情况下，导函数也简称为导数.

2.1.3 导数的几何意义

由前面的讨论可知，函数$f(x)$在点x_0处的导数$f'(x_0)$在几何上就是曲线$y=f(x)$在点$(x_0,f(x_0))$处的切线的斜率. 即

$$f'(x_0)=\lim_{\Delta x \to 0}\frac{\Delta y}{\Delta x}=\lim_{\varphi \to \theta}\tan\varphi=\tan\theta=k.$$

过曲线上一点且垂直于该点处切线的直线，称为曲线在该点处的法线.

根据导数的几何意义，如果函数$y=f(x)$在点x_0处可导，则曲线$y=f(x)$在点$(x_0,f(x_0))$处的切线、法线方程分别为

$$y-y_0=f'(x_0)(x-x_0),$$

及

$$y-y_0=-\frac{1}{f'(x_0)}(x-x_0)\quad (f'(x_0)\neq 0).$$

若 $f'(x_0)=\infty$，则切线垂直于 x 轴，切线的方程就是 x 轴的垂线 $x=x_0$.

根据导数的定义，求函数 $y=f(x)$ 的导数，一般分为以下三个步骤：

（1）求增量 $\Delta y=f(x+\Delta x)-f(x)$；

（2）算比值 $\dfrac{\Delta y}{\Delta x}=\dfrac{f(x+\Delta x)-f(x)}{\Delta x}$；

（3）取极限 $y'=\lim\limits_{\Delta x\to 0}\dfrac{\Delta y}{\Delta x}$.

例 3　求函数 $y=x^2$ 的导数.

解　（1）求增量　$\Delta y=f(x+\Delta x)-f(x)=(x+\Delta x)^2-x^2$

$$=2x\Delta x+(\Delta x)^2.$$

（2）算比值　$\dfrac{\Delta y}{\Delta x}=2x+\Delta x.$

（3）取极限　$y'=\lim\limits_{\Delta x\to 0}\dfrac{\Delta y}{\Delta x}=\lim\limits_{\Delta x\to 0}(2x+\Delta x)=2x$.

即　$(x^2)'=2x$.

同理可得　$(x^n)'=nx^{n-1}$（n 为正整数).

特别地，当 $n=1$ 时，　$(x)'=1$.

一般地，当指数为任意实数 μ 时，可以证明

$$(x^\mu)'=\mu x^{\mu-1}.$$

例如，求函数 $y=\sqrt{x}$ 的导数，

$$y'=\left(\sqrt{x}\right)'=\left(x^{\frac{1}{2}}\right)'=\frac{1}{2}x^{\frac{1}{2}-1}=\frac{1}{2\sqrt{x}}.$$

又如，求函数 $y=\dfrac{1}{x}$ 的导数，

$$y'=\left(\frac{1}{x}\right)'=(x^{-1})'=(-1)x^{-1-1}=-\frac{1}{x^2}.$$

例 4　求曲线 $y=x^3$ 在点(2,8)处的切线与法线方程.

解　因为 $y'=3x^2$，由导数的几何意义，曲线 $y=x^3$ 在点(2,8)的切线与法线的斜率分别为

$$k_1=y'\big|_{x=2}=(3x^2)\big|_{x=2}=12,\ k_2=-\frac{1}{k_1}=-\frac{1}{12}.$$

于是所求的切线方程为

$$y-8=12(x-2),$$

即

$$12x-y-16=0\ .$$

法线方程为

$$y-8=-\frac{1}{12}(x-2)\ ,$$

即

$$x+12y-98=0\ .$$

2.1.4 可导与连续的关系

定理 2 若函数 $y=f(x)$ 在点 x_0 处可导，则 $f(x)$ 在点 x_0 处连续．

证 因为 $f(x)$ 在点 x_0 处可导，故有

$$f'(x_0)=\lim_{\Delta x\to 0}\frac{\Delta y}{\Delta x}.$$

根据函数极限与无穷小间的关系，可得

$$\frac{\Delta y}{\Delta x}=f'(x_0)+\alpha\ ,$$

其中 α 是当 $\Delta x\to 0$ 时的无穷小．两端乘以 Δx，得

$$\Delta y=f'(x_0)\Delta x+\alpha\cdot\Delta x\ ,$$

由此可见

$$\lim_{\Delta x\to 0}\Delta y=\lim_{\Delta x\to 0}\left[f'(x_0)\Delta x+\alpha\cdot\Delta x\right]=0\ ,$$

即函数 $y=f(x)$ 在点 x_0 处连续．

上述定理的逆命题不一定成立，即在某点连续的函数，在该点未必可导．

例 5 证明函数 $y=|x|$ 在 $x=0$ 处连续但不可导（如图 2.2）．

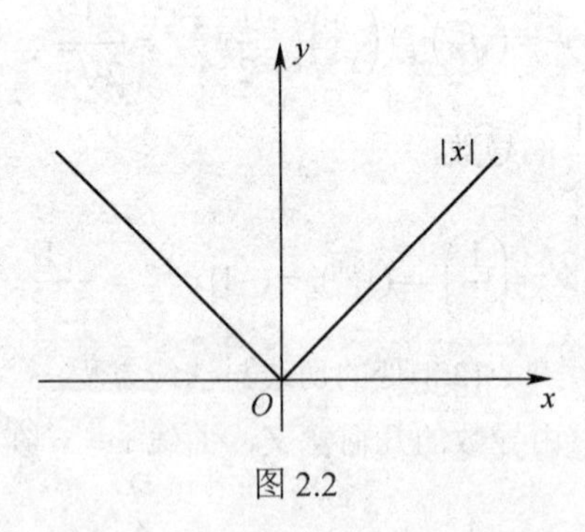

图 2.2

证 因为

$$\Delta y=f(0+\Delta x)-f(0)=\left|0+\Delta x\right|-\left|0\right|=\left|\Delta x\right|,$$

所以

$$\lim_{\Delta x\to 0}\Delta y=\lim_{\Delta x\to 0}\left|\Delta x\right|=0\ .$$

即 $y=|x|$ 在 $x=0$ 处连续，但是

$$\lim_{\Delta x\to 0}\frac{\Delta y}{\Delta x}=\lim_{\Delta x\to 0}\frac{|\Delta x|}{\Delta x},$$

当 $\Delta x>0$ 时，$y=f(x)$ 在 $x=0$ 处的右导数为

$$f'_{+}(0)=\lim_{\Delta x\to 0^{+}}\frac{\Delta y}{\Delta x}=\lim_{\Delta x\to 0^{+}}\frac{\Delta x}{\Delta x}=1;$$

当 $\Delta x<0$ 时，$y=f(x)$ 在 $x=0$ 处的左导数为

$$f'_{-}(0)=\lim_{\Delta x\to 0^{-}}\frac{\Delta y}{\Delta x}=\lim_{\Delta x\to 0^{-}}\frac{-\Delta x}{\Delta x}=-1.$$

即函数 $y=|x|$ 在 $x=0$ 处的左、右导数不相等，从而在 $x=0$ 处不可导．由此可见，函数在某点连续是函数在该点可导的必要条件，但不是充分条件．

习题 2.1

1．求下列函数在指定点处的导数：

（1）$y=\cos x,\ x=\frac{\pi}{2}$；　　（2）$y=\ln x,\ x=5$．

2．求下列函数的导数：

（1）$y=\log_3 x$；　　（2）$y=\frac{x^2\cdot\sqrt[3]{x^2}}{\sqrt{x^5}}$；

（3）$y=\sqrt[3]{x^2}$；　　（4）$y=\cos x$．

3．判断下列命题是否正确？为什么？

（1）若 $f(x)$ 在 x_0 处可导，则 $f(x)$ 在 x_0 处必连续；

（2）若 $f(x)$ 在 x_0 处连续，则 $f(x)$ 在 x_0 处必可导；

（3）若 $f(x)$ 在 x_0 处不连续，则 $f(x)$ 在 x_0 处必不可导；

（4）若 $f(x)$ 在 x_0 处不可导，则 $f(x)$ 在 x_0 处必不连续．

4．求曲线 $y=\frac{1}{x}$ 在点 $(1,1)$ 处的切线方程与法线方程．

5．问 a，b 取何值时，才能使函数 $f(x)=\begin{cases}x^2, & x\leqslant x_0,\\ ax+b, & x>x_0\end{cases}$ 在 $x=x_0$ 处连续且可导？

2.2　导数的运算

2.2.1　函数的和、差、积、商的求导法则

定理 1　设函数 $u(x)$ 与 $v(x)$ 在点 x 处均可导，则它们的和、差、积、商（当分母不为零时）在点 x 处也可导，且有以下法则：

（1）$\left[u(x) \pm v(x)\right]' = u'(x) \pm v'(x)$；

（2）$\left[u(x)v(x)\right]' = u'(x)v(x) + u(x)v'(x)$，

特别地，若 $v(x) = C$（C 为常数），则 $(Cu)' = Cu'$；

（3）$\left[\dfrac{u(x)}{v(x)}\right]' = \dfrac{u'(x)v(x) - u(x)v'(x)}{[v(x)]^2}$.

特别地，如果 $u(x) = 1$，则可得公式

$$\left[\frac{1}{v(x)}\right]' = \frac{-v'(x)}{[v(x)]^2} \qquad (v(x) \neq 0).$$

注意 法则（1），（2）均可推广到有限多个可导函数的情形，例如，设 $u = u(x)$，$v = v(x)$，$w = w(x)$ 在点 x 处均可导，则

（1）$(u \pm v \pm w)' = u' \pm v' \pm w'$.

（2）$(uvw)' = [(uv)w]' = (uv)'w + (uv)w' = (u'v + uv')w + uvw'$

$$= u'vw + uv'w + uvw'.$$

例 1 设 $y = x^3 - \mathrm{e}^x + \sin x + \ln 3$，求 y'.

解
$$\begin{aligned} y' &= (x^3 - \mathrm{e}^x + \sin x + \ln 3)' \\ &= (x^3)' - (\mathrm{e}^x)' + (\sin x)' + (\ln 3)' \\ &= 3x^2 - \mathrm{e}^x + \cos x. \end{aligned}$$

例 2 设 $y = 5\sqrt{x}2^x$，求 y'.

解
$$\begin{aligned} y' &= (5\sqrt{x}2^x)' = 5(\sqrt{x})'2^x + 5\sqrt{x}(2^x)' \\ &= \frac{5 \cdot 2^x}{2\sqrt{x}} + 5\sqrt{x}2^x \ln 2. \end{aligned}$$

例 3 求 $y = \tan x$ 的导数.

解
$$\begin{aligned} y' &= (\tan x)' = \left(\frac{\sin x}{\cos x}\right)' = \frac{(\sin x)'\cos x - \sin x(\cos x)'}{\cos^2 x} \\ &= \frac{\cos^2 x + \sin^2 x}{\cos^2 x} = \frac{1}{\cos^2 x} = \sec^2 x. \end{aligned}$$

即 $$(\tan x)' = \sec^2 x.$$

用类似的方法，可得 $(\cot x)' = -\csc^2 x$.

例 4 求 $y = \sec x$ 的导数.

解
$$\begin{aligned} y' &= (\sec x)' = \left(\frac{1}{\cos x}\right)' = \frac{\sin x}{\cos^2 x} \\ &= \frac{1}{\cos x} \cdot \tan x = \sec x \cdot \tan x. \end{aligned}$$

即 $(\sec x)' = \sec x \cdot \tan x$.

用类似的方法，可得 $(\csc x)' = -\csc x \cdot \cot x$.

2.2.2 复合函数的导数

定理 2 如果函数 $u = \varphi(x)$ 在 x 处可导，而函数 $y = f(u)$ 在对应的 u 处可导，那么复合函数 $y = f[\varphi(x)]$ 在 x 处可导，且有

$$\frac{\mathrm{d}y}{\mathrm{d}x} = \frac{\mathrm{d}y}{\mathrm{d}u} \cdot \frac{\mathrm{d}u}{\mathrm{d}x} \quad 或 \quad y'_x = y'_u \cdot u'_x .$$

证 给自变量 x 一个增量 Δx，相应地函数 $u = \varphi(x)$ 与 $y = f(u)$ 的改变量为 Δu 和 Δy．根据函数极限与无穷小的关系定理，由 $y = f(u)$ 可导，有

$$\frac{\Delta y}{\Delta u} = \frac{\mathrm{d}y}{\mathrm{d}u} + \alpha ,$$

其中 α 是当 $\Delta u \to 0$ 时的无穷小．上式两边同乘 Δu 得

$$\Delta y = \frac{\mathrm{d}y}{\mathrm{d}u} \cdot \Delta u + \alpha \cdot \Delta u ,$$

于是

$$\frac{\Delta y}{\Delta x} = \frac{\mathrm{d}y}{\mathrm{d}u} \cdot \frac{\Delta u}{\Delta x} + \alpha \cdot \frac{\Delta u}{\Delta x} .$$

因为函数 $u = \varphi(x)$ 在 x 处可导，所以 $u = \varphi(x)$ 在 x 处连续，
当 $\Delta x \to 0$ 时，$\Delta u \to 0$，因此 $\lim\limits_{\Delta x \to 0} \alpha = \lim\limits_{\Delta u \to 0} \alpha = 0$，从而有

$$\frac{\mathrm{d}y}{\mathrm{d}x} = \lim_{\Delta x \to 0} \frac{\Delta y}{\Delta x} = \lim_{\Delta x \to 0} \left[\frac{\mathrm{d}y}{\mathrm{d}u} \cdot \frac{\Delta u}{\Delta x} + \alpha \cdot \frac{\Delta u}{\Delta x} \right] = \frac{\mathrm{d}y}{\mathrm{d}u} \cdot \frac{\mathrm{d}u}{\mathrm{d}x} .$$

上式表明，求复合函数 $y = f[\varphi(x)]$ 对 x 的导数时，可先分别求出 $y = f(u)$ 对 u 的导数和 $u = \varphi(x)$ 对 x 的导数，然后相乘即可．

以上法则还可记为 $y'_x = y'_u \cdot u'_x$ 或 $\{f[\varphi(x)]\}' = f'(u) \cdot \varphi'(x)$.

对于多次复合的函数，其求导公式类似，这种复合函数的求导法则也称为链导法．

例 5 设 $y = \sin(1 + x^2)$，求 y' .

解 $y = \sin(1 + x^2)$ 可看作是由 $y = \sin u$, $u = 1 + x^2$ 复合而成的，因此

$$\begin{aligned} y' &= (\sin u)'_u \cdot (1 + x^2)'_x \\ &= \cos u \cdot 2x = \cos(1 + x^2) \cdot 2x . \end{aligned}$$

对复合函数的复合过程熟悉后，就不必再写中间变量，可直接按复合步骤求导．

例 6 设 $y = \sin \ln \sqrt{x^2 + 2}$，求 y' .

解 $y' = \cos \ln \sqrt{x^2 + 2} \cdot \dfrac{1}{\sqrt{x^2 + 2}} \cdot \dfrac{1}{2\sqrt{x^2 + 2}} \cdot 2x = \dfrac{\cos \ln \sqrt{x^2 + 2} \cdot x}{x^2 + 2}$.

2.2.3 反函数的求导法则

前面已经给出一些基本初等函数的导数公式．由于指数函数与反三角函数分别是对数与三角函数的反函数，为得到它们的导数公式，下面利用复合函数的求导法，推导一般函数的反函数的求导法则．

定理 3 如果单调连续函数 $x=\varphi(y)$ 在某区间内可导，且 $\varphi'(y)\neq 0$，则它的反函数 $y=f(x)$ 在对应的区间内可导，且有

$$f'(x)=\frac{1}{\varphi'(y)} \text{ 或 } \frac{\mathrm{d}y}{\mathrm{d}x}=\frac{1}{\frac{\mathrm{d}x}{\mathrm{d}y}}.$$

证 因 $y=f(x)$ 是 $x=\varphi(y)$ 的反函数，故可将函数 $x=\varphi(y)$ 中的 y 看作中间变量，从而组成复合函数

$$x=\varphi(y)=\varphi[f(x)].$$

上式两边对 x 求导，应用复合函数的链导法，得

$$1=\varphi'_y f'_x \text{ 或 } 1=\frac{\mathrm{d}x}{\mathrm{d}y}\cdot\frac{\mathrm{d}y}{\mathrm{d}x}.$$

因此

$$f'(x)=\frac{1}{\varphi'(y)} \text{ 或 } \frac{\mathrm{d}y}{\mathrm{d}x}=\frac{1}{\frac{\mathrm{d}x}{\mathrm{d}y}} \quad \left(\frac{\mathrm{d}x}{\mathrm{d}y}=\varphi'(y)\neq 0\right).$$

例 7 求函数 $y=\arcsin x$ 的导数．

解 $y=\arcsin x$ 是 $x=\sin y$ 的反函数，而 $x=\sin y$ 在区间 $\left(-\frac{\pi}{2},\frac{\pi}{2}\right)$ 内单调且可导，且 $(\sin y)'_y=\cos y\neq 0$．

因此在对应的区间 $(-1,1)$ 内，有

$$(\arcsin x)'_x=\frac{1}{(\sin y)'}=\frac{1}{\cos y}=\frac{1}{\sqrt{1-\sin^2 y}}=\frac{1}{\sqrt{1-x^2}}.$$

即
$$(\arcsin x)'_x=\frac{1}{\sqrt{1-x^2}}.$$

同理可得
$$(\arccos x)'_x=-\frac{1}{\sqrt{1-x^2}}.$$

$$(\arctan x)'=\frac{1}{1+x^2}.$$

$$(\operatorname{arc}\cot x)'=-\frac{1}{1+x^2}.$$

2.2.4 基本初等函数的导数

前面我们已经给出了所有基本初等函数的导数，建立了函数的四则运算的求导法则、复合函数的求导法则以及反函数的求导法则，这就解决了初等函数的求导问题．现将基本导数公式汇成下表．

基本导数公式表

1．$(C)'=0$（C 为常数）；

2．$(x^{\mu})'=\mu x^{\mu-1}$（μ 为常数）；

3．$(\log_a x)'=\dfrac{1}{x\ln a}$；

4．$(\ln x)'=\dfrac{1}{x}$；

5．$(a^x)'=a^x\ln a$；

6．$(\mathrm{e}^x)'=\mathrm{e}^x$；

7．$(\sin x)'=\cos x$；

8．$(\cos x)'=-\sin x$；

9．$(\tan x)'=\sec^2 x=\dfrac{1}{\cos^2 x}$；

10．$(\cot x)'=-\csc^2 x=-\dfrac{1}{\sin^2 x}$；

11．$(\sec x)'=\sec x\tan x$；

12．$(\csc x)'=-\csc x\cot x$；

13．$(\arcsin x)'=\dfrac{1}{\sqrt{1-x^2}}$；

14．$(\arccos x)'=-\dfrac{1}{\sqrt{1-x^2}}$；

15．$(\arctan x)'=\dfrac{1}{1+x^2}$；

16．$(\operatorname{arc}\cot x)'=-\dfrac{1}{1+x^2}$；

17．$(\sinh x)'=\cosh x$；

18．$(\cosh x)'=\sinh x$．

要熟练掌握函数的四则运算求导法则与复合函数的求导法则，以此求初等函数的导数，这是微积分计算的基础．

例 8 设 $y=(2x^2+\sin x)^3$，求 $y'\big|_{x=\frac{\pi}{2}}$．

解 $y'=[(2x^2+\sin x)^3]'=3(2x^2+\sin x)^2(2x^2+\sin x)'$

$$= 3(2x^2 + \sin x)^2(4x + \cos x),$$

$$y'|_{x=\frac{\pi}{2}} = [3(2x^2 + \sin x)^2(4x + \cos x)]_{x=\frac{\pi}{2}} = 6\pi\left(\frac{\pi^2}{2} + 1\right)^2.$$

例 9 设 $y = \sqrt{(x^2+1)(3x-4)(x-1)}$，求 y'.

解 将函数取自然对数，得

$$\ln y = \frac{1}{2}\ln(x^2+1) + \frac{1}{2}\ln(3x-4) + \frac{1}{2}\ln(x-1),$$

两边对 x 求导，得

$$\frac{1}{y}y' = \frac{x}{x^2+1} + \frac{3}{2(3x-4)} + \frac{1}{2(x-1)},$$

所以

$$y' = \sqrt{(x^2+1)(3x-4)(x-1)} \cdot \left(\frac{x}{x^2+1} + \frac{3}{2(3x-4)} + \frac{1}{2(x-1)}\right).$$

2.2.5 隐函数和由参数方程确定的函数的导数

前面讨论的函数的导数，其对象都是显函数的形式，即 $y = f(x)$．下面利用前面介绍的导数运算的知识讨论由方程确定的隐函数及参数方程确定的函数的导数．

1. 隐函数的导数

设方程 $F(x,y) = 0$ 确定 y 是 x 的隐函数 $y = y(x)$，求隐函数的导数，可根据复合函数的链导法，直接由方程求得它所确定的隐函数的导数，下面举例说明．

例 10 求方程 $e^y - x^2y + e^x = 0$ 所确定的隐函数的导数 $\frac{dy}{dx}$.

解 因为 y 是 x 的函数，所以 e^y 是 x 的复合函数，利用链导法，方程两端对 x 求导，得

$$e^y \cdot y' - (2xy + x^2y') + e^x = 0.$$

解出 y'，便得所求的隐函数的导数

$$y' = \frac{dy}{dx} = \frac{2xy - e^x}{e^y - x^2} \quad (e^y - x^2 \neq 0).$$

例 11 设 $y = \arctan(x+2y)$，求 $\frac{dy}{dx}$.

解 这是一个隐函数的导数问题, 两边对 x 求导，得

$$y' = \frac{1}{1+(x+2y)^2}(1+2y'),$$

解出 y'，得

$$y'=\frac{1}{(x+2y)^2-1}.$$

2. 参数方程所确定的函数的导数

变量 x 与 y 之间的函数关系在一定条件下可由参数方程

$$\begin{cases}x=\varphi(t),\\ y=\psi(t)\end{cases}$$

确定，其中 t 是参数，对参数方程所确定的函数 $y=f(x)$ 求导，不必消去 t 解出 y 对于 x 的直接关系，可利用参数方程直接求得 y 对 x 的导数.

设 $x=\varphi(t)$， $y=\psi(t)$ 都是可导函数，且 $x=\varphi(t)$ 具有单值连续的反函数 $t=\varphi^{-1}(x)$，则参数方程确定的函数可以看成 $y=\psi(t)$ 与 $t=\varphi^{-1}(x)$ 复合而成的函数，根据复合函数和反函数的求导法则，有

$$\frac{\mathrm{d}y}{\mathrm{d}x}=\frac{\mathrm{d}y}{\mathrm{d}t}\cdot\frac{\mathrm{d}t}{\mathrm{d}x}=\frac{\mathrm{d}y}{\mathrm{d}t}\cdot\frac{1}{\frac{\mathrm{d}x}{\mathrm{d}t}}=\psi'(t)\cdot\frac{1}{\varphi'(t)}=\frac{\psi'(t)}{\varphi'(t)},$$

这就是由参数方程所确定的函数 $y=f(x)$ 的求导公式.

例 12　求曲线 $\begin{cases}x=t^2-1,\\ y=t-t^3\end{cases}$ 在 $t=1$ 处的切线方程.

解　曲线上对应 $t=1$ 的点 (x,y) 为 $(0,0)$，曲线在 $t=1$ 处的切线斜率为

$$k=\left.\frac{\mathrm{d}y}{\mathrm{d}x}\right|_{t=1}=\left.\frac{1-3t^2}{2t}\right|_{t=1}=\frac{-2}{2}=-1,$$

于是所求的切线方程为 $y=-x$.

2.2.6　高阶导数

如果函数 $f(x)$ 的导函数 $y'=f'(x)$ 仍是 x 的可导函数，就称 $y'=f'(x)$ 的导数为函数 $y=f(x)$ 的二阶导数，记作

$$y'',\ f''(x),\ \frac{\mathrm{d}^2y}{\mathrm{d}x^2}\text{或}\frac{\mathrm{d}^2f(x)}{\mathrm{d}x^2}.$$

即

$$y''=(y')',\ f''(x)=[f'(x)]'\text{或}\frac{\mathrm{d}^2y}{\mathrm{d}x^2}=\frac{\mathrm{d}}{\mathrm{d}x}\left(\frac{\mathrm{d}y}{\mathrm{d}x}\right).$$

类似地，这个定义可推广到 $y=f(x)$ 的更高阶的导数，如 n 阶导数为

$$\underbrace{\frac{\mathrm{d}}{\mathrm{d}x}\frac{\mathrm{d}}{\mathrm{d}x}\cdots\frac{\mathrm{d}}{\mathrm{d}x}}_{n\text{次}}f(x)=\frac{\mathrm{d}^ny}{\mathrm{d}x^n}=f^{(n)}(x)=y^{(n)}.$$

二阶及二阶以上的导数统称为高阶导数.

根据高阶导数的定义，求函数的高阶导数就是将函数逐次求导，因此，前面介绍的导数运算法则与导数基本公式，仍然适用于高阶导数的计算.

例 13 设 $y=a^x$，求 $y^{(n)}$．

解 $y'=a^x\ln a$，$y''=a^x(\ln a)^2,\cdots$，$y^{(n)}=a^x(\ln a)^n$．

特别地 $(e^x)'=e^x$，$(e^x)''=e^x$，$\cdots$，$(e^x)^{(n)}=e^x$．

例 14 设 $y=\sin x$，求 $y^{(n)}$．

解 $$y''=\left[\sin\left(x+\frac{\pi}{2}\right)\right]'=\cos\left(x+\frac{\pi}{2}\right)'=\sin\left(x+2\cdot\frac{\pi}{2}\right),$$

$$y'''=\left[\sin\left(x+2\cdot\frac{\pi}{2}\right)\right]'=\sin\left(x+3\cdot\frac{\pi}{2}\right),$$

……

$$y^{(n)}=\sin\left(x+n\cdot\frac{\pi}{2}\right).$$

即 $$(\sin x)^{(n)}=\sin\left(x+n\cdot\frac{\pi}{2}\right).$$

同理可得 $$(\cos x)^{(n)}=\cos\left(x+n\cdot\frac{\pi}{2}\right).$$

习题 2.2

1．求下列函数的导数：

（1）$y=xa^x+7e^x$；　（2）$y=3x\tan x+\sec x-4$；

（3）$s=\dfrac{1+\sin t}{1+\cos t}$；　（4）$y=\sqrt{1+\ln x}$；

（5）$y=(x^2-x)^5$；　（6）$y=2\sin(3x+6)$；

（7）$y=\cos^3 x$；　（8）$y=\ln(\tan x)$．

2．求下列函数的二阶导数 $\dfrac{d^2y}{dx^2}$：

（1）$y=x\cos x$；　（2）$y=e^{2x-1}$．

3．求由下列方程所确定的隐函数的导数 $\dfrac{dy}{dx}$：

（1）$x^2-y^2=xy$；　（2）$x\cos y=\sin(x+y)$．

2.3 微分

前面讲过导数描绘的是在点 x 处的变化率．但有时在实际工程技术中，我们还常遇到与导数密切相关的一类问题，这就是当自变量有一个微小的增量 Δx 时，要计算相应的函数的增量 Δy 这类问题往往是比较困难的，需要一种近似计算公式，找出简便的计算方法．

2.3.1 微分的概念

例 1 设有一个边长为 x_0 的正方形金属片，受热后它的边长伸长了 Δx，问其面积增加了多少？

解 正方形金属片的面积 A 与边长 x 的函数关系为 $A=x^2$. 由图2.3可以看出，受热后，当边长由 x_0 伸长到 $x_0+\Delta x$ 时，面积 A 相应的增量为

$$\Delta A=(x_0+\Delta x)^2-x_0^2=2x_0\Delta x+(\Delta x)^2 .$$

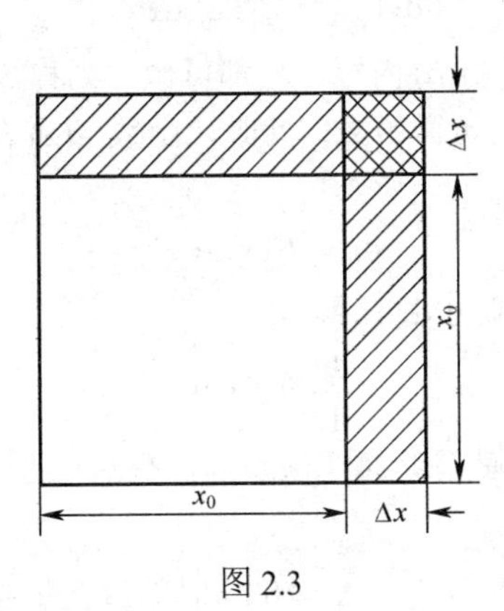

图 2.3

从上式可以看出，ΔA 分成两部分：第一部分是 Δx 的线性函数 $2x_0\Delta x$，是当 $\Delta x\to 0$ 时与 Δx 同阶的无穷小；第二部分是 $(\Delta x)^2$，就是图中带有交叉线的小正方形的面积，是当 $\Delta x\to 0$ 时比 Δx 高阶的无穷小．这表明，当 $|\Delta x|$ 很小时，第二部分的绝对值要比第一部分的绝对值小得多，可以忽略不计，而只用一个简单的函数，即 Δx 的线性函数作为 ΔA 的近似值：

$$\Delta A\approx 2x_0\Delta x . \tag{2.3.1}$$

这部分就是面积 ΔA 的增量的主要部分（也称线性主部）.

因为 $A'(x_0)=(x^2)'\big|_{x=x_0}=2x_0$，所以（2.3.1）式可写成

$$\Delta A\approx A'(x_0)\Delta x .$$

由此引进函数微分的概念.

定义 设函数 $y=f(x)$ 在点 x_0 的某邻域内有定义，如果函数 $f(x)$ 在点 x_0 处的增量 $\Delta y=f(x_0+\Delta x)-f(x_0)$ 可以表示为

$$\Delta y=A\Delta x+o(\Delta x),$$

其中 A 是与 Δx 无关的常数，$o(\Delta x)$ 是当 $\Delta x\to 0$ 时比 Δx 高阶的无穷小，则称函数 $f(x)$ 在点 x_0 处可微，$A\Delta x$ 称为 $f(x)$ 在点 x_0 处的微分，

记作 $$\mathrm{d}y\big|_{x=x_0}，即 \mathrm{d}y\big|_{x=x_0}=A\Delta x . \tag{2.3.2}$$

于是，（2.3.1）式可写成

$$\Delta A \approx \mathrm{d}A\Big|_{x=x_0}.$$

由上面的讨论和微分定义可知，函数 $f(x)$ 在点 x_0 处可微与可导是等价的，且 $A=f'(x_0)$，因而 $f(x)$ 在点 x_0 处的微分可写成

$$\mathrm{d}y\Big|_{x=x_0}=f'(x_0)\Delta x.$$

通常把自变量的增量 Δx 记为 $\mathrm{d}x$，称为自变量的微分，于是函数 $f(x)$ 在点 x_0 处的微分又可写成

$$\mathrm{d}y\Big|_{x=x_0}=f'(x_0)\mathrm{d}x. \tag{2.3.3}$$

如果函数 $f(x)$ 在区间 (a,b) 内每一点都可微，则称该函数在 (a,b) 内可微，或称函数 $f(x)$ 是在 (a,b) 内的可微函数．此时，函数 $f(x)$ 在 (a,b) 内任意一点 x 处的微分记为 $\mathrm{d}y$，即

$$\mathrm{d}y=f'(x)\mathrm{d}x, \tag{2.3.4}$$

上式两端同除以自变量的微分 $\mathrm{d}x$，得

$$\frac{\mathrm{d}y}{\mathrm{d}x}=f'(x).$$

这就是说，函数 $f(x)$ 的导数等于函数的微分与自变量的微分的商，因此导数也称为微商．

例 2 求函数 $y=x^2$ 在 $x=1$，$\Delta x=0.01$ 时的改变量和微分．

解 $\Delta y=(x+\Delta x)^2-x^2=1.01^2-1^2=0.0201$，在点 $x=1$ 处，

$$\mathrm{d}y=(x^2)'\Delta x=2x\Delta x,$$

于是

$$\mathrm{d}y\Big|_{\substack{x=1\\ \Delta x=0.01}}=2x\Delta x\Big|_{\substack{x=1\\ \Delta x=0.01}}=0.02.$$

例 3 半径为 r 的圆的面积 $S=\pi r^2$，当半径增大 Δr 时，求面积的增量与微分．

解 面积的增量

$$\Delta S=\pi(r+\Delta r)^2-\pi r^2=2\pi r\Delta r+\pi(\Delta r)^2.$$

面积的微分为

$$\mathrm{d}S=S_r'\Delta r=2\pi r\Delta r.$$

2.3.2 微分的几何意义

为了对微分有直观的了解，下面我们来说明微分的几何意义．

设函数 $y=f(x)$ 的图像如图 2.4 所示．过曲线 $y=f(x)$ 上一点 $M(x,y)$ 处作切线 MT，设 MT 的倾角为 α，则

$$\tan\alpha=f'(x).$$

当自变量 x 有增量 Δx 时，切线 MT 的纵坐标相应地有增量

$$QP=\tan\alpha\cdot\Delta x=f'(x)\Delta x=\mathrm{d}y.$$

因此，微分 $\mathrm{d}y=f'(x)\Delta x$ 在几何上表示当 x 有增量 Δx 时，曲线 $y=f(x)$ 在对应点 $M(x,y)$ 处的切线的纵坐标的增量．用 $\mathrm{d}y$ 近似代替 Δy 就是用点 M 处的切线纵坐

标的增量 QP 近似代替曲线 $y=f(x)$ 的纵坐标的增量 QN，并且 $|\Delta y-\mathrm{d}y|=PN$.

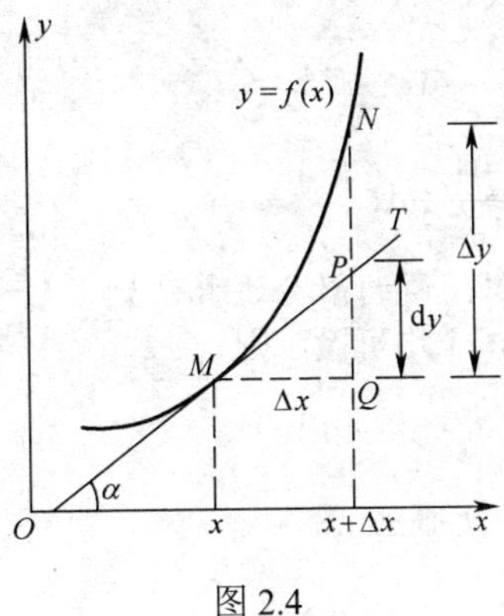

图 2.4

2.3.3 微分的运算法则

函数 $y=f(x)$ 的微分等于导数 $f'(x)$ 乘以 $\mathrm{d}x$，所以根据导数的公式和运算法则，就能相应地求微分公式和微分运算法则.

1. 基本微分公式表

（1）$\mathrm{d}(C)=0$（C 为常数）；

（2）$\mathrm{d}(x^{\mu})=\mu x^{\mu-1}\mathrm{d}x$；

（3）$\mathrm{d}(\log_a x)=\dfrac{1}{x\ln a}\mathrm{d}x$；

（4）$\mathrm{d}\ln x=\dfrac{1}{x}\mathrm{d}x$；

（5）$\mathrm{d}(a^x)=a^x\ln a\mathrm{d}x$；

（6）$\mathrm{d}(\mathrm{e}^x)=\mathrm{e}^x\mathrm{d}x$；

（7）$\mathrm{d}(\sin x)=\cos x\mathrm{d}x$；

（8）$\mathrm{d}(\cos x)=-\sin x\mathrm{d}x$；

（9）$\mathrm{d}(\tan x)=\sec^2 x\mathrm{d}x=\dfrac{1}{\cos^2 x}\mathrm{d}x$；

（10）$\mathrm{d}(\cot x)=-\csc^2 x\mathrm{d}x=-\dfrac{1}{\sin^2 x}\mathrm{d}x$；

（11）$\mathrm{d}(\sec x)=\sec x\tan x\mathrm{d}x$；

（12）$\mathrm{d}(\csc x)=-\csc x\cot x\mathrm{d}x$；

（13）$\mathrm{d}(\arcsin x)=\dfrac{1}{\sqrt{1-x^2}}\mathrm{d}x$；

（14）$\mathrm{d}(\arccos x)=-\dfrac{1}{\sqrt{1-x^2}}\mathrm{d}x$；

（15）$\mathrm{d}(\arctan x)=\dfrac{1}{1+x^2}\mathrm{d}x$；

（16）$\mathrm{d}(\operatorname{arccot} x)=-\dfrac{1}{1+x^2}\mathrm{d}x$．

2. 函数的和、差、积、商的微分运算法则

设函数 $u(x)=u$， $v(x)=v$ 均可微，则

（1）$\mathrm{d}(u\pm v)=\mathrm{d}u\pm\mathrm{d}v$；

（2）$\mathrm{d}(uv)=v\mathrm{d}u+u\mathrm{d}v$；

（3）$\mathrm{d}(Cu)=C\mathrm{d}u$（$C$ 为常数）；

（4）$\mathrm{d}\left(\dfrac{u}{v}\right)=\dfrac{v\mathrm{d}u-u\mathrm{d}v}{v^2}$ （$v\neq 0$）．

例 4 设 $y=\sqrt{2+3x^2}$，求 $\dfrac{\mathrm{d}y}{\mathrm{d}x}$ 与 $\mathrm{d}y$．

解 $\dfrac{\mathrm{d}y}{\mathrm{d}x}=\left(\sqrt{2+3x^2}\right)'=\dfrac{1}{2\sqrt{2+3x^2}}(2+3x^2)'=\dfrac{3x}{\sqrt{2+3x^2}}$，

$$\mathrm{d}y=\frac{3x}{\sqrt{2+3x^2}}\mathrm{d}x.$$

例 5 求由方程 $x^2+2xy-2y^2=1$ 所确定的隐函数 $y=f(x)$ 的导数 $\dfrac{\mathrm{d}y}{\mathrm{d}x}$ 与微分 $\mathrm{d}y$．

解 对方程两边求导数，得

$$2x+2y+2xy'-4yy'=0.$$

即导数为

$$y'=\frac{x+y}{2y-x}.$$

微分为

$$\mathrm{d}y=\frac{x+y}{2y-x}\mathrm{d}x.$$

由以上讨论可以看出，微分与导数虽是两个不同的概念，但却紧密相关，求出了导数便立即可得微分，求出了微分亦可得导数，因此，通常把函数的导数与微分的运算统称为微分法．在高等数学中，把研究导数和微分的有关内容称为微分学．

2.3.4 微分在近似计算中的应用

在实际问题中，经常利用微分作近似计算．

由微分的定义可知，当函数 $y=f(x)$ 在 x_0 点的导数 $f'(x_0)\neq 0$，且 $|\Delta x|$ 很小时，

我们有近似公式

$$\Delta y = f(x_0 + \Delta x) - f(x_0) \approx \mathrm{d}y = f'(x_0)\Delta x,$$

或写成

$$f(x_0 + \Delta x) \approx f(x_0) + f'(x_0)\Delta x. \tag{2.3.6}$$

上式中令 $x_0 + \Delta x = x$，则

$$f(x) \approx f(x_0) + f'(x_0)(x - x_0). \tag{2.3.7}$$

特别地，当 $x_0 = 0$，$|x|$ 很小时，有

$$f(x) \approx f(0) + f'(0)x. \tag{2.3.8}$$

公式（2.3.6），（2.3.7），（2.3.8）可用来求函数 $f(x)$ 的近似值.

注意，在求 $f(x)$ 的近似值时，要选择适当的 x_0，使 $f(x_0)$，$f'(x_0)$ 容易求得，且 $|x - x_0|$ 较小.

应用（2.3.8）式可以推得一些常用的近似公式，当 $|x|$ 很小时，有

（1）$\sin x \approx x$（x 用弧度作单位）;

（2）$\tan x \approx x$（x 用弧度作单位）;

（3）$\mathrm{e}^x \approx 1 + x$;

（4）$\ln(1 + x) \approx x$;

（5）$\sqrt[n]{1 + x} \approx 1 + \frac{1}{n}x$.

例 6 计算 $\sin 46^\circ$ 的近似值.

解 设 $f(x) = \sin x$，取 $x = 46^\circ$，$x_0 = 45^\circ = \frac{\pi}{4}$，则 $x - x_0 = 1^\circ = \frac{\pi}{180}$，于是由（2.3.7）式得

$$\sin x \approx \sin x_0 + \cos x_0 \cdot (x - x_0).$$

即

$$\sin 46^\circ \approx \sin\frac{\pi}{4} + \cos\frac{\pi}{4}\cdot\frac{\pi}{180} = \frac{\sqrt{2}}{2} + \frac{\sqrt{2}}{2}\cdot\frac{\pi}{180} \approx 0.719.$$

习题 2.3

1．求下列函数的微分:

（1）$y = \frac{1}{\sqrt{x}}\ln x$;　　（2）$y = \sqrt{\arcsin\sqrt{x}}$;

（3）$y = \tan^2(1 + 2x^2)$;　　（4）$y = \sqrt{\cos 3x} + \ln\tan\frac{x}{2}$.

2．在括号内填入适当的函数，使等式成立:

（1）$\frac{1}{a^2 + x^2}\mathrm{d}x = \mathrm{d}(\quad)$;　　（2）$x\mathrm{d}x = \mathrm{d}(\quad)$;

（3）$\frac{1}{\sqrt{x}}dx = d(\quad)$；（4）$\frac{1}{\sqrt{1-x^2}}dx = d(\quad)$.

3．利用微分求近似值：

（1）$\sqrt[6]{65}$；（2）lg11．

本章小结

1．基本概念

导数是一种特殊形式的极限，即函数的改变量与自变量的改变量之比当自变量改变量趋于零时的极限．

微分是导数与函数自变量改变量的乘积或者说是函数增量的近似值．

2．几何意义

$f'(x_0)$ 是曲线 $y=f(x)$ 在点 $(x_0, f(x_0))$ 处的切线斜率；

微分 dy 是曲线 $y=f(x)$ 在点 $(x_0, f(x_0))$ 处的切线纵坐标对应于 Δx 的改变量；

Δy 是曲线 $y=f(x)$ 的纵坐标对应于 Δx 的改变量，$\Delta y = dy + o(\Delta x)$；

函数 $y=f(x)$ 在点 x_0 处可导必连续；连续未必可导．

3．基本计算

本章最重要的计算就是导数运算，主要有运用导数基本公式和运算法则，求简单函数和复合函数的导数，求高阶导数．求微分的方法与求导数类似．特别地 $dy = f'(x)dx$，即求微分 dy，可以先求导数 $f'(x)$，后面再乘一个 dx．

有两种求导方法需要强调：

（1）隐函数求导法：设方程 $F(x,y)=0$ 表示自变量 x 为因变量 y 的隐函数，并且可导，利用复合函数求导公式，将方程两边对 x 求导，切记 y 是 x 的函数，然后解方程求出 y'；

（2）取对数求导法：对于两类特殊的函数：幂指函数和多因子乘积函数，可以通过在方程的两边取对数，转化为隐函数，然后按隐函数求导的方法求出导数 y'．

4．简单应用

（1）导数：曲线 $y=f(x)$ 在点 $M_0(x_0, y_0)$ 处的切线方程和法线方程分别是

$$y-y_0 = f'(x_0)(x-x_0) \text{ 和 } y-y_0 = -\frac{1}{f'(x_0)}(x-x_0)\ .$$

（2）微分：当 $|\Delta x|$ 很小时，有近似计算公式

$$\Delta y = f(x_0+\Delta x) - f(x_0) \approx dy = f'(x_0)\Delta x\ .$$

这个公式可以用来直接计算函数增量的近似值，而公式

$$f(x+\Delta x) \approx f(x) + f'(x)\Delta x$$

可以用来计算函数的近似值．

复习题 2

1．判断下列命题是否正确？为什么？

（1）若 $f(x)$ 在 x_0 处不可导，则曲线 $y=f(x)$ 在 $(x_0,f(x_0))$ 点处必无切线；

（2）若曲线 $y=f(x)$ 处处有切线，则函数 $y=f(x)$ 必处处可导；

（3）若 $f(x)$ 在 x_0 处可导，则 $|f(x)|$ 在 x_0 处必可导；

（4）若 $|f(x)|$ 在 x_0 处可导，则 $f(x)$ 在 x_0 处必可导．

2．求下列函数的导数：

（1） $y=\dfrac{2\sec x}{1+x^2}$；

（2） $y=\dfrac{\arctan x}{x}+\arccos x$；

（3） $y=\dfrac{1+x+x^2}{1+x}$；

（4） $y=x(\sin x+1)\csc x$；

（5） $y=\cot x\cdot(1+\cos x)$；

（6） $y=\dfrac{1}{1+\sqrt{x}}-\dfrac{1}{1-\sqrt{x}}$；

（7） $y=\mathrm{e}^{\tan\frac{1}{x}}$；

（8） $y=\arccos\sqrt{1-3x}$．

3．求函数 $y=x^2\ln x$ 的二阶导数 $\dfrac{\mathrm{d}^2y}{\mathrm{d}x^2}$．

4．求由下列方程所确定的隐函数的导数 $\dfrac{\mathrm{d}y}{\mathrm{d}x}$：

（1） $y\mathrm{e}^x+\ln y=1$；

（2） $\arctan\dfrac{y}{x}=\ln\sqrt{x^2+y^2}$．

5．求由方程 $y=1+x\mathrm{e}^y$ 所确定的隐函数的二阶导数 $\dfrac{\mathrm{d}^2y}{\mathrm{d}x^2}$．

自测题 2

1．填空题

（1）函数 $y=(1+x)\ln x$ 在点 $(1,0)$ 处的切线方程为________________；

（2）已知 $f'(2)=3$，则 $\lim\limits_{h\to 0}\dfrac{f(2+h)-f(2-3h)}{2h}=$________________；

（3）若 $f(u)$ 可导，则 $y=f(\sin\sqrt{x})$ 的导数为________________．

2．选择题

（1） $y=|x+2|$ 在 $x=-2$ 处（　　）．

A．连续；

B．不连续；

C．可导；

D．可微．

（2）下列函数中（　　）的导数等于 $\sin 2x$．

A． $\cos 2x$；

B． $\cos^2 x$；

C. $-\cos 2x$；　　D. $\sin^2 x$.

（3）已知 $y=\cos x$，则 $y^{(10)}=$（　　）.

A. $\sin x$；　　B. $\cos x$；

C. $-\sin x$；　　D. $-\cos x$.

3．计算题

（1）设 $y=\ln\sin^2\frac{1}{x}$，求 y'；

（2）设 $y=(1+x^2)\arctan x$，求 y''；

（3）求函数 $y=\ln(x^3\cdot\sin x)$ 的微分 $\mathrm{d}y$.

第3章　中值定理与导数的应用

本章学习目标

- 了解中值定理的条件和结论，特别是拉格朗日中值定理
- 理解洛必达法则及其应用条件，会用洛必达法则求相应的极限
- 了解函数与曲线的对应关系，掌握函数的增减区间与极值的求法
- 掌握曲线的凹凸区间与拐点的判别方法
- 会求曲线的渐近线，知道描绘函数图形的基本步骤
- 知道导数在经济中的一些简单应用

3.1　中值定理

3.1.1　罗尔定理

设函数 $f(x)$ 满足条件：

（1）在闭区间 $[a,b]$ 上连续；

（2）在开区间 (a,b) 内可导；

（3）在区间的两个端点处的函数值相等，即 $f(a)=f(b)$，则在 (a,b) 内至少存在一点 ξ，使得 $f'(\xi)=0$.

如图 3.1 所示，如果连续函数 $y=f(x)$ 的曲线弧 $\overset{\frown}{AB}$ 上除端点外处处具有不垂直于 x 轴的切线，且两端点 A、B 处的纵坐标相等，那么，在弧 $\overset{\frown}{AB}$ 上至少有一点 $C(\xi,f(\xi))$，使曲线在 C 点的切线平行于 x 轴.

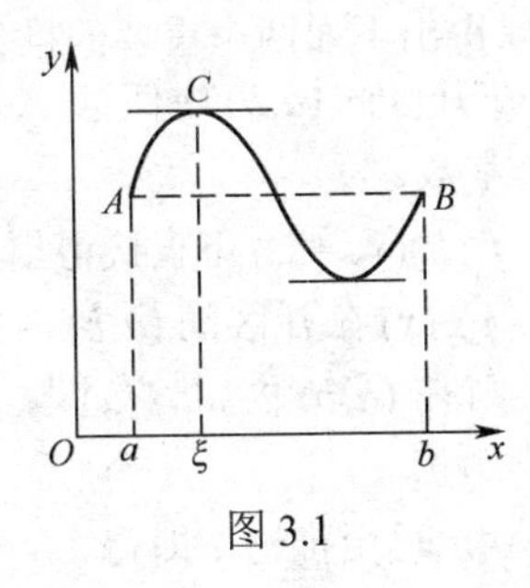

图 3.1

证明略.

注意 如果定理的三个条件有一个不满足，则定理的结论就不一定成立.

3.1.2 拉格朗日中值定理

设函数 $f(x)$ 满足条件：

（1）在闭区间 $[a,b]$ 上连续；

（2）在开区间 (a,b) 内可导，则在 (a,b) 内至少存在一点 ξ，使得

$$f'(\xi)=\frac{f(b)-f(a)}{b-a}$$

或

$$f(b)-f(a)=f'(\xi)(b-a).$$

此公式称为拉格朗日公式，它对于 $b<a$ 也同样成立.

如图 3.2 所示，设函数 $f(x)$ 在闭区间 $[a,b]$ 上的图形是曲线弧 $\overset{\frown}{AB}$，因为连接曲线两端点的弦 $\overline{AB}$ 的斜率为 $\dfrac{f(b)-f(a)}{b-a}$，因此定理的结论是说，如果连续曲线弧 $\overset{\frown}{AB}$ 上除端点外处处有不垂直于 x 轴的切线，则在弧 $\overset{\frown}{AB}$ 上至少有一点 $(\xi,f(\xi))$，曲线在该点的切线平行于弦 $\overline{AB}$.

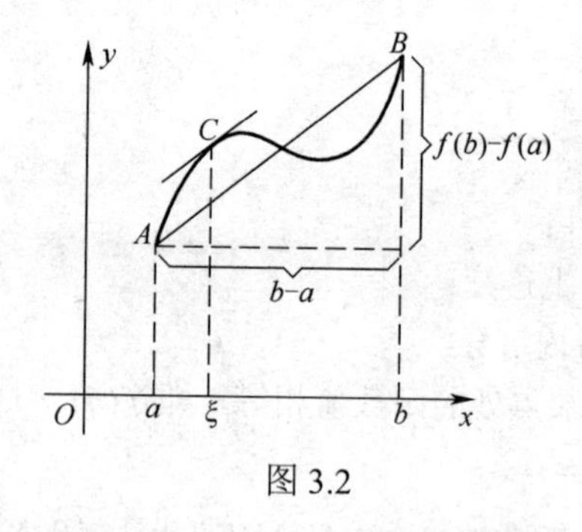

图 3.2

证明略.

拉格朗日公式建立了函数在区间上的改变量与导数之间的关系，从而使我们有可能用导数去研究函数在区间上的性态.

由拉格朗日中值定理可以得出下面两个重要的推论：

推论 1 如果函数 $f(x)$ 在开区间 (a,b) 内任意一点的导数 $f'(x)$ 都等于零，那么函数 $f(x)$ 在 (a,b) 内是一个常数.

此结论由 $f(x_2)-f(x_1)=f'(\xi)(x_2-x_1)$ 可直接得出.

推论 2 如果函数 $f(x)$ 与 $g(x)$ 在开区间 (a,b) 内每一点的导数都相等，即在 (a,b) 内恒有 $f'(x)=g'(x)$，则在 (a,b) 内，$f(x)$ 与 $g(x)$ 最多差一个常数，即 $f(x)=g(x)+C$（C 为任意常数）.

这是由于 $[f(x)-g(x)]'=0$，再由推论 1 即得.

例 1 试证明当 $x>1$ 时，$\mathrm{e}^x>\mathrm{e}x$.

证明 设 $f(x)=\mathrm{e}^x$，则对任意 $x>1$，$f(x)$ 在闭区间 $[1,x]$ 上满足拉格朗日中值定理的条件，且 $f'(x)=\mathrm{e}^x$，因此

$$\mathrm{e}^x-\mathrm{e}^1=(x-1)\mathrm{e}^{\xi}\text{，其中 }1<\xi<x .$$

由于 $\mathrm{e}^{\xi}>\mathrm{e}^1$，因此从上式可得

$$\mathrm{e}^x-\mathrm{e}>(x-1)\mathrm{e}=\mathrm{e}x-\mathrm{e} .$$

于是得 $\mathrm{e}^x>\mathrm{e}x$.

注意 应用拉格朗日中值定理证明不等式，应根据所给不等式的特点需先选定一个函数，然后相应的确定一个区间. 选定的函数在所确定的区间上要满足拉格朗日中值定理的条件，则有拉格朗日公式成立. 由 ξ 所在的区间范围，即可导致等号成为不等号.

3.1.3 柯西中值定理

设函数 $f(x)$ 与 $g(x)$ 满足条件：

（1）在闭区间 $[a,b]$ 上连续；

（2）在开区间 (a,b) 内可导，且 $g'(x)\neq 0$，

则在 (a,b) 内至少存在一点 ξ，使得

$$\frac{f(b)-f(a)}{g(b)-g(a)}=\frac{f'(\xi)}{g'(\xi)} .$$

证明略.

显然，在柯西中值定理中，如果 $g(x)=x$，则 $g'(x)=1$，$g(a)=a$，$g(b)=b$，于是柯西中值定理成为拉格朗日中值定理，因此，柯西中值定理又是拉格朗日中值定理的推广.

以上三个中值定理中的条件都是充分但非必要的，即定理的条件不具备时，结论也有可能成立. 另外，三个定理只肯定 (a,b) 内存在点 ξ，至于这样的 ξ 有几个，位于何处，以及如何求法都没有给出. 尽管如此，并不妨碍定理的各种应用.

习题 3.1

1．试验证函数 $f(x)=\dfrac{3}{x^2+1}$ 在区间 $[-1,1]$ 上罗尔定理是否成立?

2．函数 $f(x)=2x^3$ 在区间 $[-1,1]$ 上是否满足拉格朗日中值定理的条件？如满足，求出定理中的 ξ .

3．证明在 $[-1,1]$ 上，$\arcsin x+\arccos x=\dfrac{\pi}{2}$ 恒成立.

4．试用拉格朗日中值定理证明：$|\arctan b-\arctan a|\leqslant|b-a|$.

3.2 洛必达法则

如果当$x \to a$（或$x \to \infty$）时，函数$f(x)$与$g(x)$同时趋于零或同时趋于无穷大，那么极限$\lim\limits_{\substack{x \to a \\ (x \to \infty)}} \dfrac{f(x)}{g(x)}$可能存在，也可能不存在，通常把这种极限称为未定式的极限,并简记为$\dfrac{0}{0}$和$\dfrac{\infty}{\infty}$(注意:只是记号),称为零比零型和无穷比无穷型不定式.这种极限不能直接用运算法则，下面我们给出一个求$\dfrac{0}{0}$和$\dfrac{\infty}{\infty}$型未定式极限的法则——洛必达法则.

3.2.1 $\dfrac{0}{0}$型未定式的极限

定理 1 设函数$f(x)$与$g(x)$在$x=a$的某空心邻域内有定义，且满足如下条件：

（1）$\lim\limits_{x \to a} f(x) = \lim\limits_{x \to a} g(x) = 0$；

（2）$f'(x)$和$g'(x)$在该邻域内都存在，且$g'(x) \neq 0$；

（3）$\lim\limits_{x \to a} \dfrac{f'(x)}{g'(x)}$存在（或为$\infty$），

则

$$\lim_{x \to a} \frac{f(x)}{g(x)} = \lim_{x \to a} \frac{f'(x)}{g'(x)}.$$

此定理可用柯西定理证明.

例 1 求$\lim\limits_{x \to 0} \dfrac{(1+x)^{\alpha}-1}{x}$（$\alpha$为任意实数）.

解 $\lim\limits_{x \to 0} \dfrac{(1+x)^{\alpha}-1}{x} = \lim\limits_{x \to 0} \dfrac{\alpha(1+x)^{\alpha-1}}{1} = \alpha$.

例 2 求$\lim\limits_{x \to 0} \dfrac{\ln(1+x)}{x^2}$.

解 $\lim\limits_{x \to 0} \dfrac{\ln(1+x)}{x^2} = \lim\limits_{x \to 0} \dfrac{\frac{1}{1+x}}{2x} = \lim\limits_{x \to 0} \dfrac{1}{2x(1+x)} = \infty$.

如果$\lim\limits_{x \to a} \dfrac{f'(x)}{g'(x)}$还是$\dfrac{0}{0}$型未定式，且$f'(x)$与$g'(x)$能满足定理中$f(x)$与$g(x)$应满足的条件，则可继续使用洛必达法则．即有

$$\lim_{x\to a}\frac{f(x)}{g(x)}=\lim_{x\to a}\frac{f'(x)}{g'(x)}=\lim_{x\to a}\frac{f''(x)}{g''(x)}.$$

且可依此类推，直到求出所要求的极限.

例 3 $\lim\limits_{x\to 0}\dfrac{e^x+e^{-x}-2}{x^2}$.

解 $\lim\limits_{x\to 0}\dfrac{e^x+e^{-x}-2}{x^2}=\lim\limits_{x\to 0}\dfrac{e^x-e^{-x}}{2x}=\lim\limits_{x\to 0}\dfrac{e^x+e^{-x}}{2}=1$.

此定理的结论对于 $x\to\infty$ 时 $\dfrac{0}{0}$ 型未定式同样适用.

例 4 求 $\lim\limits_{x\to+\infty}\dfrac{\dfrac{\pi}{2}-\arctan x}{\dfrac{1}{x}}$.

解 $\lim\limits_{x\to+\infty}\dfrac{\dfrac{\pi}{2}-\arctan x}{\dfrac{1}{x}}=\lim\limits_{x\to+\infty}\dfrac{-\dfrac{1}{1+x^2}}{-\dfrac{1}{x^2}}=\lim\limits_{x\to+\infty}\dfrac{x^2}{1+x^2}=1$.

如果反复使用洛必达法则也无法确定 $\dfrac{f(x)}{g(x)}$ 的极限，或能断定 $\dfrac{f'(x)}{g'(x)}$ 无极限，则洛必达法则失效，此时需用别的办法判断未定式 $\dfrac{f(x)}{g(x)}$ 的极限.

例 5 求 $\lim\limits_{x\to 0}\dfrac{x^2\sin\dfrac{1}{x}}{\sin x}$.

解 这个问题属于 $\dfrac{0}{0}$ 型未定式，但分子分母分别求导后得

$$\frac{2x\sin\dfrac{1}{x}-\cos\dfrac{1}{x}}{\cos x}.$$

此式振荡无极限，故洛必达法则失效，不能使用. 但原极限是存在的，可用下法求得

$$\lim_{x\to 0}\frac{x^2\sin\dfrac{1}{x}}{\sin x}=\lim_{x\to 0}\frac{x}{\sin x}\cdot\frac{\sin\dfrac{1}{x}}{\dfrac{1}{x}}=0.$$

3.2.2 $\dfrac{\infty}{\infty}$ 型未定式的极限

定理 2 设函数 $f(x)$ 与 $g(x)$ 在点 $x=a$ 的某空心邻域内有定义，且满足如下条件.

（1） $\lim\limits_{x\to a} f(x)=\lim\limits_{x\to a} g(x)=\infty$；

（2） $f'(x)$ 与 $g'(x)$ 在该邻域内都存在，且 $g'(x)\neq 0$；

（3） $\lim\limits_{x\to a}\dfrac{f'(x)}{g'(x)}=A$（有限或 ∞），

则 $\lim\limits_{x\to a}\dfrac{f(x)}{g(x)}=\lim\limits_{x\to a}\dfrac{f'(x)}{g'(x)}$.

例 6 求 $\lim\limits_{x\to\frac{\pi}{2}}\dfrac{\tan x}{\tan 3x}$.

解:
$$\lim_{x\to\frac{\pi}{2}}\frac{\tan x}{\tan 3x}=\lim_{x\to\frac{\pi}{2}}\frac{\sec^2 x}{3\sec^2 3x}=\frac{1}{3}\lim_{x\to\frac{\pi}{2}}\frac{\cos^2 3x}{\cos^2 x}$$
$$=\frac{1}{3}\lim_{x\to\frac{\pi}{2}}\frac{2\cos 3x(-3\sin 3x)}{2\cos x(-\sin x)}$$
$$=\lim_{x\to\frac{\pi}{2}}\frac{\sin 6x}{\sin 2x}=\lim_{x\to\frac{\pi}{2}}\frac{6\cos 6x}{2\cos 2x}=3.$$

定理 2 的结论对于 $x\to\infty$ 时的 $\dfrac{\infty}{\infty}$ 型未定式的极限问题同样适用.

例 7 求 $\lim\limits_{x\to+\infty}\dfrac{\ln x}{x^n}$.

解
$$\lim_{x\to+\infty}\frac{\ln x}{x^n}=\lim_{x\to+\infty}\frac{\frac{1}{x}}{nx^{n-1}}=\lim_{x\to+\infty}\frac{1}{nx^n}=0.$$

3.2.3 其他未定式的极限

未定式除 $\dfrac{0}{0}$ 或 $\dfrac{\infty}{\infty}$ 型外，还有 $0\cdot\infty$ 型、$\infty-\infty$ 型和 1^∞、0^0、∞^0 型等五种类型，这些未定式都可化为 $\dfrac{0}{0}$ 型或 $\dfrac{\infty}{\infty}$ 型未定式，然后再利用洛必达法则求其极限．下面我们通过例子简单说明这类问题的解法.

1. $0\cdot\infty$ 型未定式

设在自变量的某一变化过程中 $f(x)\to 0$，$g(x)\to\infty$，则 $f(x)g(x)$ 可变形为
$$\frac{f(x)}{\frac{1}{g(x)}}\left(\frac{0}{0}\text{型}\right)\text{ 或 }\frac{g(x)}{\frac{1}{f(x)}}\left(\frac{\infty}{\infty}\text{型}\right).$$

例 8 求 $\lim\limits_{x\to 0}x^3\ln x$.

解 $\lim\limits_{x\to 0}x^3\ln x=\lim\limits_{x\to 0}\dfrac{\ln x}{\dfrac{1}{x^3}}=\lim\limits_{x\to 0}\dfrac{\dfrac{1}{x}}{-\dfrac{3}{x^4}}=\lim\limits_{x\to 0}\dfrac{x^4}{-3x}=\lim\limits_{x\to 0}\dfrac{-x^3}{3}=0$.

2．$\infty-\infty$型未定式

例 9 求$\lim\limits_{x\to 1}\left(\dfrac{x}{x-1}-\dfrac{1}{\ln x}\right)$．（$\infty-\infty$型）

解
$$\lim_{x\to 1}\left(\frac{x}{x-1}-\frac{1}{\ln x}\right)=\lim_{x\to 1}\frac{x\ln x-x+1}{(x-1)\ln x}\qquad\left(\frac{0}{0}\text{型}\right)$$
$$=\lim_{x\to 1}\frac{\ln x+1-1}{\dfrac{x-1}{x}+\ln x}=\lim_{x\to 1}\frac{\ln x}{1-\dfrac{1}{x}+\ln x}\qquad\left(\frac{0}{0}\text{型}\right)$$
$$=\lim_{x\to 1}\frac{\dfrac{1}{x}}{\dfrac{1}{x^2}+\dfrac{1}{x}}=\frac{1}{2}.$$

3．1^∞，0^0，∞^0型未定式

由于它们是来源于幂指函数$[f(x)]^{g(x)}$的极限，因此通常可用取对数的方法或利用$[f(x)]^{g(x)}=\mathrm{e}^{g(x)\ln f(x)}$ 即可化为$0\cdot\infty$型未定式，再化为$\dfrac{0}{0}$型或$\dfrac{\infty}{\infty}$型求解.

例 10 求$\lim\limits_{x\to 0^+}x^x$．（$0^0$型）

解
$$\lim_{x\to 0^+}x^x=\lim_{x\to 0^+}\mathrm{e}^{x\ln x}=\mathrm{e}^{\lim\limits_{x\to 0^+}x\ln x}.$$

而
$$\lim_{x\to 0^+}x\ln x=\lim_{x\to 0^+}\frac{\ln x}{\dfrac{1}{x}}=\lim_{x\to 0^+}\frac{\dfrac{1}{x}}{-\dfrac{1}{x^2}}=\lim_{x\to 0^+}(-x)=0.$$

所以
$$\lim_{x\to 0^+}x^x=\mathrm{e}^0=1.$$

例 11 求$\lim\limits_{x\to 0^+}(\cot x)^{\sin x}$．（$\infty^0$型）

解 设$y=(\cot x)^{\sin x}$，

两边取对数
$$\ln y=\sin x\ln\cot x,$$

于是
$$y=\mathrm{e}^{\sin x\ln\cot x}.$$

而
$$\lim_{x\to 0^+}\ln y=\lim_{x\to 0^+}\sin x\ln\cot x$$
$$=\lim_{x\to 0^+}\frac{\ln\cot x}{\dfrac{1}{\sin x}}=\lim_{x\to 0^+}\frac{\dfrac{1}{\cot x}\dfrac{-1}{\sin^2 x}}{-\dfrac{1}{\sin^2 x}\cos x}$$

$$=\lim_{x\to0^+}\frac{\sin x}{\cos^2 x}=0.$$

所以
$$\lim_{x\to0^+}(\cot x)^{\sin x}=\lim_{x\to0^+}y=\lim_{x\to0^+}\mathrm{e}^{\ln y}=\mathrm{e}^0=1.$$

例 12 求 $\lim\limits_{x\to\mathrm{e}}(\ln x)^{\frac{1}{1-\ln x}}$.（$1^\infty$ 型）

解 设 $y=(\ln x)^{\frac{1}{1-\ln x}}$，则 $\ln y=\dfrac{1}{1-\ln x}\ln(\ln x)$.

即 $y=\mathrm{e}^{\frac{1}{1-\ln x}\ln(\ln x)}$.

$$\lim_{x\to\mathrm{e}}\ln y=\lim_{x\to\mathrm{e}}\frac{\ln(\ln x)}{1-\ln x}=\lim_{x\to\mathrm{e}}\frac{\frac{1}{\ln x}\frac{1}{x}}{-\frac{1}{x}}$$

$$=\lim_{x\to\mathrm{e}}\left(-\frac{1}{\ln x}\right)=-1,$$

所以
$$\lim_{x\to\mathrm{e}}(\ln x)^{\frac{1}{1-\ln x}}=\mathrm{e}^{-1}.$$

习题 3.2

利用洛必达法则求极限.

（1）$\lim\limits_{x\to0}\dfrac{\sin 5x}{x}$；　（2）$\lim\limits_{x\to1}\dfrac{x^3+x^2-5x+3}{x^3-4x^2+5x-2}$；

（3）$\lim\limits_{x\to a}\dfrac{x^m-a^m}{x^n-a^n}$；　（4）$\lim\limits_{x\to0}\dfrac{\mathrm{e}^x-\mathrm{e}^{-x}-x}{\sin x}$；

（5）$\lim\limits_{x\to0}\dfrac{1-\cos^2 x}{x^2\sin x}$；　（6）$\lim\limits_{x\to\frac{\pi}{2}}\dfrac{\tan 6x}{\tan 2x}$；

（7）$\lim\limits_{x\to0^+}\dfrac{\ln x}{\ln\sin x}$；　（8）$\lim\limits_{x\to0}\left(\dfrac{1}{x}-\dfrac{1}{\mathrm{e}^x-1}\right)$；

（9）$\lim\limits_{x\to0}\left(\cot x-\dfrac{1}{x}\right)$；　（10）$\lim\limits_{x\to1}\left(\dfrac{x}{x-1}-\dfrac{1}{\ln x}\right)$；

3.3 函数的单调性与极值

3.3.1 函数的单调性及判别法

在第一章我们给出了函数在某个区间内单调增加和单调减少的定义，但直接用定义判断函数的单调性是不可能的．现在介绍利用导数判定函数单调性的方法．

从几何上看，在区间 (a,b) 内，如果函数是单调增加的，则曲线上每一点的切线斜率都是非负的，如图 3.3 所示.

反之，如果函数是单调减少的，则曲线上每一点的切线斜率都是非正的，如图 3.4 所示.

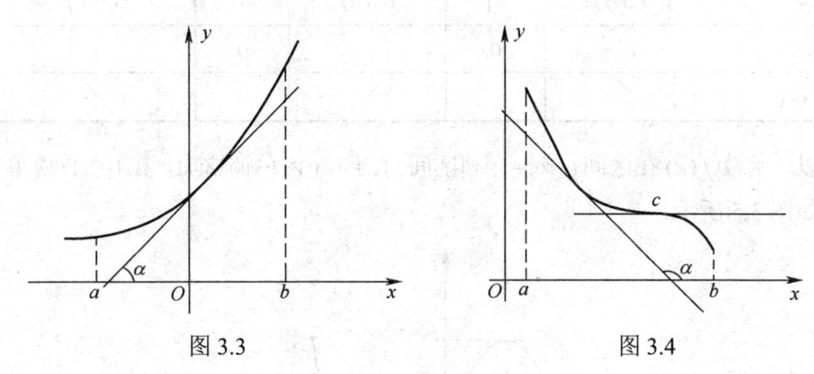

图 3.3　　　　图 3.4

由导数的几何意义，曲线 $y=f(x)$ 在某点 $(x_0, f(x_0))$ 切线的斜率即是函数 $y=f(x)$ 在点 x_0 的导数值. 因此，我们可以根据导数的符号判别函数的增减性.

定理 1　设函数 $f(x)$ 在 $[a,b]$ 上连续，在 (a,b) 内可导，则

（1）若在 (a,b) 内，$f'(x)>0$，则函数 $f(x)$ 在 $[a,b]$ 上单调增加;

（2）若在 (a,b) 内，$f'(x)<0$，则函数 $f(x)$ 在 $[a,b]$ 上单调减少.

证　由于函数 $f(x)$ 满足拉格朗日中值定理的条件，故在 $[a,b]$ 上任取两点 x_1, x_2 且 $x_1<x_2$，必有 $\xi\in(x_1,x_2)$，使

$$f(x_2)-f(x_1)=f'(\xi)\ (x_2-x_1).$$

（1）若 $x\in(a,b)$ 时 $f'(x)>0$，则 $f'(\xi)>0$，由上式可知 $f(x_2)>f(x_1)$，所以函数 $f(x)$ 在区间 (a,b) 内单调增加;

（2）若 $x\in(a,b)$ 时 $f'(x)<0$，则 $f'(\xi)<0$，由上式可知 $f(x_2)<f(x_1)$，所以函数 $f(x)$ 在区间 (a,b) 内单调减少.

注意　如果在区间 (a,b) 内 $f'(x)\geqslant 0$（或 $f'(x)\leqslant 0$），但等号只在个别点处成立，则函数 $f(x)$ 在 (a,b) 内仍是单调增加（或单调减少）的，如图 3.4 中 c 点导数值为零，但不影响曲线在整个区间上的单调性.

如果把定理中的闭区间换成其他各种区间（包括无穷区间），那么结论也成立.

例 1　判定函数 $y=x-\sin x$ 在区间 $[-\pi,\pi]$ 上的单调性.

解　因为所给函数在指定的区间上连续，在 $(-\pi,\pi)$ 内可导，

$$y'=1-\cos x\geqslant 0,$$

且等号只在 $x=0$ 处成立，所以函数 $y=x-\sin x$ 在区间 $[-\pi,\pi]$ 上单调增加.

例 2　确定函数 $f(x)=x^3-3x$ 的单调区间.

解　因 $f'(x)=3x^2-3=3(x+1)(x-1)$，

所以，当 $x_1=-1$，$x_2=1$ 时，$f'(x)=0$.

此两点把定义域$(-\infty,+\infty)$分成三个区间，列表如下，表中↗和↘分别表示函数单调增加和单调减少.

x	$(-\infty,-1)$	-1	$(-1,1)$	1	$(1,+\infty)$
$f'(x)$	+	0	−	0	+
$f(x)$	↗		↘		↗

所以，函数$f(x)$在区间$(-\infty,-1)$和区间$(1,+\infty)$内单调增加，在$(-1,1)$内单调减少，如图3.5所示.

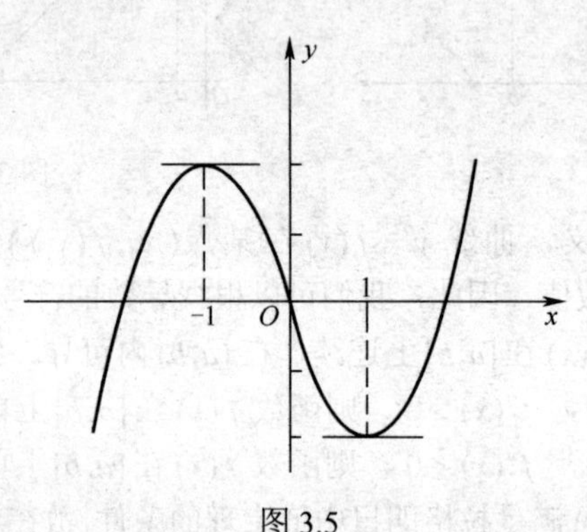

图3.5

有些函数在其定义域内不是单调的，但我们用导数为零的点来划分函数的定义域，就可以使函数在各个区间上单调．这个结论对于在定义域内具有连续导数的函数是成立的.另外,导数不存在的点也可用来划分单调区间,如$y=|x|$,在$x=0$点不可导，当$x<0$时函数单调减少，当$x>0$时函数单调增加.

例3　确定函数$y=\sqrt[3]{x^2}$的单调区间.

解　函数的定义域为$(-\infty,+\infty)$，且在定义域内连续．其导数为$y'=\dfrac{2}{3\sqrt[3]{x}}$，当$x=0$时，$y'$不存在，且不存在使$y'=0$的点.

用$x=0$把$(-\infty,+\infty)$分成两个区间：$(-\infty,0)$和$(0,+\infty)$，见下表.

x	$(-\infty,0)$	$(0,+\infty)$
$f'(x)$	−	+
$f(x)$	↘	↗

如果函数在定义域内连续，除去有限个点外导数存在，那么只要用使得$f'(x)=0$的点及$f'(x)$不存在的点划分函数$f(x)$的定义域，就能保证$f(x)$在每个部分区间上单调.

利用函数单调性的判别法，可以证明某些不等式.

例 4 证明当$x>1$时，$2\sqrt{x}>3-\frac{1}{x}$.

证明 设$\varphi(x)=2\sqrt{x}-3+\frac{1}{x}$，则$\varphi'(x)=\frac{1}{\sqrt{x}}-\frac{1}{x^2}$.

由于$\varphi(x)$在$[1,+\infty)$上连续，且当$x>1$时，$\varphi'(x)>0$，因此在区间$[1,+\infty)$上，$\varphi(x)$单调增加.

由于$\varphi(1)=0$，所以当$x>1$时，$\varphi(x)>\varphi(1)=0$.

即$2\sqrt{x}-3+\frac{1}{x}>0$.

于是证得$2\sqrt{x}>3-\frac{1}{x}$.

3.3.2 函数的极值

定义 1 设函数$f(x)$在点x_0的某邻域内有定义，若对此邻域内每一点x（$x\neq x_0$），恒有$f(x)<f(x_0)$，则称$f(x_0)$是函数$f(x)$的一个极大值，x_0称为函数$f(x)$的一个极大值点；

反之，如果对此邻域内任一点x（$x\neq x_0$），恒有$f(x)>f(x_0)$，则称$f(x_0)$为函数$f(x)$的一个极小值，x_0称为函数$f(x)$的极小值点.

函数的极大值与极小值统称为函数的极值，极大值点与极小值点统称为极值点.

注意 （1）极值是一个局部性的概念，它只是与极值点邻近点的函数值相比较而言，并不意味着它在整个定义区间内最大或最小.

（2）一个定义在区间$[a,b]$上的函数，它在$[a,b]$上可以不只有一个极大值和极小值，且其中的极大值并不一定都大于每一个极小值. 如图 3.6 所示，函数在x_5取得的极大值$f(x_5)$比在x_2取得的极小值$f(x_2)$要小.

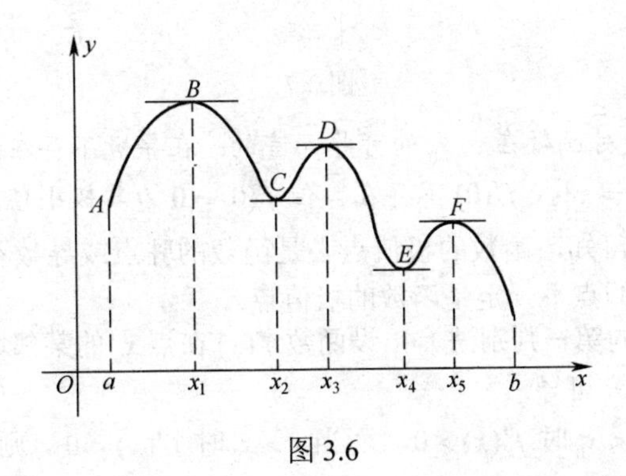

图 3.6

（3）极值不能在端点取得.

定理 2（极值存在的必要条件） 如果函数 $f(x)$ 在点 x_0 处有极值 $f(x_0)$，且 $f'(x_0)$ 存在，则 $f'(x_0)=0$.

证 如果 $f(x_0)$ 为极大值，则存在 x_0 的某邻域，在此邻域内总有 $f(x_0)>f(x_0+\Delta x)$.

于是，当 $\Delta x<0$ 时，$\dfrac{f(x_0+\Delta x)-f(x_0)}{\Delta x}>0$，

当 $\Delta x>0$ 时，$\dfrac{f(x_0+\Delta x)-f(x_0)}{\Delta x}<0$.

根据定理假设 $f'(x_0)$ 存在，所以

$$f'_-(x_0)=f'(x_0)=\lim_{\Delta x\to 0^-}\frac{f(x_0+\Delta x)-f(x_0)}{\Delta x}\geqslant 0,$$

$$f'_+(x_0)=f'(x_0)=\lim_{\Delta x\to 0^+}\frac{f(x_0+\Delta x)-f(x_0)}{\Delta x}\leqslant 0,$$

从而 $f'(x_0)=0$.

同理可证极小值的情形.

注意 （1）定理 2 表明若 $f'(x_0)$ 存在，则 $f'(x_0)=0$ 是点 x_0 为极值点的必要条件，但不是充分条件．例如函数 $f(x)=x^3$，当 $x=0$ 时 $f'(0)=0$，但在 $x=0$ 处并没有极值，如图 3.7．使 $f'(x_0)=0$ 的点称为函数的驻点．驻点可能是函数的极值点，也可能不是函数的极值点.

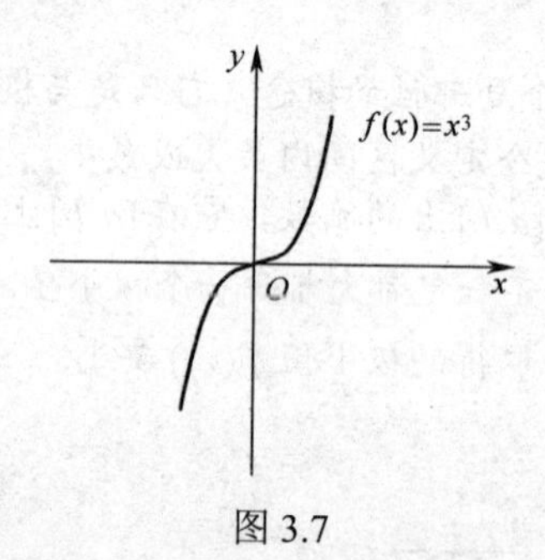

图 3.7

（2）定理 2 是对函数在点 x_0 处可导而言的．在导数不存在的点，函数也可能有极值．例如 $f(x)=|x|$，$f'(0)$ 不存在，但 $f(0)=0$ 为其极小值.

由（1）、（2）可知，函数的极值点必是函数的驻点或导数不存在的点；但是驻点或导数不存在的点不一定是函数的极值点.

定理 3（极值的第一判别法） 设函数 $f(x)$ 在点 x_0 的某邻域内连续，且在此邻域内（x_0 可除外）可导.

（1）如果当 $x<x_0$ 时 $f'(x)>0$，而当 $x>x_0$ 时 $f'(x)<0$，则 $f(x)$ 在点 x_0 取得极大值，如图 3.8（a）所示.

（2）如果当 $x<x_0$ 时 $f'(x)<0$，而当 $x>x_0$ 时 $f'(x)>0$，则 $f(x)$ 在点 x_0 取得极小值，如图 3.8（b）所示.

（3）如果在点 x_0 的两侧 $f'(x)$ 的符号不变，则点 x_0 不是 $f(x)$ 的极值点，如图 3.8（c）和图 3.8（d）所示.

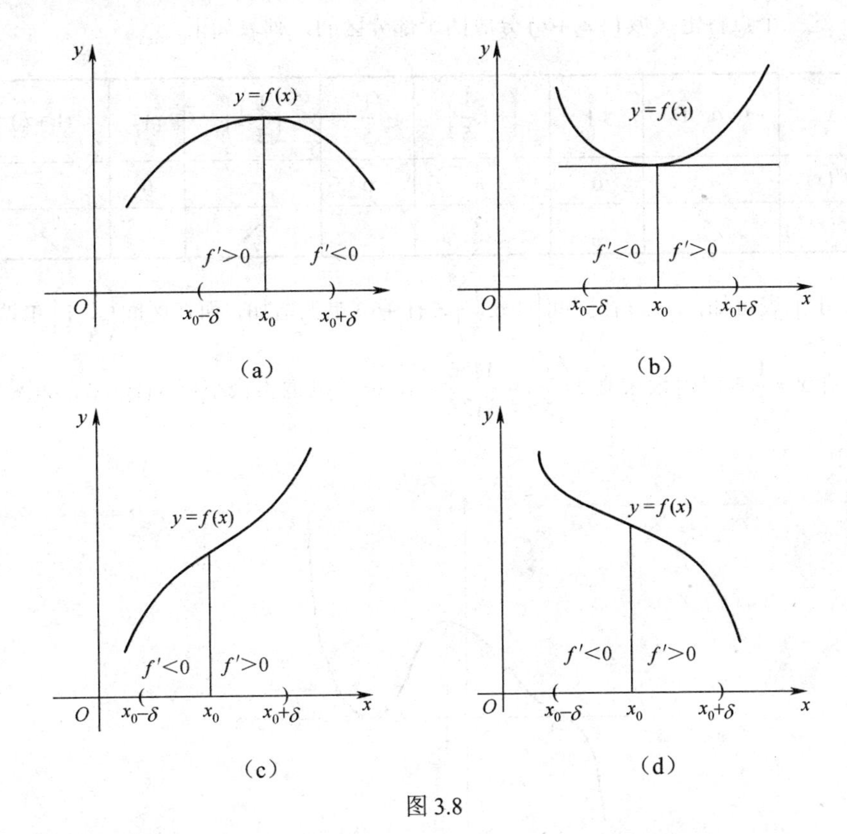

图 3.8

根据上面两个定理，我们可以按下列步骤来求 $f(x)$ 的极值点和极值：

（1）求函数的定义域（有时是给定的区间）；

（2）求出 $f'(x)$，在定义域或给定区间内求出使 $f'(x)=0$ 的点及 $f'(x)$ 不存在的点；

（3）用（2）中的点将定义域（或给定区间）分为若干个子区间，讨论在每个区间内 $f'(x)$ 的符号；

（4）利用定理 3，判断（2）中的点是否为极值点，如果是极值点，进一步判定是极大值点还是极小值点；

（5）求出各极值点处的函数值，得函数的全部极值.

例 5　求函数 $f(x)=(x-1)^2(x+1)^3$ 的单调区间和极值.

解　函数的定义域为 $(-\infty,+\infty)$，

$$f'(x)=2(x-1)(x+1)^3+3(x-1)^2(x+1)^2$$
$$=(x-1)(x+1)^2(5x-1),$$

令 $f'(x)=0$，得驻点 $x_1=-1$， $x_2=\frac{1}{5}$， $x_3=1$.

这三个点将定义域 $(-\infty,+\infty)$ 分成四个部分区间，列表如下.

x	$(-\infty,-1)$	-1	$\left(-1,\frac{1}{5}\right)$	$\frac{1}{5}$	$\left(\frac{1}{5},1\right)$	1	$(1,+\infty)$
$f'(x)$	+	0	+	0	—	0	+
$f(x)$	↗		↗		↘		↗

由上表可知，$f(x)$ 在区间 $\left(-\infty,\frac{1}{5}\right)$，$(1,+\infty)$ 单调增加，而在区间 $\left(\frac{1}{5},1\right)$ 单调减小. 在 $x=\frac{1}{5}$ 处取得极大值 $f\left(\frac{1}{5}\right)=\frac{3456}{3125}$，在 $x=1$ 处取得极小值 $f(1)=0$. 如图 3.9 所示.

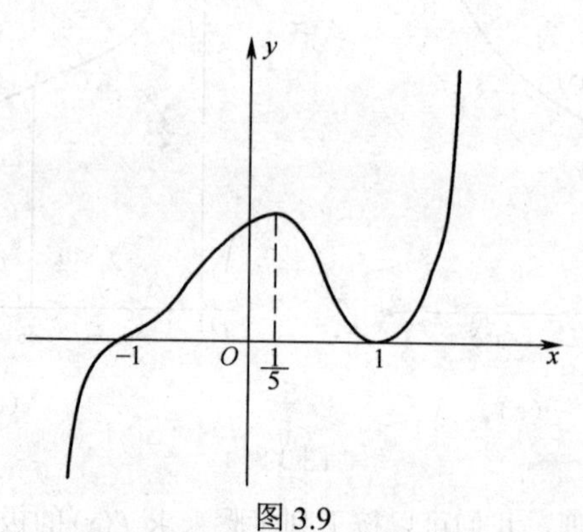

图 3.9

例 6 求函数 $f(x)=x-\frac{3}{2}x^{\frac{2}{3}}$ 的单调区间和极值.

解 $f'(x)=1-x^{-\frac{1}{3}}=\frac{\sqrt[3]{x}-1}{\sqrt[3]{x}}$.

当 $x=1$ 时，$f'(x)=0$，而当 $x=0$ 时，$f'(x)$ 不存在.

因此 $x=0$ 和 $x=1$ 将区间 $(-\infty,+\infty)$ 分成三部分，列表如下：

x	$(-\infty,0)$	0	$(0,1)$	1	$(1,+\infty)$
$f'(x)$	+	不存在	—	0	+
$f(x)$	↗		↘		↗

由表中看出，函数 $f(x)$ 在区间 $(-\infty,0]$ 和 $[1,+\infty)$ 单调增加；在区间 $[0,1]$ 单调减少．在点 $x=0$ 处有极大值 $f(0)=0$；在点 $x=1$ 处有极小值 $f(1)=-\dfrac{1}{2}$，如图 3.10 所示．

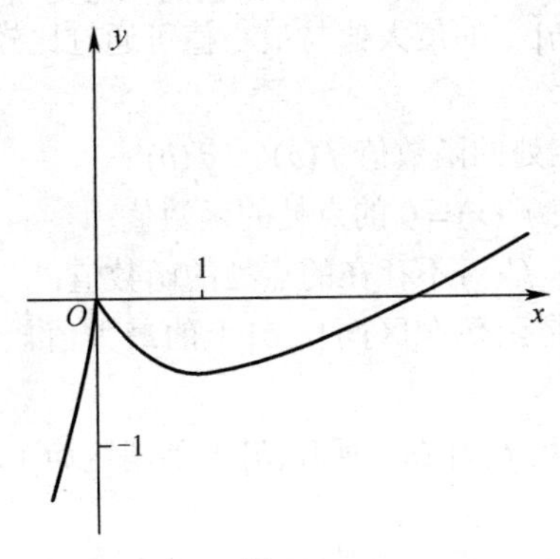

图 3.10

当函数在驻点处二阶导数存在时，有如下判定定理．

定理 4（极值的第二判别法） 设函数 $f(x)$ 在点 x_0 处具有二阶导数，且 $f'(x_0)=0$，$f''(x_0)\neq 0$．

（1）若 $f''(x_0)>0$，则点 x_0 是函数 $f(x)$ 的极小值点；

（2）若 $f''(x_0)<0$，则点 x_0 是函数 $f(x)$ 的极大值点．

证明略．

注意 当 $f''(x_0)=0$ 时，定理 4 失效，此时，函数 $f(x)$ 在点 x_0 可能有极大值，也可能有极小值，也可能没有极值，尚待用其他方法进一步判定，例如可使用第一判别法进行判断．

如，函数 $f_1(x)=x^3$，$f_2(x)=x^4$，$f_3(x)=-x^4$，它们在 $x=0$ 点的一阶、二阶导数均为零，但

$f_1(x)=x^3$ 在 $x=0$ 点处没有极值；

$f_2(x)=x^4$ 在 $x=0$ 点处取极小值；

$f_3(x)=-x^4$ 在 $x=0$ 点处取极大值．

例 7 求函数 $f(x)=x^3-3x$ 的极值．

解 函数的定义域为 $(-\infty,+\infty)$．

$$f'(x)=3x^2-3=3(x-1)(x+1),$$
$$f''(x)=6x.$$

令 $f'(x)=0$，得 $x_1=1$，$x_2=-1$．

由于 $f''(-1)=-6<0$，$f''(1)=6>0$，

所以 $f(-1)=2$ 为极大值， $f(1)=-2$ 为极小值．

3.3.3 函数的最大值与最小值

函数在区间 $[a,b]$ 上的最大值与最小值是全局性的概念，是函数在所考察的区间上全部函数值中最大者和最小者，这与极值的概念是有区别的．

连续函数在区间 $[a,b]$ 上的最大值与最小值可通过比较如下几类点的函数值得到：

（1）区间 $[a,b]$ 端点处的函数值 $f(a)$， $f(b)$；

（2）区间 (a,b) 内使 $f'(x)=0$ 的点处的函数值；

（3）区间 (a,b) 内使 $f'(x)$ 不存在的点处的函数值．

这些值中最大的就是函数在区间 $[a,b]$ 上的最大值，最小的就是函数在区间 $[a,b]$ 上的最小值．

注意 （1）如果函数 $f(x)$ 在区间 $[a,b]$ 上单调增加（或减少），则最大值、最小值必在端点处取得．

（2）如果连续函数 $f(x)$ 在区间 (a,b) 内有且仅有一个极大值，而没有极小值，则此极大值就是 $f(x)$ 在区间 $[a,b]$ 上的最大值；同样，如果 $f(x)$ 在区间 (a,b) 内有且仅有一个极小值，而没有极大值，则此极小值就是 $f(x)$ 在区间 $[a,b]$ 上的最小值．很多实际应用问题，就是属于此种类型．

在工农业生产、经济管理和经济核算中，常常要解决在一定条件下，怎样使投入最小、产出最多、成本最低、效益最高、利润最大等问题．这些问题反映在数学上就是求函数最大值和最小值的问题．

例 8 求函数 $f(x)=x^4-2x^2+5$ 在区间 $[-2,2]$ 上的最大值和最小值．

解 $f'(x)=4x^3-4x=4x(x+1)(x-1)$，

令 $f'(x)=0$，得驻点 $x_1=-1$， $x_2=0$， $x_3=1$，

在驻点处的函数值分别为 $f(-1)=4$， $f(0)=5$， $f(1)=4$，

在端点的函数值为 $f(-2)=f(2)=13$．

因此，比较上述 5 个点的函数值，即可得在区间 $[-2,2]$ 上的最大值为

$$f(-2)=f(2)=13,$$

最小值为 $f(-1)=f(1)=4$．

习题 3.3

1．确定下列函数的增减区间：

（1） $y=2+x-x^2$；　　（2） $y=\dfrac{2x}{1+x^2}$；

（3） $y=\dfrac{\sqrt{x}}{x+100}$；　　（4） $y=x+\sin x$．

2．试证明下列不等式：

（1）当$x>0$时，$x-\frac{x^2}{2}<\ln(1+x)<x$，

（2）当$0<x<\frac{\pi}{2}$时，$\frac{2}{\pi}x<\sin x<x$.

3．求下列函数的极值：

（1）$y=2x^3-6x^2-18x+7$；　　（2）$y=\frac{x^3+x}{x^4-x^2+1}$；

（3）$y=(x-5)^2\sqrt[3]{(x+1)^2}$；　　（4）$y=x^2\ln x$；

（5）$y=x-\sin x$；　　（6）$y=x^2\mathrm{e}^{-x^2}$；

4．求下列函数在所给区间上的最大值和最小值：

（1）$y=x^5-5x^4+5x^3+1$，$[-1,2]$；　　（2）$y=\frac{x-1}{x+1}$，$[0,4]$；

（3）$y=\sin 2x-x$，$\left[-\frac{\pi}{2},\frac{\pi}{2}\right]$；　　（4）$y=2\tan x-\tan^2 x$，$\left[0,\frac{\pi}{3}\right]$.

5．设有一块边长为a的正方形铁皮，从四个角截去同样的小方块，做成一个无盖的方盒子，问小方块的边长为多少才能使盒子容积最大？

3.4　函数图形的描绘

3.4.1　曲线的凹凸性与拐点

在研究函数曲线的变化时，了解它的单调性当然是很重要的，但是有时只考虑其单调性是不够的.

例如，考察两个函数$f_1(x)=x^2$和$f_2(x)=\sqrt{x}$，在$x\geqslant 0$时，二者都是单调增加的，但它们的图形的差别还是比较大的，如图3.11所示.

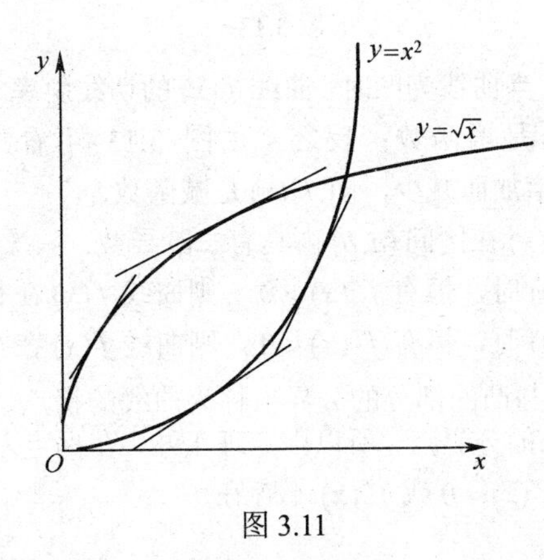

图3.11

可见一个函数仅考虑它的单调性是不够的，还要进一步讨论函数曲线的弯曲方向，我们称为曲线的凹凸性.

定义 1 如果在某区间内，曲线弧总是位于其切线的上方，则称曲线在这个区间上为凹的，如图 3.12 所示.

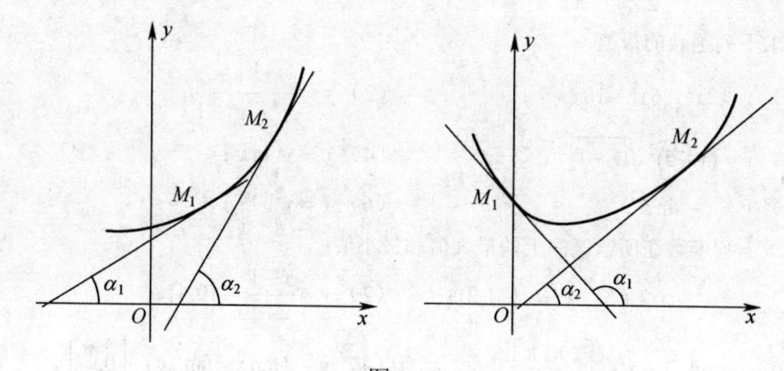

图 3.12

如果曲线弧总是位于切线的下方，则称曲线在这个区间上为凸的，如图 3.13 所示.

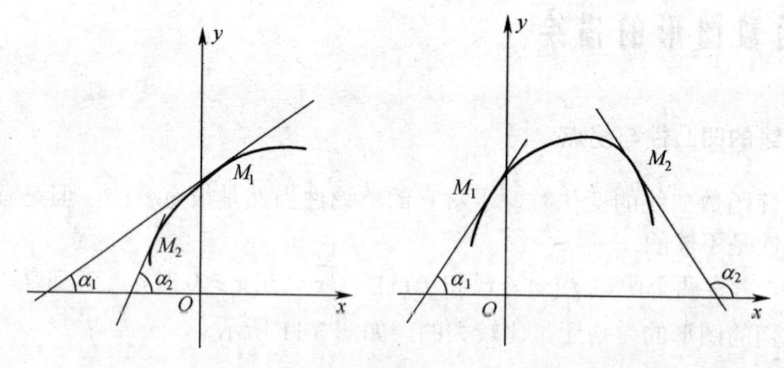

图 3.13

由图 3.12 可看到，当曲线为凹时，曲线 $f(x)$ 的切线斜率 $f'(x)=\tan x$ 随着 x 的增加而增加，即 $f'(x)$ 是增函数；反之，由图 3.13 可看到，当曲线为凸时，$f'(x)=\tan x$ 随着 x 的增加而减少，即 $f'(x)$ 是减函数.

定理 1 设函数 $f(x)$ 在区间 (a,b) 内具有二阶导数.

（1）如果 $x\in(a,b)$ 时，恒有 $f''(x)>0$，则曲线 $f(x)$ 在 (a,b) 内为凹的；

（2）如果 $x\in(a,b)$ 时，恒有 $f''(x)<0$，则曲线 $f(x)$ 在 (a,b) 内为凸的.

定义 2 曲线上凹与凸的部分的分界点称为曲线的拐点.

拐点既然是凹与凸的分界点，所以由定理 1 知，在拐点左右邻近的 $f''(x)$ 必然异号，因而在拐点处 $f''(x)=0$ 或 $f''(x)$ 不存在.

例 1 求曲线 $y = x^4 - 2x^3 + 1$ 的凹凸区间与拐点.

解 $y' = 4x^3 - 6x^2$，$y'' = 12x^2 - 12x = 12x(x-1)$，
令 $y'' = 0$，得 $x_1 = 0$，$x_2 = 1$.

列表如下：

x	$(-\infty,0)$	0	$(0,1)$	1	$(1,+\infty)$
$f''(x)$	+	0	−	0	+
$f(x)$	∪	$(0,1)$ 拐点	∩	$(1,0)$ 拐点	∪

可见，曲线在区间 $(-\infty,0)$，$(1,+\infty)$ 内为凹的；在区间 $(0,1)$ 内为凸的；曲线的拐点是 $(0,1)$ 和 $(1,0)$，如图 3.14 所示.

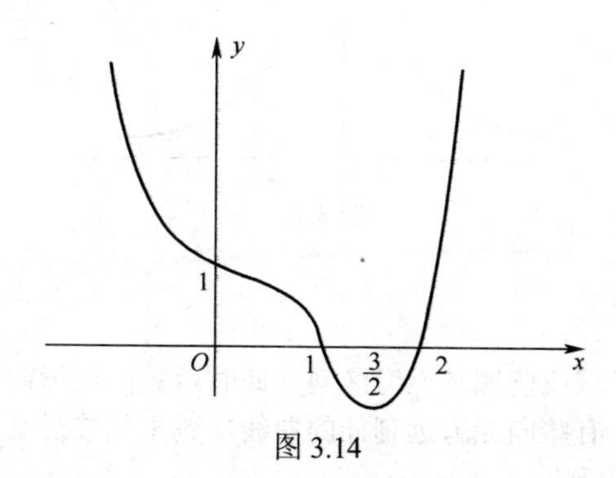

图 3.14

如果函数 $f(x)$ 在点 x_0 的某邻域内连续，当 $f(x)$ 在点 x_0 的二阶导数不存在时，如果在点 x_0 的某空心邻域内二阶导数存在且在点 x_0 两侧符号相反，则点 $(x_0, f(x_0))$ 是拐点，如果两侧二阶导数符号相同，则不是拐点.

综上所述，判定曲线 $y = f(x)$ 的凹凸与拐点的步骤可归纳如下：

（1）求一阶及二阶导数 $f'(x)$，$f''(x)$；

（2）求出 $f''(x) = 0$ 及 $f''(x)$ 不存在的点；

（3）以（2）中找出的全部点，把函数的定义域分成若干部分区间，列表考察 $f''(x)$ 在各区间的符号，从而可判定曲线在各部分区间的凹凸与拐点.

例 2 求曲线 $y = e^{-x^2}$ 的凹凸区间与拐点.

解 函数的定义域为 $(-\infty,+\infty)$，

$$y' = -2xe^{-x^2}，\quad y'' = 2e^{-x^2}(2x^2 - 1)，$$

当 $x = \pm\dfrac{1}{\sqrt{2}}$ 时，$y'' = 0$，故以 $x_1 = -\dfrac{1}{\sqrt{2}}$，$x_2 = \dfrac{1}{\sqrt{2}}$ 将定义域分成三个区间，列表如下：

x	$\left(-\infty,-\frac{1}{\sqrt{2}}\right)$	$-\frac{1}{\sqrt{2}}$	$\left(-\frac{1}{\sqrt{2}},\frac{1}{\sqrt{2}}\right)$	$\frac{1}{\sqrt{2}}$	$\left(\frac{1}{\sqrt{2}},+\infty\right)$
$f''(x)$	+	0	−	0	+
$f(x)$	∪	有拐点	∩	有拐点	∪

在 $x=\pm\frac{1}{\sqrt{2}}$ 处，曲线上对应的点 $\left(-\frac{1}{\sqrt{2}},\frac{1}{\sqrt{e}}\right)$ 与 $\left(\frac{1}{\sqrt{2}},\frac{1}{\sqrt{e}}\right)$ 为拐点，如图 3.15 所示.

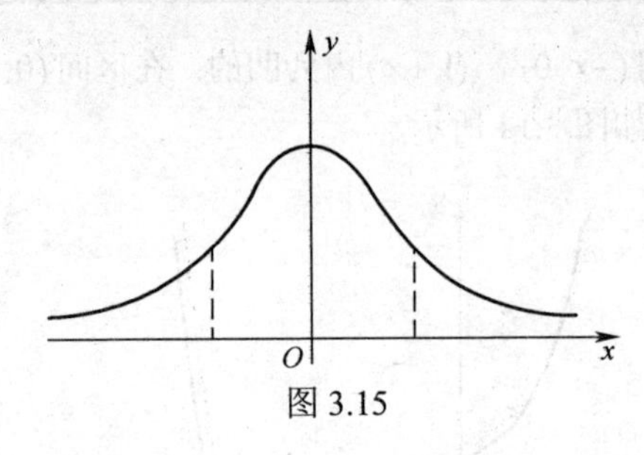

图 3.15

3.4.2 曲线的渐近线

有些函数的定义域或值域是无穷区间，此时函数的图形向无限远处延伸，如双曲线、抛物线等. 有些向无穷远延伸的曲线，越来越接近某一直线的趋势，这种直线就是曲线的渐近线.

定义 3 如果曲线上一点沿着曲线趋于无穷远时，该点与某直线的距离趋于零，则称此直线为曲线的渐近线.

1. 水平渐近线

如果曲线 $y=f(x)$ 的定义域是无穷区间，且有 $\lim\limits_{x\to-\infty}f(x)=b$ 或 $\lim\limits_{x\to+\infty}f(x)=b$，则直线 $y=b$ 为曲线 $y=f(x)$ 的渐近线，称为水平渐近线，如图 3.16 和图 3.17 所示.

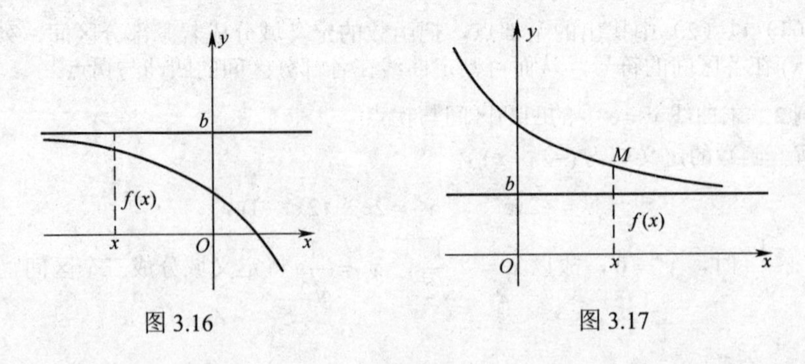

图 3.16　　图 3.17

例 3 求曲线 $y=\dfrac{1}{x-1}$ 的水平渐近线.

解 因为 $\lim\limits_{x\to\infty}\dfrac{1}{x-1}=0$,

所以 $y=0$ 是曲线的一条水平渐近线，如图 3.18 所示.

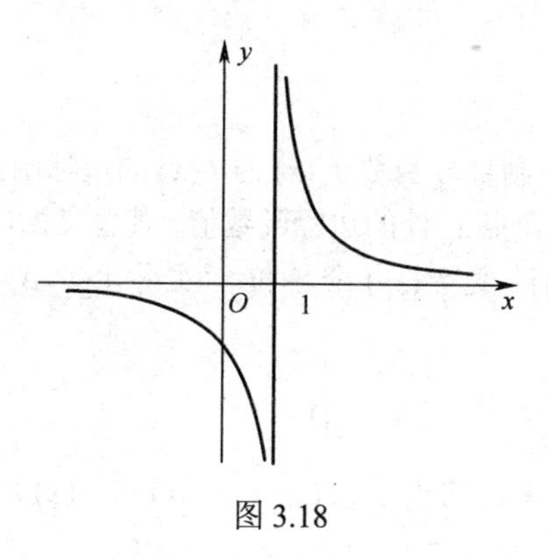

图 3.18

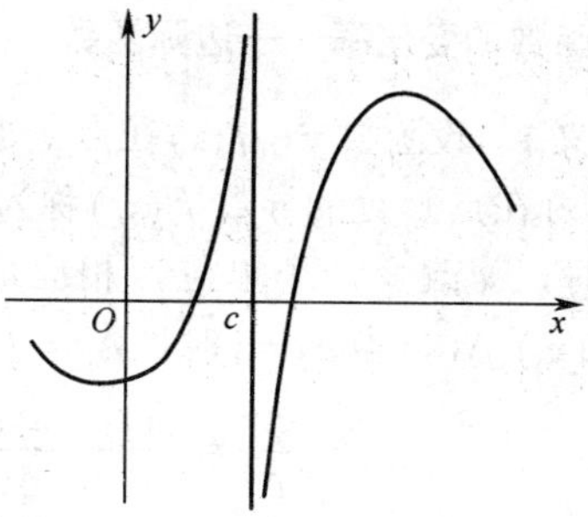

图 3.19

2. 铅直渐近线

如果曲线 $y=f(x)$ 满足 $\lim\limits_{x\to c}f(x)=\infty$,

或 $\lim\limits_{x\to c^-}f(x)=\infty$,

或 $\lim\limits_{x\to c^+}f(x)=\infty$,

则称直线 $x=c$ 为曲线 $y=f(x)$ 的铅直渐近线（或垂直渐近线），如图 3.19 所示.

例 4 求曲线 $y=\dfrac{1}{x-1}$ 的铅直渐近线.

解 因为 $\lim\limits_{x\to 1}\dfrac{1}{x-1}=\infty$,

所以 $x=1$ 是曲线的一条铅直渐近线，如图 3.18 所示.

习题 3.4

1. 求下列函数的凹凸区间及拐点：

（1）$y=3x^2-x^3$；（2）$y=\sqrt{1+x^2}$；

（3）$y=x+x^{\frac{3}{5}}$；（4）$y=\ln(1+x^2)$；

（5）$y=xe^x$.

2. 求下列曲线的渐近线：

（1）$y=\dfrac{1}{x^2-4x+5}$；（2）$y=\dfrac{1}{(x+2)^3}$；

（3）$y = e^{\frac{1}{x}} - 1$；　　　　（4）$y = xe^{x^{-2}}$；

（5）$y = -(x+1) + \sqrt{x^2+1}$.

3.5 导数在经济中的应用

3.5.1 函数的变化率——边际函数

定义 1　设函数 $y = f(x)$ 在点 x 处可导，则称导函数 $f'(x)$ 为 $f(x)$ 的边际函数.

$f(x)$ 在点 x_0 处的导数 $f'(x_0)$ 称为 $f(x)$ 在点 x_0 处的边际函数值. 其含义为，当 $x = x_0$ 时，x 改变一个单位，相应地 y 约改变 $f'(x_0)$ 个单位. 实际上，$\Delta y \approx dy = f'(x_0)\cdot\Delta x$，当 $\Delta x = 1$ 时，$\Delta y \approx f'(x_0)$.

$$\frac{\Delta y}{\Delta x} = \frac{f(x_0+\Delta x) - f(x_0)}{\Delta x} \qquad (\Delta x > 0)$$

称为 $f(x)$ 在区间 $(x_0, x_0+\Delta x)$ 内的平均变化率，它表示在 $(x_0, x_0+\Delta x)$ 内 $f(x)$ 的平均变化速度.

例 1　设函数 $y = 2x^2$，试求 y 在 $x = 5$ 时的边际函数值.

解　因为 $y' = 4x$，所以 $y'|_{x=5} = 20$.

该值表明：当 $x = 5$ 时，x 改变一个单位（增加或减小一个单位），y 约改变 20 个单位（增加或减少 20 个单位）.

边际函数在经济学理论中有着重要的应用，下面介绍几个常见的边际函数. 在第1章中介绍了经济学中常用的几个函数，这里再来讨论这些函数的具体应用.

1. 边际成本

边际成本是总成本的变化率.

设 C 为总成本，C_1 为固定成本，C_2 为可变成本，$\overline{C}$ 为平均成本，C' 为边际成本，Q 为产量，则有

总成本函数　$C = C(Q) = C_1 + C_2(Q)$；

平均成本函数　$\overline{C} = \overline{C}(Q) = \frac{C_1}{Q} + \frac{C_2(Q)}{Q}$；

边际成本函数　$C' = C'(Q)$；

如已知总成本 $C(Q)$，通过除法可求出平均成本 $\overline{C}(Q) = \frac{C(Q)}{Q}$；

如已知平均成本 $\overline{C}(Q)$，通过乘法可求出总成本 $C(Q) = Q\overline{C}(Q)$；

如已知成本 $C(Q)$，通过微分法可求出边际成本 $C' = C'(Q)$.

例 2　已知某商品的成本函数为 $C = C(Q) = 100 + \frac{Q^2}{4}$，求当 $Q = 10$ 时的总成

本，平均成本及边际成本．

解 由$C=100+\frac{Q^2}{4}$，有

$$\overline{C}=\frac{100}{Q}+\frac{Q}{4}，\quad C'=\frac{Q}{2}.$$

则当$Q=10$时，

总成本$C(10)=125$，

平均成本$\overline{C}(10)=12.5$，

边际成本$C'(10)=5$．

例3 在例2中，当产量Q为多少时，平均成本最小？

解 $\overline{C}'=-\frac{100}{Q^2}+\frac{1}{4}$，

$\overline{C}''=\frac{200}{Q^3}$．

令$\overline{C}'=0$，得$Q^2=400$，$Q=20$（$Q=-20$舍去），

$$\overline{C}''(20)>0，$$

所以当$Q=20$时，平均成本最小．

2．收益

平均收益是生产者平均每售出一个单位产品所得到的收入，即单位商品的售价．边际收益为总收益的变化率．总收益、平均收益、边际收益均为产量的函数．

设P为商品价格，Q为商品量，R为总收益，$\overline{R}$为平均收益，R'为边际收益，则有

需求函数　　$P=P(Q)$；

总收益函数　　$R=R(Q)$；

平均收益函数　　$\overline{R}=\overline{R}(Q)$；

边际收益函数　　$R'=R'(Q)$．

需求与收益有如下关系：

总收益　　$R=R(Q)=Q\cdot P(Q)$；

平均收益　　$\overline{R}=\overline{R}(Q)=\frac{R(Q)}{Q}=\frac{QP(Q)}{Q}=P(Q)$；

边际收益　　$R'=R'(Q)$；

总收益与平均收益的关系为：

$$\overline{R}(Q)=\frac{R(Q)}{Q}，\quad R(Q)=\overline{R}(Q)Q.$$

例 4 设某产品的价格和销售量的关系为 $P=10-\frac{Q}{5}$，求销售量为 30 时的总收益，平均收益与边际收益.

解 总收益 $R(Q)=Q\,P(Q)=10Q-\frac{Q^2}{5}$，$R(30)=120$.

平均收益 $\overline{R}(Q)=P(Q)=10-\frac{Q}{5}$，$\overline{R}(30)=4$.

边际收益 $R'(Q)=10-\frac{2}{5}Q$，$R'(30)=-2$.

3. 利润

在经济学中，总收益、总成本都可以表示为产量 Q 的函数，分别记为 $R(Q)$ 和 $C(Q)$，则总利润 $L(Q)$ 可表示为

$$L=L(Q)=R(Q)-C(Q),$$
$$L'(Q)=R'(Q)-C'(Q).$$

下面讨论最大利润原则.

$L(Q)$ 取得最大值的必要条件为：$L'(Q)=0$，即 $R'(Q)=C'(Q)$.

即，取得最大利润的必要条件是：边际收益等于边际成本.

$L(Q)$ 取得最大值的充分条件为：$L''(Q)<0$，即 $R''(Q)<C''(Q)$.

即，取得最大利润的充分条件是：边际收益的变化率小于边际成本的变化率.

例 5 已知某产品的需求函数为 $P=10-\frac{Q}{5}$，成本函数为 $C=50+2Q$，求产量为多少时总利润 L 最大?

解 已知 $P(Q)=10-\frac{Q}{5}$，$C(Q)=50+2Q$，

于是有

$$R(Q)=10Q-\frac{Q^2}{5},$$

$$L(Q)=R(Q)-C(Q)=8Q-\frac{Q^2}{5}-50,$$

$$L'(Q)=8-\frac{2}{5}Q,\quad L''(Q)=-\frac{2}{5}.$$

令 $L'(Q)=0$，得 $Q=20$，$L''(20)<0$，所以当 $Q=20$ 时总利润最大.

例 6 某工厂生产某种产品，固定成本 20000 元，每生产一单位产品，成本增加 100 元. 已知收益 R 是年产量 Q 的函数

$$R=R(Q)=\begin{cases}400Q-\frac{1}{2}Q^2, & 0\leqslant Q\leqslant 400,\\ 80000, & Q>400.\end{cases}$$

问每年生产多少产品时，总利润最大？此时总利润是多少？

解 根据题意，总成本函数为

$$C=C(Q)=20000+100Q,$$

从而可得总利润函数为

$$L=L(Q)=R(Q)-C(Q)$$

$$=\begin{cases}300Q-\frac{1}{2}Q^2-20000, & 0\leqslant Q\leqslant 400,\\ 60000-100Q, & Q>400.\end{cases}$$

$$L'(Q)=R'(Q)-C'(Q)$$

$$=\begin{cases}300-Q, & 0\leqslant Q\leqslant 400,\\ -100, & Q>400.\end{cases}$$

令 $L'(Q)=0$，得 $Q=300$.

由于 $L''(300)=-1<0$，故当 $Q=300$ 时 L 最大. 此时

$$L(300)=90000-\frac{1}{2}\times 90000-20000=25000.$$

即当生产量为 300 个单位时总利润最大，其最大利润为 25000 元.

4. 成本最低的生产量问题

在生产实践中，经常遇到这样的问题，即在既定的生产规模条件下，如何合理安排生产能使成本最低，利润最大？

设某企业某种产品的生产量为 Q 个单位，$C(Q)$ 代表总成本，$C'(Q)$ 代表边际成本，而生产每个单位产品的平均成本为 $\overline{C}=\frac{C(Q)}{Q}$，由 $C(Q)=Q\cdot\overline{C}(Q)$ 可得

$$C'(Q)=\overline{C}(Q)+Q\cdot\overline{C}'(Q).$$

由极值存在的必要条件知，使平均成本为极小的生产量 Q_0 应满足 $\overline{C}'(Q_0)$，代入上式可知

$$\overline{C}'(Q_0)=0.$$

上式导出了经济学中的一个重要结论：

使平均成本为最小的生产水平（生产量 Q_0），正是使边际成本等于平均成本的生产水平（生产量）.

例 7 设某产品的成本函数为 $C(Q)=54+18Q+6Q^2$，试求使平均成本最小的产量水平.

解 平均成本 $\overline{C}(Q)=\frac{C(Q)}{Q}=\frac{54}{Q}+18+6Q$，

$$\overline{C}'(Q)=-\frac{54}{Q^2}+6,\quad \overline{C}''(Q)=\frac{108}{Q^3},$$

令$\overline{C}'(Q)=0$，解得$Q=3$.

由于$\overline{C}''(3)=\dfrac{108}{27}>0$，所以$Q=3$是平均成本$\overline{C}(Q)$的最小值点，也就是平均成本最小的产量水平，此时

$$\overline{C}(3)=54=C'(3).$$

即当$Q=3$时，边际成本等于平均成本，也使平均成本达到最小.

5. *库存管理问题*

企业为了完成一定的生产任务，必须保证生产正常进行所需的原材料. 但是，在总需求一定的条件下，订购费用与保管费用是成反比的. 订购批量大，订购次数少，订购费用就小，而保管费用就要相应增加；反之，订购批量小，订购次数多，则订购费用大，而保管费用就相对较少. 因此就有一个如何确定订购批量使总费用最少的问题. 下面我们只研究等批量等间隔进货的情况，它是指某种物资的库存量下降到零时，随即到货，库存量由零恢复到最高库存Q_{max}，每天保证等量供应生产需要，使之不发生缺货. 如图 3.22 所示.

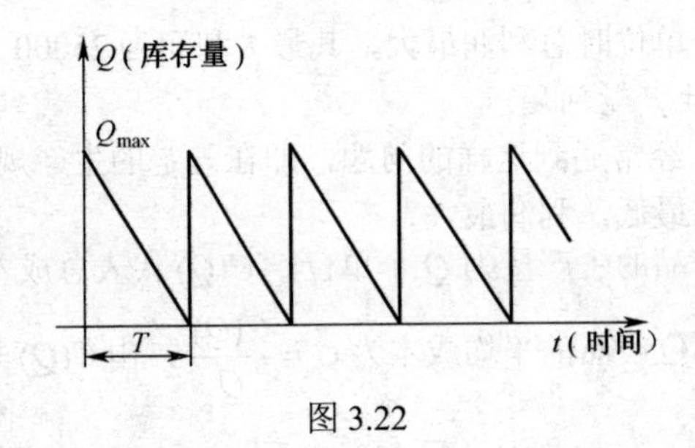

图 3.22

假设某企业某种物资的年需用量为 R，单价为 P，平均一次订货费用为C_1，年保管费用率（即保管费用与库存商品价值之比）为C_2，订货批量为 Q，进货周期为T，则年总费用 C 由两部分组成：

（1）订货费用. 因按假设每次订货费用为C_1，全年订购次数为$\dfrac{R}{Q}$，因此订货费用为$\dfrac{C_1R}{Q}$；

（2）保管费用. 因进货周期（两次进货间隔）T 内都是初始库存量最大，到每个周期末库存量为零，所以全年每天平均库存量为$\dfrac{1}{2}Q$，因此，保管费用为$\dfrac{1}{2}QPC_2$，于是总费用

$$C=\frac{C_1R}{Q}+\frac{1}{2}QPC_2.$$

由于 $C=C(Q)$，故可用求最值法求得最优订购批量 Q^*，最优订购次数 $\frac{R}{Q^*}$ 以及最优进货周期 T.

在经济学中，把最优订购批量称为经济订购批量，在经济订购批量处，订购费用和保管费用之和即总费用最小.

例 8 某种物资一年需用量为 24000 件，每件价格为 40 元，年保管费率为 12%，每次订购费用为 64 元，试求最优订购批量、最优订购次数、最优进货周期和最小总费用（假设产品的销售是均匀的）.

解 设最优订购批量为 Q，则订购次数为 $\frac{24000}{Q}$；

于是订货费用为 $64\times\frac{24000}{Q}$，保管费用为 $\frac{1}{2}Q\times 40\times 0.12$；

从而总费用 $C=C(Q)=64\times\frac{24000}{Q}+\frac{1}{2}Q\times 40\times 0.12$，

$$C'(Q)=-\frac{64\times 24000}{Q^2}+20\times 0.12,\quad C''(Q)=\frac{2\times 64\times 24000}{Q^3},$$

令 $C'(Q)=0$，得 $Q=\sqrt{\frac{64\times 24000}{20\times 0.12}}=800$（件/批），

又因为 $C''(800)>0$，

于是当 $Q=800$ 件时总费用最低，从而

最优订货批量 $Q^*=800$（件/批）；

最优订货批次 $\frac{24000}{800}=30$（批/年）；

最优进货周期 $\frac{360}{30}=12$（天）（全年按 360 天计）；

最小进货总费用 $C_{\min}=C(800)=3840$（元）.

3.5.2 函数的相对变化率——函数的弹性

1．弹性

前面所谈的函数改变量与函数变化率是绝对改变量与绝对变化率．我们从实践中体会到仅仅研究函数的绝对改变量与绝对变化率是不够的．例如，商品甲每单位价格为 10 元，涨价 1 元；商品乙每单位价格为 1000 元，也涨价 1 元．两种商品的绝对改变量都是 1 元，但各与原价格相比两者涨价的百分比却有很大的不同，商品甲涨了 10%，而商品乙仅涨了 0.1%．因此我们还有必要研究函数的相对改变量与相对变化率．

例如，$y=x^2$ 当 x 由 10 改变到 12 时，y 由 100 改变到 144，此时自变量与因

变量的绝对改变量分别为$\Delta x = 2$，$\Delta y = 44$，而$\dfrac{\Delta x}{x} = 20\%$，$\dfrac{\Delta y}{y} = 44\%$．这表明当$x$从 10 改变到 12，$x$产生了 20% 的改变，$y$产生了 44% 的改变，这就是相对改变量．

$$\frac{\Delta y/y}{\Delta x/x} = \frac{44\%}{20\%} = 2.2 .$$

这表明在$(10,12)$内，x改变1%时，y平均改变2.2%，我们称它为从$x = 10$到$x = 12$，函数$y = x^2$的平均相对变化率．

定义 2　设函数$y = f(x)$在点$x = x_0$处可导，函数的相对改变量

$$\frac{\Delta y}{y_0} = \frac{f(x_0 + \Delta x) - f(x_0)}{f(x_0)}$$

与自变量的相对改变量$\dfrac{\Delta x}{x_0}$之比$\dfrac{\Delta y/y_0}{\Delta x/x_0}$称为函数从$x = x_0$到$x = x_0 + \Delta x$两点间的相对变化率，或称两点间的弹性．当$\Delta x \to 0$时，$\dfrac{\Delta y/y_0}{\Delta x/x_0}$的极限称为$f(x)$在$x = x_0$处的相对导数，也就是相对变化率，或称弹性．

记作
$$\left.\frac{Ey}{Ex}\right|_{x=x_0}；\quad \frac{Ef(x_0)}{Ex_0} .$$

即
$$\left.\frac{Ey}{Ex}\right|_{x=x_0} = \lim_{\Delta x \to 0} \frac{\Delta y/y_0}{\Delta x/x_0} = \lim_{\Delta x \to 0} \frac{\Delta y}{\Delta x}\frac{x_0}{y_0} = f'(x_0)\frac{x_0}{f(x_0)} .$$

当x_0为定值时，$\left.\dfrac{Ey}{Ex}\right|_{x=x_0}$为定值．

对一般的x，若$f(x)$可导，则有

$$\frac{Ey}{Ex} = \lim_{\Delta x \to 0} \frac{\Delta y/y}{\Delta x/x} = \lim_{\Delta x \to 0} \frac{\Delta y}{\Delta x}\frac{x}{y} = y'\frac{x}{y} ,$$

是x的函数，称为$f(x)$的弹性函数．

函数$f(x)$在x点的弹性$\dfrac{E}{Ex}f(x)$反应了随着x的变化$f(x)$变化的幅度的大小，也就是$f(x)$对x变化反应的强烈程度或灵敏度．

$\dfrac{E}{Ex_0}f(x_0)$表示在点$x = x_0$处，当x产生1%的改变时，$f(x)$近似地改变$\dfrac{E}{Ex_0}f(x_0)\%$，在应用问题中解释弹性的具体意义时，我们略去“近似”二字．

注意　两点间的弹性是有方向的，因为这里的“相对性”是针对初始值而言的．

例 9 求函数 $y=3+2x$ 在 $x=3$ 处的弹性．

解 $y'=2$，

$$\frac{Ey}{Ex}=y'\frac{x}{y}=\frac{2x}{3+2x}，\quad \left.\frac{Ey}{Ex}\right|_{x=3}=\frac{2\times 3}{3+2\times 3}=\frac{2}{3}.$$

例 10 求幂函数 $y=x^{\alpha}$（α 为常数）的弹性函数．

解 $y'=\alpha x^{\alpha-1}$，

$$\frac{Ey}{Ex}=\alpha x^{\alpha-1}\frac{x}{x^{\alpha}}=\alpha .$$

可以看到，幂函数的弹性函数为常数，即在任意点处弹性不变，所以称为不变弹性函数．

2. 需求弹性与供给弹性

（1）需求弹性．

“需求”是指在一定价格条件下，消费者愿意购买并且有能力购买的商品量．通常需求是价格的函数，P 表示商品的价格，Q 表示需求量，$Q=f(P)$ 称为需求函数．

一般而言，商品价格低，需求大，商品价格高，需求小．因而一般需求函数 $Q=f(P)$ 是单调减少函数．

定义 3 设某商品的需求函数 $Q=f(P)$ 在 P 处可导，称 $-\frac{EQ}{EP}=-f'(P)\frac{P}{Q}$ 为商品在价格为 P 时的需求价格弹性或简称需求弹性．记为 η，即

$$\eta=-\frac{EQ}{EP}=-f'(P)\frac{P}{Q}.$$

需求弹性可以衡量需求的相对变动对价格相对变动的反应程度．

例 11 已知某商品的需求函数 $Q=\mathrm{e}^{-\frac{P}{10}}$，求 $P=5$，$P=10$，$P=15$ 时的需求弹性并说明其意义．

解 $Q'=f'(P)=-\frac{1}{10}\mathrm{e}^{-\frac{P}{10}}$，需求弹性为

$$-f'(P)\frac{P}{Q}=\frac{1}{10}\mathrm{e}^{-\frac{P}{10}}\frac{P}{\mathrm{e}^{-\frac{P}{10}}}=\frac{P}{10}.$$

$\eta(5)=0.5$，说明 $P=5$ 时，价格上涨 1%，需求量减少 0.5%.

$\eta(10)=1$，说明 $P=10$ 时，价格与需求的变动幅度相同.

$\eta(15)=1.5$，说明 $P=15$ 时，价格上涨 1%，需求量减少 1.5%.

由此例可以看出，当 $\eta<1$ 时，需求的变动幅度小于价格的变动幅度；当 $\eta=1$ 时，需求的变动幅度等于价格的变动幅度；当 $\eta>1$ 时，需求的变动幅度大于价格的变动幅度．

（2）供给弹性.

“供给”是指在一定价格条件下，生产者愿意出售并且有可供出售的商品量. 通常供给是价格的函数，P 表示商品的价格，Q 表示供给量，$Q=\varphi(P)$ 称为供给函数.

一般而言，商品价格低，生产者不愿生产，供给少；商品价格高，供给多. 因而一般供给函数为单调增加函数.

我们用 D 表示需求曲线，用 S 表示供给曲线，如图 3.23 所示.

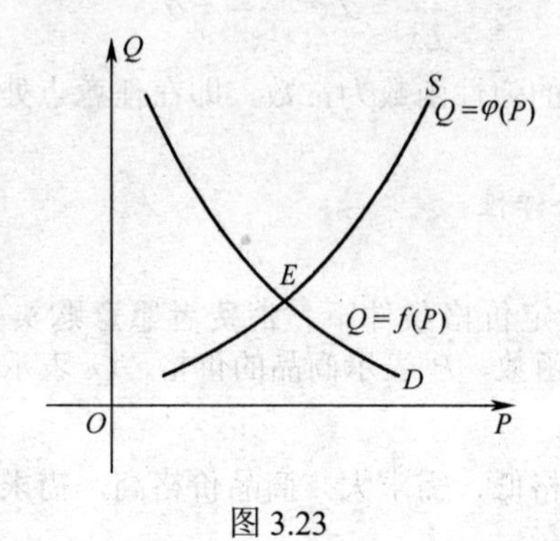

图 3.23

定义 4 设某商品的供给函数 $Q=\varphi(P)$ 在 P 处可导，称 $\frac{EQ}{EP}=\varphi'(P)\frac{P}{Q}$ 为商品在价格为 P 的供给弹性，记作 $\varepsilon(P)$，即

$$\varepsilon(P)=\frac{EQ}{EP}=\varphi'(P)\frac{P}{Q}.$$

（3）均衡价格.

均衡价格是市场上需求量与供给量相等时的价格. 在图 3.24 中是在需求曲线 D 与供给曲线 S 相交点 E 处的横坐标 $P=P_0$，此时需求量与供给量为 Q_0，称为均衡商品量.

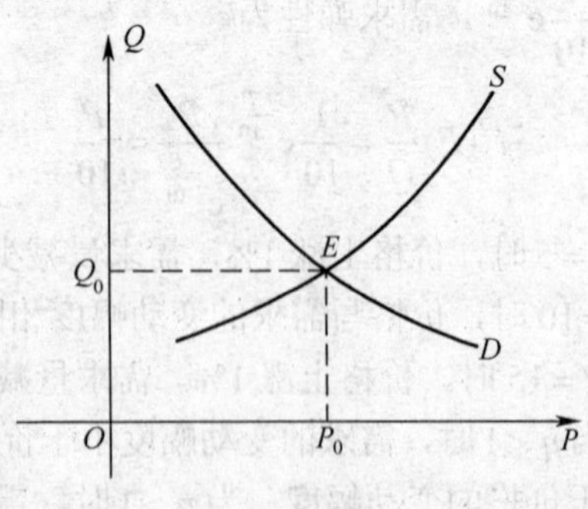

图 3.24

当 $P < P_0$ 时，如图 3.25 中 $P = P_1$ 处，此时消费者希望购买的商品量为 Q_D，生产者愿意出卖的商品量为 Q_S，$Q_S < Q_D$，市场上出现"供不应求"、商品短缺，会形成抢购、黑市等情况．这种状况不会持久，必然导致价格上涨，P 增加．

当 $P > P_0$ 时，如图 3.26 中 $P = P_2$ 处，此时 $Q_D > Q_S$，市场上出现"供过于求"，商品滞销．这种状况也不会持久，必然导致价格下跌，P 减小．

总之，市场上商品价格将围绕均衡价格摆动．

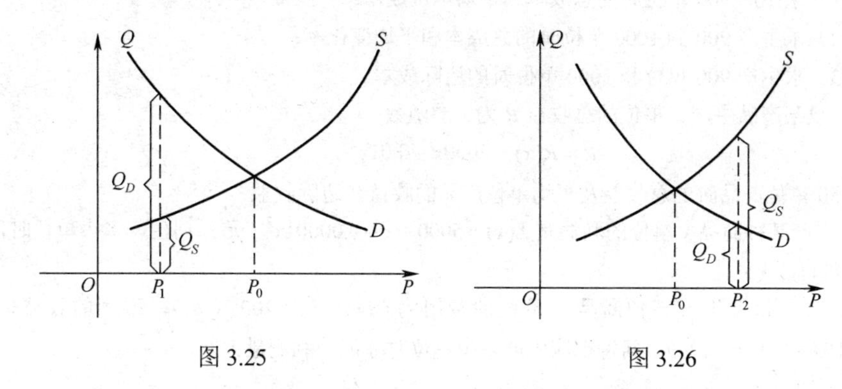

图 3.25　　　　图 3.26

例 12　设某商品的需求函数 $Q = b - aP$（$a, b > 0$），供给函数为

$$Q = cP - d\ \ (c, d > 0),$$

求均衡价格 P_0．

解　由 $b - aP_0 = cP_0 - d$，解得 $P_0 = \dfrac{b+d}{a+c}$．

3．边际收益与需求弹性的关系

由于 $R = PQ = Pf(P)$，而边际收益

$$R' = f(P) + Pf'(P) = f(P)\left[1 + f'(P)\frac{P}{f(P)}\right] = f(P)[1 - \eta(P)].$$

由此可知，当 $\eta(P) < 1$ 时，$R' > 0$，R 递增，即价格上涨会使总收益增加；价格下跌会使总收益减少．

当 $\eta(P) = 1$ 时，$R' = 0$，R 取得最大值．

当 $\eta(P) > 1$ 时，$R' < 0$，R 递减，即价格上涨会使总收益减少，而价格下跌会使总收益增加．

在经济学中，将 $\eta(P) < 1$ 的商品称为缺乏弹性商品，将 $\eta(P) = 1$ 的商品称为单位弹性商品，而将 $\eta(P) > 1$ 的商品称为富有弹性商品．

习题 3.5

1．某化工厂日产能力为 1000 吨，每日产品的总成本 C（单位：元）是日产量 x（单位：吨）的函数

$$C=C(x)=100+7x+50\sqrt{x} \qquad x\in[0,1000]，$$

（1）求当日产量为 100 吨时的边际成本；

（2）求当日产量为 100 吨时的平均单位成本．

2．某产品生产 x 单位的总成本 C 为 x 的函数

$$C=C(x)=1100+\frac{1}{1200}x^2，$$

（1）求生产 900 单位时的总成本和平均单位成本；

（2）求生产 900 到 1000 单位时的总成本和平均变化率；

（3）求生产 900 单位和 1000 单位时的边际成本．

3．设某产品生产 x 单位的总收益 R 为 x 的函数

$$R=R(x)=2000x-0.01x^2，$$

求生产 50 单位产品时的总收益及平均单位产品的收益和边际收益．

4．生产某种商品 x 单位的利润是 $L(x)=5000+x-0.00001x^2$（元），问生产多少单位时，获得的利润最大?

5．某厂每批生产某种商品 x 单位的费用为 $C(x)=5x+200$ （元），得到的收益是 $R(x)=10x-0.01x^2$ （元），问每批应生产多少单位时才能使利润最大?

6．某商品的价格 P 与需求量 Q 的关系为 $P=10-\dfrac{Q}{5}$，

（1）求需求量为 20 及 30 时的总收益 R，平均收益 $\overline{R}$ 及边际收益 R'；

（2）当 Q 为多少时，总收益最大?

7．某商品的成本函数为 $C=15Q-6Q^2+Q^3$，

（1）生产量为多少时，可使平均成本最小?

（2）求出边际成本，并验证当平均成本达最小时，边际成本等于平均成本．

8．某厂生产 B 产品，其年销售量为 100 万件，每批生产需增加生产准备费 1000 元，而每件库存费为 0.05 元，如果产销量是均匀的（此时商品的平均库存量为批量的一半），问应分几批生产，才能使生产准备费及库存费之和为最小?

9．某公司年销售某商品 5000 台，每次进货费用为 40 元，单价为 200 元，年保管费用率为 20%，求经济订购批量（即最优订购批量）?

10．某厂全年生产需用甲材料 5170 吨，每次订购费用为 570 元，每吨甲材料单价及库存保管费用率分别为 600 元，14.2%，

（1）求最优订购批量；

（2）求最优订购批次；

（3）求最优进货周期；

（4）最小总费用．

本章小结

中值定理	罗尔定理	$f(x)$ 在闭区间 $[a,b]$ 上连续，在开区间 (a,b) 内可导，$f(a)=f(b)$	有 $\xi\in(a,b)$，使 $f'(\xi)=0$
	拉格朗日定理	$f(x)$ 在闭区间 $[a,b]$ 上连续，在开区间 (a,b) 内可导	有 $\xi\in(a,b)$ 使 $f'(\xi)=\dfrac{f(b)-f(a)}{b-a}$
	柯西定理	$f(x)$、$g(x)$ 在闭区间 $[a,b]$ 上连续，在开区间 (a,b) 内可导	有 $\xi\in(a,b)$ 使 $\dfrac{f'(\xi)}{g'(\xi)}=\dfrac{f(b)-f(a)}{g(b)-g(a)}$
洛必达法则	$\dfrac{0}{0}$ 和 $\dfrac{\infty}{\infty}$ 型	$f(x),\ g(x)\to 0$　$f(x),\ g(x)\to\infty$　$\lim\limits_{x\to\square}\dfrac{f(x)}{g(x)}$	分子分母分别求导后求极限
	其他型不定式	$0\cdot\infty$，$\infty-\infty$，1^{∞}，0^0，∞^0	先设法变换成 $\dfrac{0}{0}$ 和 $\dfrac{\infty}{\infty}$ 型，再求极限
函数图形	函数的增减与极值	求一阶导数，确定驻点及不可导点	确定增减区间，及极值点
	曲线的凹凸与拐点	求二阶导数，确定为零点和不存在点	确定凹凸区间及拐点
	渐近线	$\lim\limits_{x\to\pm\infty}f(x)=c$　　$\lim\limits_{x\to x_0}f(x)=\pm\infty$	确定铅垂和水平渐近线
	图形描绘	综合以上讨论，再给出几个重要的点	平滑连接各点，描绘曲线
导数的经济应用	边际函数	总成本，平均成本，边际成本，最低成本	$C(Q)$，$\overline{C}(Q)$，$C'(Q)$
		总收益，平均收益，边际收益	$R(Q)$，$\overline{R}(Q)$，$R'(Q)$
		总利润，平均利润，边际利润，最大利润	$L(Q)=R(Q)-C(Q)$
		库存管理	订货费用，保管费用，经济订购批量
	弹性	函数的弹性	$\dfrac{Ey}{Ex}=y'\dfrac{x}{y}$
		需求弹性	$\eta=-\dfrac{EQ}{EP}=-f'(P)\dfrac{P}{Q}$
		供给弹性	$\varepsilon(P)=\dfrac{EQ}{EP}=\varphi'(P)\dfrac{P}{Q}$

复习题 3

1．设 $\frac{a_0}{n+1}+\frac{a_1}{n}+\cdots+a_n=0$．试证方程 $a_0x^n+a_1x^{n-1}+\cdots+a_n=0$ 在 $(0,1)$ 内至少有一个根.

（提示：作函数 $\Phi(x)=\frac{a_0x^{n+1}}{n+1}+\frac{a_1x^n}{n}+\cdots+\frac{a_{n-1}x^2}{2}+\frac{a_nx}{1}$）

2．利用洛必达法则求极限：

（1）$\lim\limits_{x\to0}\frac{x-\arcsin x}{\sin^3x}$；（2）$\lim\limits_{x\to+\infty}\frac{x^n}{e^{ax}}$（$a>0$，$n$ 为正整数）；

（3）$\lim\limits_{x\to+\infty}\left(\tan\frac{\pi x}{2x+1}\right)^{\frac{1}{x}}$；（4）$\lim\limits_{x\to0}\left(\frac{a^x-x\ln a}{b^x-x\ln b}\right)^{\frac{1}{x^2}}$；

（5）$\lim\limits_{x\to0}\frac{(a+x)^x-a^x}{x^2}$；（6）$\lim\limits_{x\to0}\left[\frac{1}{\ln(x+\sqrt{1+x^2})}-\frac{1}{\ln(1+x)}\right]$；

（7）$\lim\limits_{x\to0}\frac{e^{-\frac{1}{x^2}}}{x^{100}}$；（8）$\lim\limits_{x\to\infty}\left(x-x^2\ln\left(1+\frac{1}{x}\right)\right)$.

3．某公司销售甲商品 a 件，每次购进的手续费为 b 元，而每年的库存费为 c 元，在该商品均匀销售的情况下，问该公司应几批购进此种商品，能使所花的手续费及库存费最少？

4．某商品的平均成本为

$$\overline{C}=1+120Q^3-6Q^2,$$

（1）求平均成本的极小值；

（2）求总成本曲线的拐点；

（3）说明总成本曲线的拐点为边际成本曲线的最低点.

5．讨论需求函数 $Q=4b^2+36P^2+P^3$（$b>0$）的单调性、凹向及拐点.

6．设某产品的销售价为每单位 5 元，可变成本每单位 3.75 元，以 10 万元为单位的销售收入 R 和广告费 A 之间有关系

$$R=10A^{\frac{1}{2}}+5,$$

试求可使利润为最大的最优广告支出.

自测题 3

1．填空题

（1）若函数 $f(x)=\ln\sin x$ 在区间 $\left[\frac{\pi}{6},\frac{5\pi}{6}\right]$ 上满足罗尔定理的条件，则 $\xi=$__________；

（2）若函数 $f(x)=4x^3$ 在区间$[0,1]$上满足拉格朗日中值定理的条件，则 $\xi=$__________；

（3）设函数 $f(x)$ 在点 x_0 处存在二阶导数，且 $f'(x_0)=0$，$f''(x_0)\neq 0$，则当 $f''(x_0)<0$ 时，$f(x_0)$ 为函数的__________值；当 $f''(x_0)>0$ 时，$f(x_0)$ 为函数的__________值；

（4）若函数曲线 $y=f(x)$ 在 (a,b) 内是凹的，且 $f(x)$ 的二阶导数存在，则不等式 $f''(x)$__________0 成立；

（5）若函数 $y=f(x)$ 在点 x_0 处的二阶导数存在，且 $(x_0,f(x_0))$ 是曲线的拐点，则 $f''(x_0)$__________，并且在 x_0 的左右两侧____________________；

（6）若对任意的 $x\in(a,b)$，有 $f'(x)>0$，则函数 $f(x)$ 在 (a,b) 内__________；

（7）曲线 $y=\dfrac{2x^2}{x+3}$ 的铅直渐近线是____________________；

（8）对任意的 $x\in\mathbf{R}$，有 $f'(x)=a$，则函数 $f(x)=$____________________.

2．判断题

（1）若函数 $f(x)$ 在闭区间 $[a,b]$ 上连续，且 $f(a)=f(b)$，则至少存在一点 $\xi\in(a,b)$，使 $f'(\xi)=0$．（　　）

（2）若 $f'(x_0)=0$，且 $f''(x_0)>0$，则 $f(x_0)$ 为极小值．（　　）

（3）若 $f''(x_0)=0$，则($x_0,f(x_0)$)是曲线 $y=f(x)$ 的拐点．（　　）

（4）若 x_0 为可导函数的极值点，则 $f'(x_0)=0$．（　　）

（5）函数 $f(x)$ 在闭区间$[a,b]$上的最大值必是它的极大值．（　　）

（6）函数 $f(x)$ 在区间$[a,b]$上的极大值必大于它的极小值．（　　）

（7）函数 $f(x)$ 在(a,b)内连续且可导，则至少存在一点ξ，使 $f(b)-f(a)=f'(\xi)(b-a)$．（　　）

（8）若函数 $f(x)$ 在(a,b)内连续可导，且 $f'(x)>0$，$f(a)=0$，则必有 $f(x)>0$．（　　）

（9）若 $f'(x_0)=0$ 或不存在，则 $f(x_0)$ 必为极值．（　　）

（10）$\lim\limits_{x\to 0}\dfrac{x^2\sin\frac{1}{x}}{\sin x}=\lim\limits_{x\to 0}\dfrac{2x\sin\frac{1}{x}-\cos\frac{1}{x}}{\cos x}$．（　　）

3．选择题

（1）若函数 $f(x)$ 在$[a,b]$上连续，在(a,b)内可导，且 $a<x_1<x_2<b$，则至少存在一点 ξ，使得下式成立的是（　　）．

A．$f(b)-f(a)=f'(\xi)(b-a),\ \xi\in(a,b)$；

B．$f(b)-f(a)=f'(\xi)(b-a),\ \xi\in(x_1,x_2)$；

C．$f(x_2)-f(x_1)=f'(\xi)(x_1-x_2),\ \xi\in(a,b)$；

D．$f(x_2)-f(x_1)=f'(\xi)(x_2-x_1),\ \xi\in(x_1,x_2)$．

（2）函数 $y=\ln(1+x^2)$ 的单调增加区间是（　　）．

A．$(-\infty,+\infty)$；　　B．$(-\infty,0]$；

C．$[0,+\infty)$；　　D．以上都不对．

（3）下列结论中不正确的是（　　）．

A．若 $f'(x_0)=0$，$f''(x_0)=0$，则不能确定点 x_0 是否为函数的极值点；

B．若点 x_0 是函数 $f(x)$ 的极值点，则 $f'(x_0)=0$ 或 $f'(x_0)$ 不存在；

C．函数 $f(x)$ 在区间 (a,b) 内的极大值一定大于极小值；

D．$f'(x_0)=0$ 及 $f'(x_0)$ 不存在的点 x_0，都可能是函数的极值点．

（4）$f'(x_0)=0$ 是函数 $f(x)$ 在点 x_0 取得极值的（　　）．

A．充分条件；　　B．必要条件；

C．充分必要条件；　　D．无关的条件．

（5）函数 $f(x)=5^x$ 在区间 $[-1,1]$ 上的最大值是（　　）．

A．$-\frac{1}{5}$；　　B．0；　　C．$\frac{1}{5}$；　　D．5．

（6）若 M 和 m 分别是函数 $f(x)$ 在区间 $[a,b]$ 上的最大值和最小值，$f'(x)$ 存在，且 $M=m$，x_0 是 $[a,b]$ 内的任一点，则（　　）．

A．$f'(x_0)=0$；　　B．$f'(x_0)>0$；

C．$f'(x_0)<0$；　　D．以上都不对．

（7）设 $f(x)=(x-1)(x-2)(x-3)(x-4)$，方程 $f'(x_0)=0$（　　）．

A．有四个实根，分别为 1、2、3、4；

B．有三个实根，分别位于 $(1,2)$，$(2,3)$ 和 $(3,4)$ 之内；

C．有两个实根，分别位于 $(2,3)$ 和 $(3,4)$ 之内；

D．有一个实根，位于 $(2,3)$ 之内．

（8）若对任意的 $x\in(a,b)$，有 $f'(x)=g'(x)$，则（　　）．

A．对任意的 $x\in(a,b)$，有 $f(x)\equiv g(x)$；

B．存在 $x_0\in(a,b)$，使 $f(x_0)\equiv g(x_0)$；

C．对任意的 $x\in(a,b)$，有 $f(x)=g(x)+C_0$（C_0 为某一常数）；

D．对任意的 $x\in(a,b)$，有 $f(x)\equiv g(x)+C$（C 为常数）．

（9）函数 $f(x)=3x^5-5x^3$ 在 $(-\infty,+\infty)$ 内有（　　）．

A．四个极值点；　　B．三个极值点；

C．两个极值点；　　D．一个极值点．

（10）函数 $f(x)=\ln(1+x^2)$ 在 $(-\infty,+\infty)$ 内（　　）．

A．没有拐点；　　B．有一个拐点；

C．有两个拐点；　　D．有三个拐点．

4．计算题

（1）$\lim\limits_{x\to 0}\frac{x-\ln(1+x)}{x^2}$；　　（2）$\lim\limits_{x\to 0}\left[\frac{1}{\ln(1+x)}-\frac{1}{x}\right]$；

（3）$\lim\limits_{x\to\frac{\pi}{6}}\frac{1-2\sin x}{\cos 3x}$；　　（4）$\lim\limits_{x\to 0}(1+x^2)^{\frac{1}{x}}$．

第4章 不定积分

本章学习目标

- 理解原函数和不定积分两个基本概念
- 熟练掌握基本积分公式
- 熟练掌握第一类换元积分法和分部积分法
- 掌握第二类换元积分法（限于三角代换、根式代换）
- 会查积分表

4.1 不定积分的概念与性质

4.1.1 原函数与不定积分的概念

1. 原函数的概念

定义1 设函数 $f(x)$ 是定义在某区间上的已知函数，如果存在函数 $F(x)$，使得对于该区间上任一点 x 都有

$$F'(x)=f(x) \text{ 或 } \mathrm{d}F(x)=f(x)\mathrm{d}x,$$

则称 $F(x)$ 是 $f(x)$ 在该区间上的一个原函数.

例如，$(x^2)'=2x$，所以 x^2 是 $2x$ 的一个原函数，同样 $(x^2+1)'=2x$，可知 (x^2+1) 也是 $2x$ 的一个原函数，所以 $2x$ 的原函数不唯一，显然，若 C 为任意常数，$(x^2+C)'=2x$，即 (x^2+C) 也是 $2x$ 的原函数，这就是说 $2x$ 的原函数有无数多个.

$f(x)$ 的原函数不唯一，那么彼此之间有下列关系：

定理1 若 $F(x)$ 为 $f(x)$ 的原函数，则 $F(x)+C$ 是 $f(x)$ 的全部原函数（C 为任意常数）.

证 由于 $F'(x)=f(x)$，对任意常数 C 有 $[F(x)+C]'=F'(x)=f(x)$，所以函数族 $F(x)+C$ 中的每一个函数都是 $f(x)$ 的原函数.

另外，设 $f(x)$ 有原函数 $G(x)$，即 $G'(x)=f(x)$，则由于 $[F(x)-G(x)]'=0$，知 $F(x)-G(x)=C$，即 $G(x)=F(x)+C$，即 $f(x)$ 的任意原函数都可表示成 $F(x)+C$ 的形式，因此，$F(x)+C$ 包含了 $f(x)$ 的所有原函数.

2. 不定积分的概念

定义2 若 $F(x)$ 是 $f(x)$ 的一个原函数，则 $f(x)$ 的全体原函数 $F(x)+C$ 称为

$f(x)$ 的不定积分，记为 $\int f(x)\mathrm{d}x$. 即

$$\int f(x)\mathrm{d}x = F(x) + C .$$

上式中 $\int$ 叫做积分号，$f(x)$ 叫做被积函数，$f(x)\mathrm{d}x$ 叫做被积表达式，x 叫做积分变量，任意常数 C 叫做积分常数.

由定义知，求 $f(x)$ 的不定积分只需求出它的一个原函数，再加上任意常数 C 即可.

例 1 求下列不定积分：

（1）$\int x^2\mathrm{d}x$；（2）$\int \sin x\mathrm{d}x$；（3）$\int \frac{1}{x}\mathrm{d}x$.

解 （1）因为 $\left(\frac{1}{3}x^3\right)' = x^2$，所以 $\int x^2\mathrm{d}x = \frac{1}{3}x^3 + C$.

（2）因为 $(-\cos x)' = \sin x$，所以 $\int \sin x\mathrm{d}x = -\cos x + C$.

（3）因为当 $x > 0$ 时，$(\ln x)' = \frac{1}{x}$，

当 $x < 0$ 时，$$\left[\ln(-x)\right]' = \frac{1}{-x}\cdot(-1) = \frac{1}{x},$$

所以 $$\int \frac{1}{x}\mathrm{d}x = \ln|x| + C .$$

3. 不定积分与微分的关系

求不定积分的方法称为积分法. 以上几例中被积函数的形式比较简单，通过观察即可找出它的一个原函数，但一般来说，被积函数的原函数是不易观察到的，因此，我们要研究寻找原函数的方法. 由原函数和不定积分的定义知微分与积分是互逆的运算，它们之间的关系可表述如下：

（1）$\left[\int f(x)\mathrm{d}x\right]' = f(x)$ 或 $\mathrm{d}\left[\int f(x)\mathrm{d}x\right] = f(x)\mathrm{d}x$；

（2）$\int F'(x)\mathrm{d}x = F(x) + C$ 或 $\int \mathrm{d}F(x) = F(x) + C$.

4.1.2 不定积分的基本积分公式

由基本导数公式可以相应地得到下列基本积分公式.

（1）$\int k\mathrm{d}x = kx + C$ （C 为常数）；

（2）$\int x^\mu\mathrm{d}x = \frac{1}{\mu+1}x^{\mu+1} + C$ （$\mu \neq -1$）；

（3）$\int \frac{1}{x}dx = \ln|x| + C$；

（4）$\int e^x dx = e^x + C$；

（5）$\int a^x dx = \frac{a^x}{\ln a} + C$ （$a > 0$，$a \neq 1$）；

（6）$\int \cos x dx = \sin x + C$；

（7）$\int \sin x dx = -\cos x + C$；

（8）$\int \frac{1}{\cos^2 x} dx = \int \sec^2 x dx = \tan x + C$；

（9）$\int \frac{1}{\sin^2 x} dx = \int \csc^2 x dx = -\cot x + C$；

（10）$\int \sec x \tan x dx = \sec x + C$；

（11）$\int \csc x \cot x dx = -\csc x + C$；

（12）$\int \frac{1}{1+x^2} dx = \arctan x + C$；

（13）$\int \frac{1}{\sqrt{1-x^2}} dx = \arcsin x + C$.

以上基本公式在求积分时经常会用到，因此必须熟记.

4.1.3 不定积分的性质

性质 1 被积函数中非零常数因子可提到积分号外，即

$$\int kf(x)dx = k\int f(x)dx \quad (k \neq 0).$$

性质 2 两个函数代数和的不定积分，等于各函数不定积分的代数和，即

$$\int [f(x) \pm g(x)]dx = \int f(x)dx \pm \int g(x)dx.$$

此性质可推广到有限多个函数的情形.

利用基本积分公式和不定积分的性质可求得一些函数的积分.

例 2 求 $\int (x^3 + 2x^2 - x + 5)dx$.

解
$$\begin{aligned}\int (x^3 + 2x^2 - x + 5)dx &= \int x^3 dx + \int 2x^2 dx - \int x dx + \int 5 dx \\ &= \int x^3 dx + 2\int x^2 dx - \int x dx + 5\int dx \\ &= \frac{1}{4}x^4 + \frac{2}{3}x^3 - \frac{1}{2}x^2 + 5x + C.\end{aligned}$$

说明 逐项积分后，每个积分结果中均含有一个任意常数．由于任意常数之和仍是任意常数，因此不必每一个积分结果都“$+C$”，只要在总的结果中加一个任意常数C就行了．

例 3 求$\int \cot^2 x\mathrm{d}x$．

解 $\int \cot^2 x\mathrm{d}x = \int (\csc^2 x - 1)\mathrm{d}x = \int \csc^2 x\mathrm{d}x - \int \mathrm{d}x = -\cot x - x + C$．

例 4 求$\int \sin^2 \frac{x}{2}\mathrm{d}x$．

解
$$\int \sin^2 \frac{x}{2}\mathrm{d}x = \int \frac{1-\cos x}{2}\mathrm{d}x = \frac{1}{2}\left(\int \mathrm{d}x - \int \cos x\mathrm{d}x\right)$$
$$= \frac{1}{2}x - \frac{1}{2}\sin x + C .$$

例 5 求$\int \frac{1}{x^2(1+x^2)}\mathrm{d}x$．

解
$$\int \frac{1}{x^2(1+x^2)}\mathrm{d}x = \int \left(\frac{1}{x^2} - \frac{1}{1+x^2}\right)\mathrm{d}x$$
$$= \int \frac{1}{x^2}\mathrm{d}x - \int \frac{1}{1+x^2}\mathrm{d}x = -\frac{1}{x} - \arctan x + C .$$

例 3、4、5 在基本积分公式中没有相应的类型，但经过对被积函数的适当变形，化为基本公式所列函数的积分后，便可逐项积分求得结果．

例 6 设某厂生产某种商品的边际收入为$R'(Q) = 500 - 2Q$，其中Q为该商品的产量，如果该产品可在市场上全部售出，求总收入函数．

解 因为$R'(Q) = 500 - 2Q$，两边积分得
$$R(Q) = \int R'(Q)\mathrm{d}Q = \int (500 - 2Q)\mathrm{d}Q$$
$$= 500Q - Q^2 + C ,$$
又因为当$Q = 0$时，总收入$R(0) = 0$，所以$C = 0$．

总收入函数为$R(Q) = 500Q - Q^2$．

4.1.4 不定积分的几何意义

若$F(x)$是$f(x)$的一个原函数，则曲线$y = F(x)$称为$f(x)$的一条积分曲线，将其沿y轴方向任意平行移动，就得到积分曲线族．在每一条积分曲线上横坐标相同的点x处作切线，这些切线都是相互平行的，如图 4.1 所示．

不定积分$\int f(x)\mathrm{d}x$在几何上就表示全体积分曲线所组成的积分曲线族，它们的方程为$y = F(x) + C$．

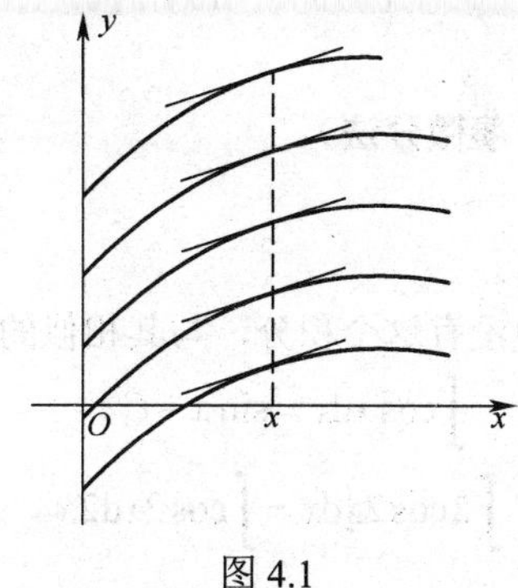

图 4.1

例 7 求过点 $(1,3)$，且在点 (x,y) 处的切线斜率为 $3x^2$ 的曲线方程.

解 设所求曲线方程为 $y=F(x)$，因为 $y'=F'(x)=3x^2$，由不定积分的定义，有

$$F(x)=\int 3x^2\mathrm{d}x=x^3+C,$$

因为所求的曲线过点 $(1,3)$，代入，则 $3=1+C$，即 $C=2$，
于是所求的曲线方程为

$$y=x^3+2.$$

习题 4.1

1．一曲线过点 $(\mathrm{e},2)$，且过曲线上任一点的斜率等于该点横坐标的倒数，求该曲线的方程.

2．求下列不定积分：

（1）$\int 2x\sqrt{x^3}\mathrm{d}x$；　　（2）$\int(3\sin x+2\cos x)\mathrm{d}x$；

（3）$\int(2^x+\sec^2 x)\mathrm{d}x$；　　（4）$\int 3^x\mathrm{e}^x\mathrm{d}x$；

（5）$\int(\sqrt{x}-1)^2\mathrm{d}x$；　　（6）$\int\left(\frac{1-x}{x}\right)^2\mathrm{d}x$；

（7）$\int\left(\frac{2}{x}+\frac{x}{3}\right)^2\mathrm{d}x$；　　（8）$\int\frac{x^3+x-1}{x^2+1}\mathrm{d}x$；

（9）$\int\frac{4+\cos^2 x}{\cos^2 x}\mathrm{d}x$；　　（10）$\int\frac{\cos 2x}{\cos^2 x\sin^2 x}\mathrm{d}x$.

4.2 不定积分的换元积分法

利用基本积分公式及性质，只能求一些简单的积分，对于比较复杂的积分，我们总是设法使其变形，成为能利用基本积分公式的形式，再求出其积分，下面

将介绍换元积分法.

4.2.1 第一类换元积分法（凑微分法）

例 1 求 $\int 2\cos 2x\mathrm{d}x$.

解 在基本积分公式中没有这个积分，与其相似的是

$$\int \cos x\mathrm{d}x = \sin x + C.$$

而

$$\int 2\cos 2x\mathrm{d}x = \int \cos 2x\mathrm{d}2x,$$

作变量代换 $u = 2x$，则有

$$\int \cos 2x\mathrm{d}2x = \int \cos u\mathrm{d}u = \sin u + C.$$

再还原 $2x = u$ 得

$$\int 2\cos 2x\mathrm{d}x = \sin 2x + C.$$

验证：因为 $(\sin 2x + C)' = 2\cos 2x$，所以上述积分结论正确.

由上例可看出，对于不能直接使用基本积分公式求解的积分，若可以通过适当的变量代换将其化成基本公式中已有的形式，求出积分后，再还原为原积分变量. 这种方法称为第一类换元积分法，也称“凑微分”法.

定理 1 设函数 $f(u)$ 连续，$u = \varphi(x)$ 具有连续的导数，且 $\int f(u)\mathrm{d}u = F(u) + C$，则

$$\int f[\varphi(x)]\varphi'(x)\mathrm{d}x = F[\varphi(x)] + C.$$

证 因为 $\int f(u)\mathrm{d}u = F(u) + C$，所以 $F'(u) = f(u)$，于是

$$\begin{aligned}\{F[\varphi(x)]\}' &= F'[\varphi(x)]\cdot\varphi'(x) = F'(u)\cdot\varphi'(x)\\ &= f(u)\cdot\varphi'(x) = f[\varphi(x)]\varphi'(x).\end{aligned}$$

故积分 $\int f[\varphi(x)]\varphi'(x)\mathrm{d}x = F[\varphi(x)] + C$ 成立.

应用定理 1 求不定积分的步骤为

$$\int g(x)\mathrm{d}x = \int f[\varphi(x)]\varphi'(x)\mathrm{d}x \xlongequal{\text{凑微分}} \int f[\varphi(x)]\mathrm{d}\varphi(x)$$

$$\xlongequal[\varphi(x)=u]{\text{变量代换}} \int f(u)\mathrm{d}u = F(u) + C \xlongequal[u=\varphi(x)]{\text{还原}} F[\varphi(x)] + C.$$

例 2 求 $\int (2x+4)^3\mathrm{d}x$.

解 $\int (2x+4)^3\mathrm{d}x = \int \frac{(2x+4)^3}{2}2\mathrm{d}x$

$$\xlongequal{\text{凑微分}}\frac{1}{2}\int(2x+4)^3\,\mathrm{d}(2x+4)\xlongequal[2x+4=u]{\text{变量代换}}\frac{1}{2}\int u^3\,\mathrm{d}u$$

$$=\frac{1}{2}\cdot\frac{1}{3+1}u^{3+1}+C\xlongequal[u=2x+4]{\text{还原}}\frac{1}{8}(2x+4)^4+C.$$

例 3 求$\int x\mathrm{e}^{x^2}\mathrm{d}x$.

解 $\int x\mathrm{e}^{x^2}\mathrm{d}x\xlongequal{\text{凑微分}}\frac{1}{2}\int\mathrm{e}^{x^2}\mathrm{d}x^2\xlongequal[x^2=u]{\text{变量代换}}\frac{1}{2}\int\mathrm{e}^u\mathrm{d}u$

$$=\frac{1}{2}\mathrm{e}^u+C\xlongequal[u=x^2]{\text{还原}}\frac{1}{2}\mathrm{e}^{x^2}+C.$$

在运算熟练后，积分过程中的中间变量 u 可不必写出.

例 4 求$\int\tan x\mathrm{d}x$.

解 $\int\tan x\mathrm{d}x=\int\frac{\sin x}{\cos x}\mathrm{d}x=\int\frac{-1}{\cos x}(-\sin x)\mathrm{d}x$

$$\xlongequal{\text{凑微分}}-\int\frac{1}{\cos x}\mathrm{d}\cos x$$

$$=-\ln|\cos x|+C.$$

类似地，$\int\cot x\mathrm{d}x=\ln|\sin x|+C$.

此外还可以得到一组积分公式：

（1）$\int\frac{\mathrm{d}x}{a^2+x^2}=\frac{1}{a}\arctan\frac{x}{a}+C$ （$a>0$）；

（2）$\int\frac{\mathrm{d}x}{\sqrt{a^2-x^2}}=\arcsin\frac{x}{a}+C$ （$a>0$）；

（3）$\int\frac{1}{x^2-a^2}\mathrm{d}x=\frac{1}{2a}\ln\left|\frac{x-a}{x+a}\right|+C$ （$a\neq0$）；

（4）$\int\csc x\mathrm{d}x=\ln|\csc x-\cot x|+C$；

（5）$\int\sec x\mathrm{d}x=\ln|\sec x+\tan x|+C$.

4.2.2 第二类换元积分法

第一类换元积分法是选择新的变量 $u=\varphi(x)$，但对于某些积分，如$\int\sqrt{a^2-x^2}\mathrm{d}x$，$\int\frac{\mathrm{d}x}{\sqrt{x^2+a^2}}$，$\int\frac{\mathrm{d}x}{1+\sqrt{x}}$等，则需要作相反的代换，即令 $x=\varphi(t)$，为此介绍第二类换元积分法（主要是去掉根号）.

例 5 求$\int\frac{1}{1+\sqrt{x+1}}dx$.

解 此积分的问题是分母含有根式，先作变换把根式去掉.

设$t=\sqrt{x+1}$，则$x=t^2-1$，$dx=2tdt$，于是

$$\int\frac{dx}{1+\sqrt{x+1}}=\int\frac{2tdt}{1+t}=2\int\frac{t+1-1}{t+1}dt=2\int\left(1-\frac{1}{t+1}\right)dt$$

$$=2\int dt-2\int\frac{1}{t+1}d(t+1)$$

$$=2t-2\ln|t+1|+C=2\sqrt{x+1}-2\ln(\sqrt{x+1}+1)+C.$$

从例 5 中可知，对不能用基本公式、性质和凑微分法求解的不定积分，若能选择适当的变换将$\int f(x)dx$变为$\int f[\varphi(t)]\varphi'(t)dt$，而后者易求得，这就是第二类换元积分法.

定理 2 设$x=\varphi(t)$是单调可导的函数，且$\varphi'(t)\neq 0$，且

$$\int f[\varphi(t)]\varphi'(t)dt=F(t)+C,$$

那么

$$\int f(x)dx=\int f[\varphi(t)]\varphi'(t)dt=F(t)+C=F[\varphi^{-1}(x)]+C.$$

应用第二类换元积分法求不定积分的步骤为

$$\int f(x)dx\xlongequal[x=\varphi(t)]{\text{换元}}\int f[\varphi(t)]\varphi'(t)dt=\int g(t)dt=F(t)+C$$

$$\xlongequal[\varphi(t)=x]{\text{还原}}F[\varphi^{-1}(x)]+C.$$

例 6 求$\int\frac{x}{\sqrt{2x+1}}dx$.

解 为消去根式，令$\sqrt{2x+1}=t$，则$x=\frac{t^2-1}{2}$，$dx=tdt$，

于是

$$\int\frac{x}{\sqrt{2x+1}}dx=\int\frac{t^2-1}{2t}tdt=\frac{1}{2}\int(t^2-1)dt=\frac{1}{2}\left(\frac{1}{3}t^3-t\right)+C$$

$$=\frac{1}{6}\left(\sqrt{2x+1}\right)^3-\frac{1}{2}\sqrt{2x+1}+C.$$

例 7 求$\int\sqrt{a^2-x^2}dx$（$a>0$）.

解 令$x=a\sin u\left(-\frac{\pi}{2}<u<\frac{\pi}{2}\right)$，则$dx=a\cos u\,du$，$\sqrt{a^2-x^2}=a\cos u$，于是

$$\int\sqrt{a^2-x^2}\,\mathrm{d}x=\int a^2\cos^2 u\,\mathrm{d}u$$

$$=a^2\int\frac{1+\cos 2u}{2}\mathrm{d}u=\frac{a^2}{2}u+\frac{a^2}{4}\sin 2u+C.$$

为把u还原成x的函数，作一个辅助直角三角形，如图 4.2 所示，于是

$$\cos u=\frac{\sqrt{a^2-x^2}}{a},$$

$$\sin 2u=2\sin u\cdot\cos u$$

$$=2\cdot\frac{x}{a}\cdot\frac{\sqrt{a^2-x^2}}{a}.$$

因此$\int\sqrt{a^2-x^2}\,\mathrm{d}x=\frac{a^2}{2}\arcsin\frac{x}{a}+\frac{1}{2}x\sqrt{a^2-x^2}+C$.

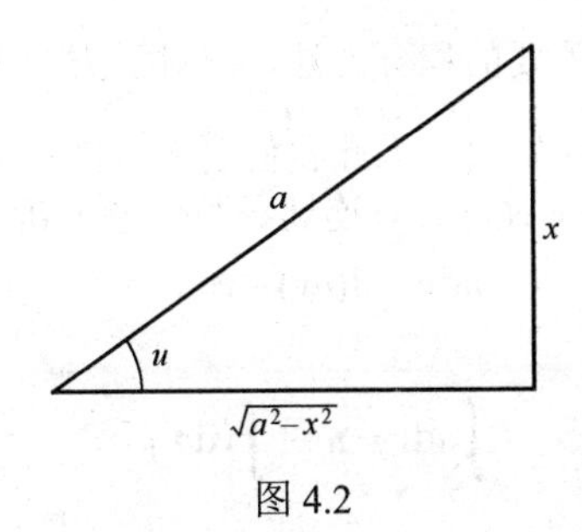

图 4.2

类似地还可得到下列公式：

（6）$\int\frac{\mathrm{d}x}{\sqrt{x^2+a^2}}=\ln\left|x+\sqrt{x^2+a^2}\right|+C$ （$a>0$）（可令$x=a\tan u$）；

（7）$\int\frac{\mathrm{d}x}{\sqrt{x^2-a^2}}=\ln\left|x+\sqrt{x^2-a^2}\right|+C$ （$a>0$）（可令$x=a\sec u$）.

以上（1）～（7）可作为公式，例 5 及例 6 为根式代换，例 7 所用的变换称为三角代换，这是第二类换元积分法常用的变量代换.

习题 4.2

1．求下列不定积分：

（1）$\int(1-3x)^3\mathrm{d}x$；　　（2）$\int\cos(3x-2)\mathrm{d}x$；

（3）$\int\frac{x}{\sqrt{3-x^2}}\mathrm{d}x$；　　（4）$\int\frac{3x^2}{1+x^3}\mathrm{d}x$；

（5）$\int x\mathrm{e}^{-x^2}\mathrm{d}x$；　　（6）$\int 5^{2x+3}\mathrm{d}x$；

（7）$\int \frac{x}{\sqrt{x-1}}\mathrm{d}x$；（8）$\int \frac{\mathrm{e}^{\arcsin x}}{\sqrt{1-x^2}}\mathrm{d}x$；

（9）$\int \frac{\sec^2 x}{1+\tan x}\mathrm{d}x$；（10）$\int \frac{1}{x\sqrt{1+\ln x}}\mathrm{d}x$；

2．求下列不定积分：

（1）$\int \frac{1}{1+\sqrt{3x}}\mathrm{d}x$；（2）$\int \frac{x}{\sqrt{x^2+4x+5}}\mathrm{d}x$；

（3）$\int \frac{\mathrm{d}x}{\sqrt{1+\mathrm{e}^x}}$；（4）$\int \frac{\sqrt{x^2+1}}{x}\mathrm{d}x$；

4.3 分部积分法

换元积分法是一个很重要的积分方法，但对于类似于 $\int x^2\cdot \mathrm{e}^x \mathrm{d}x$ 和 $\int \sin x\cdot \mathrm{e}^x \mathrm{d}x$ 的积分，换元积分法就无法解决，为此我们引入分部积分法．

定义 设 $u=u(x)$，$v=v(x)$ 具有连续导数，由于 $\mathrm{d}(uv)=v\mathrm{d}u+u\mathrm{d}v$，移项，得

$$u\mathrm{d}v=\mathrm{d}(uv)-v\mathrm{d}u .$$

两边对 x 积分，得

$$\int u\mathrm{d}v=uv-\int v\mathrm{d}u ,$$

或

$$\int uv'\mathrm{d}x=uv-\int vu'\mathrm{d}x .$$

这就是分部积分法公式，它可以将求 $\int uv'\mathrm{d}x$ 的积分转化为求 $\int vu'\mathrm{d}x$ 的积分．

例 1 求 $\int x\cos x\mathrm{d}x$．

解 $\int x\cos x\mathrm{d}x=\int x\mathrm{d}(\sin x)$，设 $u=x$，$v=\sin x$，

由分部积分公式，得

$$\int x\cos x\mathrm{d}x=x\sin x-\int \sin x\mathrm{d}x=x\sin x+\cos x+C .$$

若将原式写为 $\int \cos x\mathrm{d}\left(\frac{1}{2}x^2\right)$，令 $u=\cos x$，$v=\frac{1}{2}x^2$，则

$$\int x\cos x\mathrm{d}x=\frac{x^2}{2}\cos x+\int \frac{x^2}{2}\sin x\mathrm{d}x .$$

显然上式右端的积分比原积分更难求，这种转化无意义．

由此可见，应用分部积分法的关键在于恰当地选取 u 和 v．在运算熟练后，可不必写出 u，v．

例 2　求 $\int x^2 e^x dx$.

解　$\int x^2 e^x dx = \int x^2 d(e^x) = x^2 e^x - \int e^x d(x^2)$

$$= x^2 e^x - 2\int x e^x dx.$$

其中对 $\int x e^x dx$ 再用一次分部积分公式，即

$$\int x e^x dx = \int x d(e^x) = x e^x - \int e^x dx$$
$$= x e^x - e^x + C.$$

于是

$$\int x^2 e^x dx = x^2 e^x - 2x e^x + 2e^x + C$$
$$= e^x (x^2 - 2x + 2) + C.$$

例 3　求 $\int x^2 \ln x dx$.

解　$\int x^2 \ln x \, dx = \int \ln x \, d\left(\frac{x^3}{3}\right) = \frac{x^3}{3}\ln x - \int \frac{x^3}{3} d(\ln x)$

$$= \frac{x^3}{3}\ln x - \int \frac{x^2}{3} dx = \frac{x^3}{3}\ln x - \frac{x^3}{9} + C.$$

例 4　求 $\int x \arctan x dx$.

解　$\int x \arctan x dx = \int \arctan x d\left(\frac{x^2}{2}\right) = \frac{x^2}{2}\arctan x - \int \frac{x^2}{2} d(\arctan x)$

$$= \frac{x^2}{2}\arctan x - \frac{1}{2}\int \frac{x^2}{1+x^2} dx$$
$$= \frac{x^2}{2}\arctan x - \frac{1}{2}\int \left(1 - \frac{1}{1+x^2}\right) dx$$
$$= \frac{x^2}{2}\arctan x - \frac{1}{2}x + \frac{1}{2}\arctan x + C.$$

例 5　求 $\int e^x \cos x dx$.

解　$\int e^x \cos x dx = \int \cos x de^x = e^x \cos x - \int e^x d(\cos x)$

$$= e^x \cos x + \int e^x \sin x dx = e^x \cos x + \int \sin x de^x$$
$$= e^x \cos x + e^x \sin x - \int e^x d(\sin x)$$
$$= e^x (\cos x + \sin x) - \int e^x \cos x dx.$$

移项得　$$2\int e^x \cos x dx = e^x (\cos x + \sin x) + C_1,$$

于是 $$\int e^x \cos x dx = \frac{1}{2}e^x(\cos x + \sin x) + C .$$

其中 $C = \frac{1}{2}C_1$.

分部积分的关键是选“ u ”，如何选择，有规律可循，即

（1） $\int x^n \cdot e^{ax} dx$ ， $\int x^n \cdot \sin ax dx$ ， $\int x^n \cdot \cos bx dx$ ，可令 $u = x^n$ ；

（2） $\int x^n \cdot \ln x dx, \int x^n \cdot \arctan x dx, \int x^n \cdot \arcsin x dx$ ，可令 $u = \ln x$ ， $u = \arcsin x$ ， $u = \arctan x$ ；

（3） $\int e^{ax} \cdot \sin bx dx$ ， $\int e^{ax} \cdot \cos bx dx$ ，设 $u = e^{ax}$ ， $u = \sin bx$ ， $u = \cos bx$ 均可.

在计算积分时，有时需要同时使用换元积分法与分部积分法.

例 6 求 $\int e^{\sqrt{x}} dx$.

解 令 $\sqrt{x} = u$, 于是 $x = u^2$ ， $dx = 2udu$.

$$\begin{aligned}\int e^{\sqrt{x}} dx &= \int e^u \cdot 2udu = 2\int ude^u \\ &= 2\left(ue^u - \int e^u du\right) = 2(ue^u - e^u) + C \\ &= 2e^{\sqrt{x}}\left(\sqrt{x} - 1\right) + C .\end{aligned}$$

习题 4.3

求下列不定积分：

（1） $\int xe^{2x} dx$ ；（2） $\int x \sin 2x dx$ ；

（3） $\int x \arcsin x dx$ ；（4） $\int x^2 \cos x dx$ ；

（5） $\int \frac{\arctan x \cdot e^{\arctan x}}{1+x^2} dx$ ；（6） $\int \ln x dx$ ；

（7） $\int x^2 \sin^2 x dx$ ；（8） $\int e^{\sqrt{x}} dx$ ；

4.4 积分表的使用

上面介绍了常见函数类型的积分方法．对于更广泛的常用函数类型的积分，为实际工作应用方便，把它们的积分公式汇集成表，称为积分表（见附录），这样对于较复杂的积分可从表中查得结果．如果所求积分与积分表中的公式不完全相同，则可通过或是代换或恒等变形化为表中的类型.

例 1 求 $\int \frac{x}{(3x+4)^2} dx$.

解　在积分表中查得公式

$$\int \frac{x}{(ax+b)^2}\mathrm{d}x = \frac{1}{a^2}\left(\ln|ax+b| + \frac{b}{ax+b}\right) + C,$$

在此，$a=3$，$b=4$．所以

$$\int \frac{x}{(3x+4)^2}\mathrm{d}x = \frac{1}{9}\left(\ln|3x+4| + \frac{4}{3x+4}\right) + C.$$

本章小结

1．原函数与不定积分的概念

设函数 $f(x)$ 定义在某区间上，如果存在一个函数 $F(x)$，使得对于该区间上每一点都有

$$F'(x) = f(x) \text{ 或 } \mathrm{d}F(x) = f(x)\mathrm{d}x,$$

则称 $F(x)$ 为 $f(x)$ 在该区间上的一个原函数．

$f(x)$ 的不定积分就是 $f(x)$ 的全部原函数，即

$$\int f(x)\mathrm{d}x = F(x) + C.$$

2．不定积分的性质

（1）不定积分与求导数或微分互为逆运算；

（2）两个函数和的不定积分等于各自不定积分之和；

（3）被积函数的非零常数因子可提到积分号外．

3．换元积分法

第一类换元积分法又叫凑微分法：$\int f(u)\mathrm{d}u = F(u) + C$，则

$$\int f[\varphi(x)]\varphi'(x)\mathrm{d}x = \int f[\varphi(x)]\mathrm{d}\varphi(x) = F[\varphi(x)] + C.$$

其中 $\varphi(x)$ 可导，$\varphi'(x)$ 连续．

第二类换元积分法主要是去根号：设 $x=\varphi(t)$ 是单调可导函数，且 $\varphi'(t) \neq 0$，则

$$\int f(x)\mathrm{d}x = \int f[\varphi(t)]\varphi'(t)\mathrm{d}t = F(t) + C = F\left[\varphi^{-1}(x)\right] + C.$$

4．分部积分法关键是选 u

$$\int u\mathrm{d}v = uv - \int v\mathrm{d}u.$$

选 u 有一个口诀：指多弦多只选多，反多对多不选多，指弦同在可任选（选中不变）．指是指数函数，多是多项式，弦是正弦、余弦，反是反三角函数，对是对数函数．

5．积分表

通常不定积分的计算比较灵活，计算量较大，为此，把一些常用的积分公式

汇集在一起，组成一个积分表，以备查找.

复习题 4

1．用适当的方法求下列不定积分：

（1）$\int\frac{\ln x}{x^3}\mathrm{d}x$；　（2）$\int\frac{\mathrm{d}x}{x\sqrt{1+\ln^2 x}}$；

（3）$\int x^3\sqrt[5]{1-3x^4}\mathrm{d}x$；　（4）$\int\frac{\mathrm{e}^{\arctan x}}{1+x^2}\mathrm{d}x$；

（5）$\int\ln(1+x^2)\mathrm{d}x$；　（6）$\int\frac{\cos^2 x}{\sin x}\mathrm{d}x$；

（7）$\int\frac{1}{1+2\tan x}\mathrm{d}x$；　（8）$\int\mathrm{e}^x\sin 2x\mathrm{d}x$；

（9）$\int\sin\sqrt[3]{x}\mathrm{d}x$；　（10）$\int\frac{\mathrm{d}x}{1+\cos x}$.

2．设 $f(x)$ 有连续的导数，求 $\int[f(x)+xf'(x)]\mathrm{d}x$.

3．利用积分表求下列积分：

（1）$\int\sqrt{16-3x^2}\mathrm{d}x$；　（2）$\int\mathrm{e}^{-2x}\sin 3x\mathrm{d}x$；

（3）$\int\frac{\mathrm{d}x}{2+5\cos x}$；　（4）$\int\ln^3 x\mathrm{d}x$.

自测题 4

1．填空题

（1）若 $\int f(x)\mathrm{d}x=F(x)+C$，则 $\int xf(x^2)\mathrm{d}x=$________________；

（2）若 $\int f(x)\mathrm{d}x=\mathrm{e}^{-x^2}+C$，则 $f(x)=$________________；

（3）$\int\frac{\mathrm{e}^{\sqrt{x}}}{\sqrt{x}}\mathrm{d}x=$________________.

2．选择题

（1）若 $f(x)$ 的一个原函数为 $\ln x$，则 $f'(x)=$（　　）.

A．$x\ln x$；　B．$\ln x$；

C．$\frac{1}{x}$；　D．$-\frac{1}{x^2}$.

（2）如果 $f'(x)$ 存在，则 $\left(\int\mathrm{d}f(x)\right)'=$（　　）.

A．$f(x)$；　B．$f'(x)$；

C. $f(x)+C$；　　　　D. $f'(x)+C$.

（3）$\sqrt{x}$ 是（　　）的一个原函数.

A. $\dfrac{1}{\sqrt{x}}$；　　　　B. $2\sqrt{x}$；

C. $\dfrac{1}{2\sqrt{x}}$；　　　　D. $\sqrt{x^3}$.

3．计算下列不定积分：

（1）$\int x\sqrt{2-3x^2}\mathrm{d}x$；　　　　（2）$\int \dfrac{2-\ln x}{x}\mathrm{d}x$；

（3）$\int x^2\mathrm{e}^{-2x}\mathrm{d}x$；　　　　（4）$\int x\cos 2x\mathrm{d}x$；

（5）$\int x\sec^2 x\mathrm{d}x$；　　　　（6）$\int \ln^2 x\mathrm{d}x$.

第 5 章　定积分

本章学习目标

- 理解定积分的概念和意义
- 掌握定积分的运算规则和性质
- 熟练掌握和应用牛顿—莱布尼兹公式
- 熟练掌握定积分的计算方法
- 了解无限区间上广义积分的定义和计算

5.1　定积分的概念与性质

5.1.1　引出定积分概念的实例

例 1　曲边梯形的面积.

由曲线 $y=f(x)$（$f(x)\geqslant 0$），x 轴及直线 $x=a$，$x=b$ 所围成的平面图形称为曲边梯形（如图 5.1 所示），现在计算它的面积 A.

对于一般的曲边梯形，其高度 $f(x)$ 在 $[a,b]$ 上是变化的，因而不能直接按矩形面积公式来计算. 然而，由于 $f(x)$ 在 $[a,b]$ 上是连续变化的，在很小的一段区间上它的变化很小，因此，如果通过分割曲边梯形的底边 $[a,b]$ 将整个曲边梯形分成若干个小曲边梯形，如图 5.2 所示，用每一个小矩形的面积来近似代替小曲边梯形的面积，将所有的小矩形面积求和，就是曲边梯形面积 A 的近似值，显然，底边 $[a,b]$ 分割得越细，近似程度就越高，因此，无限地细分 $[a,b]$，使每个小区间的长度趋于零，面积的近似值就转化为精确值.

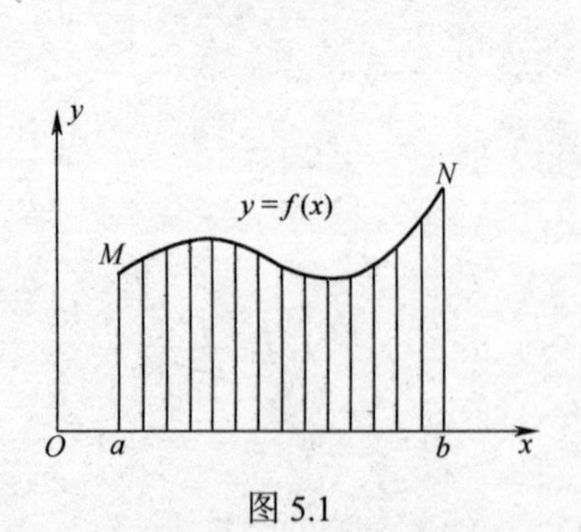

图 5.1

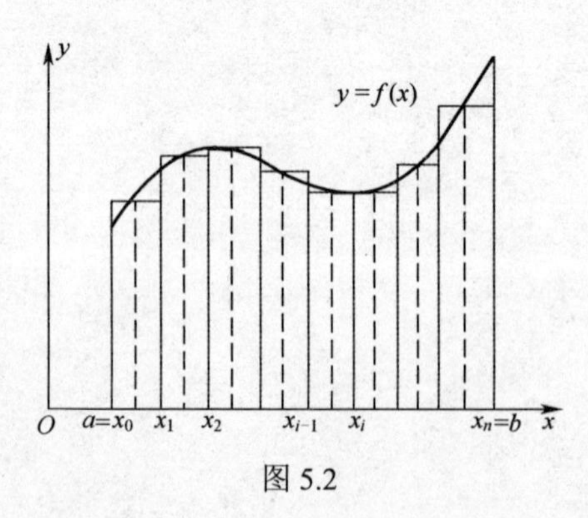

图 5.2

根据上面的分析，曲边梯形的面积可按如下四步计算（如图 5.2 所示）：

（1）分割．

用分点 $a=x_0<x_1<\cdots<x_{n-1}<x_n=b$ 把区间 $[a,b]$ 任意分成 n 个小区间，

$$[x_0,x_1],[x_1,x_2],[x_2,x_3],\cdots,[x_{n-1},x_n].$$

每个小区间的长度为

$$\Delta x_i=x_i-x_{i-1}\ （i=1,2,\cdots,n），$$

相应地，把曲边梯形分成 n 个小曲边梯形，设它们的面积为 ΔA_i $(i=1,2,\cdots,n)$．

（2）近似代替．

对于第 i 个小曲边梯形，在小区间 $[x_{i-1},x_i]$ 上任取一点 ξ_i，得到以 $[x_{i-1},x_i]$ 为底，$f(\xi_i)$ 为高的小矩形，用小矩形的面积 $f(\xi_i)\Delta x_i$ 近似代替小曲边梯形的面积 ΔA_i，即

$$\Delta A_i\approx f(\xi_i)\Delta x_i\ （i=1,2,\cdots,n）.$$

（3）求和．

将 n 个小矩形面积求和，如图 5.2 中各矩形的面积，即得曲边梯形面积 A 的近似值，即

$$A\approx f(\xi_1)\Delta x_1+f(\xi_2)\Delta x_2+\cdots+f(\xi_n)\Delta x_n$$
$$=\sum_{i=1}^{n}f(\xi_i)\Delta x_i.$$

（4）取极限．

当分点数 n 无限加大时，小区间中最大区间长度 $\lambda=\max\limits_{1\le i\le n}\{\Delta x_i\}$ 趋于零．则当 $\lambda\to 0$ 时，和式 $\sum\limits_{i=1}^{n}f(\xi_i)\Delta x_i$ 的极限便是曲边梯形的面积 A，即

$$A=\lim_{\lambda\to 0}\sum_{i=1}^{n}f(\xi_i)\Delta x_i.$$

5.1.2　定积分的概念

定义 1　设函数 $f(x)$ 在区间 $[a,b]$ 上有界，任意用分点

$$a=x_0<x_1<\cdots<x_{n-1}<x_n=b$$

把区间 $[a,b]$ 分成 n 个小区间

$$[x_0,x_1],[x_1,x_2],[x_2,x_3],\cdots,[x_{n-1},x_n],$$

在每一个小区间 $[x_{i-1},x_i]$ 上任取一点 ξ_i，作和

$$\sum_{i=1}^{n}f(\xi_i)\Delta x_i,$$

称为积分和．记小区间中最大区间长度为 $\lambda=\max\limits_{1\le i\le n}\{\Delta x_i\}$，如果当 $\lambda\to 0$ 时，上述和式的极限存在，则称函数 $f(x)$ 在区间 $[a,b]$ 上可积，并称此极限值为 $f(x)$ 在区间

$[a,b]$上的定积分，记为$\int_a^b f(x)\mathrm{d}x$，即

$$\int_a^b f(x)\mathrm{d}x = \lim_{\lambda \to 0}\sum_{i=1}^{n} f(\xi_i)\Delta x_i \ .$$

其中$\int$称做积分号，$f(x)$称做被积函数，$f(x)\mathrm{d}x$称做被积表达式，x称做积分变量，区间$[a,b]$称做积分区间，a与b分别称做积分下限与积分上限.

根据定积分的定义，前面所举的例子中，曲边梯形的面积A是函数$y=f(x)$，（$f(x)\geqslant 0$）在区间$[a,b]$上的定积分，即

$$A=\int_a^b f(x)\mathrm{d}x \ .$$

关于定积分的定义，有以下几点说明：

（1）函数$f(x)$在区间$[a,b]$上可积是指定积分$\int_a^b f(x)\mathrm{d}x$存在，即不论对区间$[a,b]$怎样划分及点ξ_i如何选取，当$\lambda \to 0$时，和式$\sum\limits_{i=1}^{n} f(\xi_i)\Delta x_i$的极限值都唯一存在．如果该极限不存在，则说明函数$f(x)$在区间$[a,b]$上不可积；若函数$f(x)$在区间$[a,b]$上连续，或只有有限个第一类间断点，则$f(x)$在区间$[a,b]$上可积.

（2）定积分表示一个数值，它只与被积函数和积分区间$[a,b]$有关，而与积分变量用何字母表示无关，即

$$\int_a^b f(x)\mathrm{d}x = \int_a^b f(u)\mathrm{d}u = \int_a^b f(t)\mathrm{d}t \ .$$

（3）在定义中曾假定$a<b$，为今后运用方便规定：

1）$\int_a^b f(x)\mathrm{d}x = -\int_b^a f(x)\mathrm{d}x$（换限变号）；

2）$\int_a^a f(x)\mathrm{d}x = 0$.

5.1.3 定积分的几何意义

由例 1 及定积分的定义可知，当$f(x)\geqslant 0$时，定积分$\int_a^b f(x)\mathrm{d}x$表示由曲线$y=f(x)$，直线$x=a$，$x=b$与x轴所围成的曲边梯形的面积A，即

$$\int_a^b f(x)\mathrm{d}x = A \ .$$

一般地，当$f(x)$在区间$[a,b]$上的值有正有负时，定积分$\int_a^b f(x)\mathrm{d}x$在几何上表示曲线$y=f(x)$，直线$x=a$，$x=b$与x轴围成的在x轴上方和下方曲边梯形面积的差．例如，对于图 5.3，此时

$$\int_a^b f(x)\mathrm{d}x = (A_1 + A_3) - (A_2 + A_4) = A_1 - A_2 + A_3 - A_4 .$$

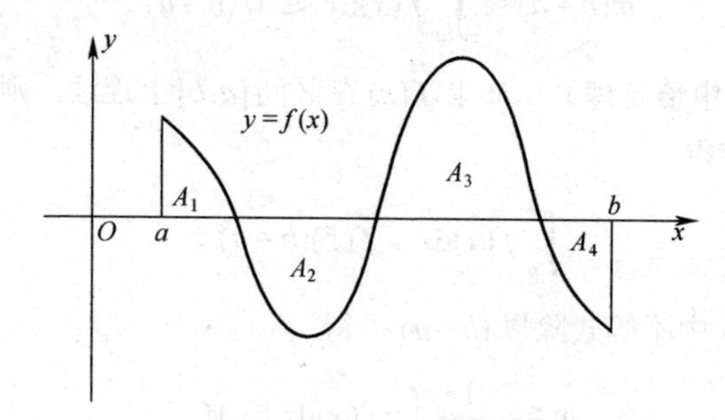

图 5.3

5.1.4 定积分的基本性质

在以下性质中，假定函数 $f(x)$，$g(x)$ 均可积.

性质 1 两个函数代数和（或差）的定积分等于它们定积分的代数和（或差），即

$$\int_a^b [f(x) \pm g(x)]\mathrm{d}x = \int_a^b f(x)\mathrm{d}x \pm \int_a^b g(x)\mathrm{d}x .$$

此性质可推广到有限多个函数和（或差）的情形.

性质 2 被积函数的常数因子可以提到积分号外，即

$$\int_a^b kf(x)\mathrm{d}x = k\int_a^b f(x)\mathrm{d}x \qquad (k\text{ 是常数}).$$

性质 3 对任意的点 c，则有

$$\int_a^b f(x)\mathrm{d}x = \int_a^c f(x)\mathrm{d}x + \int_c^b f(x)\mathrm{d}x .$$

这个性质称为定积分的积分区间可加性.

注意 不论 a，b，c 相对位置如何，即不论 $x \in [a,b]$ 还是 $x \notin [a,b]$，只要 $f(x)$ 在相应区间上可积，总有这个性质成立.

性质 4 如果在区间 $[a,b]$ 上 $f(x) = 1$，则

$$\int_a^b 1 \cdot \mathrm{d}x = \int_a^b \mathrm{d}x = b - a .$$

性质 5 如果在区间 $[a,b]$ 上，$f(x) \geqslant g(x)$，则

$$\int_a^b f(x)\mathrm{d}x \geqslant \int_a^b g(x)\mathrm{d}x .$$

性质 6（定积分估值定理） 设 M 和 m 分别是 $f(x)$ 在区间 $[a,b]$ 上的最大值与

最小值，则

$$m(b-a)\leqslant\int_a^b f(x)\mathrm{d}x\leqslant M(b-a).$$

性质 7（积分中值定理） 如果 $f(x)$ 在区间 $[a,b]$ 上连续，则在区间 $[a,b]$ 上至少存在一点 ξ，使得

$$\int_a^b f(x)\mathrm{d}x=f(\xi)(b-a).$$

证 将性质 6 中不等式除以 $(b-a)$，得

$$m\leqslant\frac{1}{b-a}\int_a^b f(x)\mathrm{d}x\leqslant M.$$

由于 $f(x)$ 在区间 $[a,b]$ 上连续，由介值定理知，在 $[a,b]$ 上至少存在一点 ξ，使

$$\frac{1}{b-a}\int_a^b f(x)\mathrm{d}x=f(\xi).$$

两端同乘以 $(b-a)$，即得所要证的等式.

定积分中值定理的几何意义是，在 $[a,b]$ 上至少存在一点 ξ，使得以区间 $[a,b]$ 为底边，以曲线 $y=f(x)$ 为曲边的曲边梯形的面积等于同底边而高为 $f(\xi)$ 的矩形面积（图 5.4）.

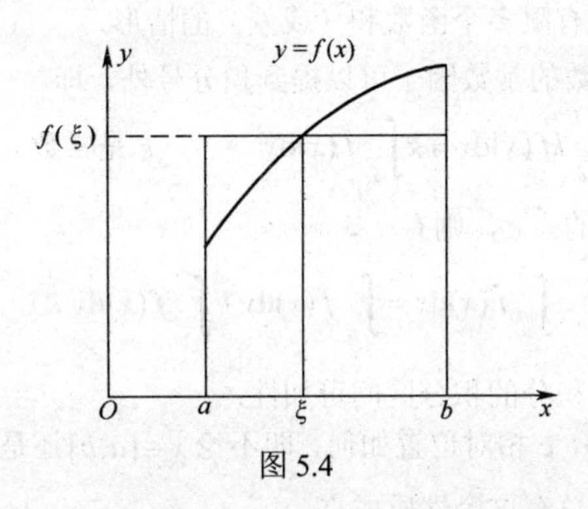

图 5.4

由几何意义可以看出，数值 $\frac{1}{b-a}\int_a^b f(x)\mathrm{d}x$ 表示连续曲线 $f(x)$ 在区间 $[a,b]$ 上的平均高度，即函数 $f(x)$ 在区间 $[a,b]$ 上的平均值，这是有限个数算术平均值概念的推广，所以应用定积分才有可能求出连续函数在闭区间上的平均值.

例 2 估计定积分 $\int_{-1}^1 \mathrm{e}^{-x^2}\mathrm{d}x$ 的值.

解 定积分 $\int_{-1}^1 \mathrm{e}^{-x^2}\mathrm{d}x$ 不能用通常的积分法来求得，但我们可以利用定积分的

性质来估计它的值.

先求 $\int_{-1}^{1} e^{-x^2}dx$ 在 $[-1,1]$ 上的最大值与最小值．因为 $f'(x)=-2xe^{-x^2}$ ，令 $f'(x)=0$ 得驻点 $x=0$，比较函数在驻点及区间端点处的值

$$f(0)=1，\quad f(\pm 1)=e^{-1}=\frac{1}{e}，$$

故在 $[-1,1]$ 上， $f(x)=e^{-x^2}$ 的最大值 $M=f(0)=1$，最小值 $m=f(\pm 1)=\frac{1}{e}$，于是根据性质 6 得

$$\frac{2}{e}\leqslant\int_{-1}^{1} e^{-x^2}dx\leqslant 2 .$$

习题 5.1

1．一曲边梯形由曲线 $y=2x^2+3$， x 轴及 $x=-1$， $x=2$ 所围成，试列出用定积分表示该曲边梯形的面积的表达式.

2．利用定积分的几何意义，计算下列积分：

（1） $\int_0^1 2x\mathrm{d}x$；　　（2） $\int_0^a \sqrt{a^2-x^2}\mathrm{d}x$；

（3） $\int_0^{2\pi} \sin x\mathrm{d}x$；　　（4） $\int_a^b k\mathrm{d}x$.

3．设 $f(x)$ 是 $[a,b]$ 上的单调增加的有界函数，证明：

$$f(a)(b-a)\leqslant\int_a^b f(x)\mathrm{d}x\leqslant f(b)(b-a).$$

4．比较下列定积分的大小：

（1） $\int_0^1 x^2\mathrm{d}x$ 与 $\int_0^1 x^3\mathrm{d}x$；　　（2） $\int_0^1 x^3\mathrm{d}x$ 与 $\int_1^2 x^3\mathrm{d}x$.

5．估计下列定积分的值：

（1） $\int_2^5 (x^2+4)\mathrm{d}x$；　　（2） $\int_{\frac{\pi}{4}}^{\frac{5\pi}{4}} \sqrt{1+\sin^2 x}\mathrm{d}x$.

5.2　微积分学的基本定理

如果函数 $f(x)$ 在区间 $[a,b]$ 上可积，利用定积分的定义来计算 $\int_a^b f(x)\mathrm{d}x$ 是很困难的，有时甚至是不可能的．因此，必须寻求计算定积分的简便而有效的方法，由牛顿－莱布尼兹（Newton-Leibniz）提出的微积分基本定理则把定积分和不定积分两个不同的概念联系起来，解决了定积分的计算问题.

5.2.1 变上限的定积分

设函数 $f(x)$ 在区间 $[a,b]$ 上连续，对任意的 $x\in[a,b]$，$f(x)$ 在区间 $[a,x]$ 上连续且可积，定积分 $\int_a^x f(t)\mathrm{d}t$ 的值依赖于上限 x，显然，当 x 在 $[a,b]$ 上变动时，对应每一个 x 值，积分 $\int_a^x f(t)\mathrm{d}t$ 就有一个确定的值，因此 $\int_a^x f(t)\mathrm{d}t$ 是变上限 x 的一个函数，记作 $I(x)$，即

$$I(x)=\int_a^x f(t)\mathrm{d}t \qquad (a\leqslant x\leqslant b).$$

通常称函数 $I(x)$ 为变上限积分函数或变上限定积分.

定理 1 设函数 $f(x)$ 在区间 $[a,b]$ 上连续，则函数 $I(x)=\int_a^x f(t)\mathrm{d}t$，（$x\in[a,b]$）可导，且

$$I'(x)=\frac{\mathrm{d}}{\mathrm{d}x}\int_a^x f(t)\mathrm{d}t=f(x) \quad (a\leqslant x\leqslant b). \tag{5.2.1}$$

证 对于函数 $I(x)$，当自变量 x 取得增量 Δx 时，相应地，函数有增量

$$\begin{aligned}\Delta I=I(x+\Delta x)-I(x)&=\int_a^{x+\Delta x} f(t)\mathrm{d}t-\int_a^x f(t)\mathrm{d}t\\&=\int_a^x f(t)\mathrm{d}t+\int_x^{x+\Delta x} f(t)\mathrm{d}t-\int_a^x f(t)\mathrm{d}t\\&=\int_x^{x+\Delta x} f(t)\mathrm{d}t.\end{aligned}$$

由定积分中值定理，可得

$$\Delta I=\int_x^{x+\Delta x} f(t)\mathrm{d}t=f(\xi)\Delta x,$$

其中 ξ 介于 x 与 $x+\Delta x$ 之间，于是

$$\frac{\Delta I}{\Delta x}=f(\xi).$$

当 $\Delta x\to 0$ 时，$\xi\to x$，又由函数 $f(x)$ 的连续性，得

$$I'(x)=\lim_{\Delta x\to 0}\frac{\Delta I}{\Delta x}=\lim_{\xi\to x}f(x).$$

由定理 1 可知，如果函数 $f(x)$ 在区间 $[a,b]$ 上连续，则函数 $I(x)=\int_a^x f(t)\mathrm{d}t$ 就是 $f(x)$ 在区间 $[a,b]$ 上的一个原函数．同时也表明了连续函数的原函数一定存在，这样就解决了上一章留下来的原函数的存在问题．

例 1 设 $f(x)=\int_0^x \mathrm{e}^{-t}\cdot\sin 2t^2\mathrm{d}t$，求 $f'(x)$．

解 由（5.2.1）式可得 $f'(x)=\mathrm{e}^{-x}\cdot\sin 2x^2$.

5.2.2 微积分学基本定理

定理 2 设函数 $f(x)$ 在区间 $[a,b]$ 上连续，如果 $F(x)$ 是 $f(x)$ 的一个原函数，则

$$\int_a^b f(x)\mathrm{d}x = F(b)-F(a) . \tag{5.2.2}$$

证 因为 $f(x)$ 在区间 $[a,b]$ 上连续，由定理 1 知，$I(x)=\int_a^x f(t)\mathrm{d}t$ 是 $f(x)$ 的一个原函数，因而与 $F(x)$ 相差一个常数，即

$$\int_a^x f(t)\mathrm{d}t - F(x) = C .$$

当 $x=a$ 时，$\int_a^a f(t)\mathrm{d}t=0$，故有 $C=-F(a)$.

于是

$$\int_a^x f(t)\mathrm{d}t = F(x)-F(a) .$$

再令 $x=b$，得

$$\int_a^b f(t)\mathrm{d}t = F(b)-F(a) ,$$

或

$$\int_a^b f(x)\mathrm{d}x = F(b)-F(a) .$$

公式（5.2.2）也称为牛顿－莱布尼兹公式，它揭示了定积分与被积函数的原函数或不定积分的联系，也为定积分 $\int_a^b f(x)\mathrm{d}x$ 的计算提供了有效的计算方法，即只需求出 $f(x)$ 在区间 $[a,b]$ 上的一个原函数 $F(x)$，然后计算 $F(b)-F(a)$ 即可.

牛顿－莱布尼兹公式也可记为

$$\int_a^b f(x)\mathrm{d}x = F(x)\Big|_a^b = F(b)-F(a) .$$

例 2 计算 $\int_1^2 3x^2\mathrm{d}x$.

解 因 $(x^3)'=3x^2$，所以由牛顿－莱布尼兹公式，得

$$\int_1^2 3x^2\mathrm{d}x = x^3\Big|_1^2 = 2^3-1^3 = 8-1 = 7 .$$

例 3 计算 $\int_0^{\frac{\pi}{3}}\cos x\mathrm{d}x$.

解 因为 $(\sin x)'=\cos x$，所以

$$\int_0^{\frac{\pi}{3}}\cos x\mathrm{d}x=\sin x\Big|_0^{\frac{\pi}{3}}=\sin\frac{\pi}{3}-\sin 0=\frac{\sqrt{3}}{2}.$$

例 4 计算 $\int_0^1\frac{4}{1+x^2}\mathrm{d}x$.

解 因为 $(\arctan x)'=\frac{1}{1+x^2}$，所以

$$\int_0^1\frac{4}{1+x^2}\mathrm{d}x=4\arctan x\Big|_0^1$$

$$=4(\arctan 1-\arctan 0)=4\left(\frac{\pi}{4}-0\right)=\pi.$$

定积分的计算，一般在求出不定积分（原函数）的基础上，应用牛顿－莱布尼兹公式即可，有时还需用到积分的性质．

例 5 计算 $\int_0^2 f(x)\mathrm{d}x$，其中 $f(x)=\begin{cases}2x, & 0\leqslant x\leqslant 1,\\ 5x, & 1<x\leqslant 2.\end{cases}$

解 $\int_0^2 f(x)\mathrm{d}x=\int_0^1 f(x)\mathrm{d}x+\int_1^2 f(x)\mathrm{d}x$

$$=\int_0^1 2x\mathrm{d}x+\int_1^2 5x\mathrm{d}x=x^2\Big|_0^1+\frac{5}{2}x^2\Big|_1^2=\frac{17}{2}.$$

例 6 计算由曲线 $y=x^2$、直线 $x=2$ 与 x 轴围成的图形的面积 A.

解 由定积分的几何意义，得

$$A=\int_0^2 x^2\mathrm{d}x=\frac{1}{3}x^3\Big|_0^2=\frac{8}{3}.$$

习题 5.2

1．求函数 $I(x)=\int_1^x t\cos^2 t\mathrm{d}t$ 在点 $x=1$， $x=\frac{\pi}{2}$ 处的导数.

2．设函数 $f(x)$ 在区间 $[a,b]$ 上连续，那么积分下限函数 $\int_x^b f(t)\mathrm{d}t$ 的导数等于什么？并求函数 $\int_x^{-1}\sqrt[3]{t}\cdot\ln(t^2+1)\mathrm{d}t$ 的导数.

3．利用定积分基本公式计算下列定积分：

（1）$\int_1^3 x^3\mathrm{d}x$；　　（2）$\int_{\frac{\sqrt{3}}{3}}^1\frac{2}{1+x^2}\mathrm{d}x$；

（3）$\int_4^9\sqrt{x}(1+\sqrt{x})\mathrm{d}x$；　　（4）$\int_{-\frac{1}{2}}^{\frac{1}{2}}\frac{1}{\sqrt{1-x^2}}\mathrm{d}x$；

（5）$\int_{\frac{\pi}{6}}^{\frac{\pi}{4}} \frac{1}{\sin^2 x}\mathrm{d}x$；（6）$\int_0^2 |1-x|\mathrm{d}x$；

（7）$\int_{-2}^2 x\sqrt{x^2}\mathrm{d}x$；（8）$\int_0^{\pi} \sqrt{\cos^2 x}\mathrm{d}x$.

4．某曲线在任一点处的切线斜率等于该点横坐标的倒数，且通过点$(1,\ln 2)$，求此曲线的方程.

5．一曲边梯形由$y=x^2-1$，x轴和直线$x=-1$，$x=\frac{1}{2}$所围成，求此曲边梯形的面积A.

6．计算下列极限：

（1）$\lim\limits_{x\to 0}\frac{\int_0^x \cos^2 t\mathrm{d}t}{x}$；（2）$\lim\limits_{x\to 0}\frac{\int_0^x \sqrt{1+t^2}\mathrm{d}t}{x}$.

5.3 定积分的积分方法

与不定积分的基本积分方法相对应，定积分也有换元法和分部法.

5.3.1 定积分的换元积分法

定理 设函数$f(x)$在区间$[a,b]$上连续，若函数$x=\varphi(t)$，它满足下列三个条件：

（1）$\varphi(\alpha)=a$，$\varphi(\beta)=b$；

（2）当t在$[\alpha,\beta]$（或$[\beta,\alpha]$）上变化时，$x=\varphi(t)$的值在$[a,b]$上变化；

（3）$\varphi(t)$在区间$[\alpha,\beta]$（或$[\beta,\alpha]$）上具有连续导数.

则有

$$\int_a^b f(x)\mathrm{d}x=\int_{\alpha}^{\beta} f[\varphi(t)]\varphi'(t)\mathrm{d}t.$$

定理中的条件是为了保证两端的被积函数在相应的区间上连续，从而可积. 应用中，我们强调指出：换元必换限，（原）上限对（新）上限，（原）下限对（新）下限，定积分的换元积分法可以对应不定积分的换元积分法.

用第一类换元积分法即凑微分法计算一些定积分时，一般可以不引入中间变量，只需将不定积分的结果（只取一个原函数）代入积分上下限作差即可.

例 1 计算$\int_0^{\frac{\pi}{2}} 5\sin^4 x\cos x\mathrm{d}x$.

解 $\int_0^{\frac{\pi}{2}} 5\sin^4 x\cos x\mathrm{d}x=\int_0^{\frac{\pi}{2}} 5\sin^4 x\mathrm{d}(\sin x)=\sin^5 x\Big|_0^{\frac{\pi}{2}}=1$.

例 2 计算 $\int_1^e \frac{4}{x(1+\ln x)}\mathrm{d}x$.

解 $\int_1^e \frac{4}{x(1+\ln x)}\mathrm{d}x=\int_1^e \frac{4}{1+\ln x}\mathrm{d}(1+\ln x)=4\ln\left|1+\ln x\right|_1^e=4\ln 2$.

用第二类换元积分法计算定积分时，由于引入了新的积分变量，因此，必须根据引入的变量代换，相应地变换积分限．下面举例说明：

例 3 计算 $\int_0^3 \frac{x}{\sqrt{1+x}}\mathrm{d}x$.

解 令 $\sqrt{1+x}=t$ ，则 $x=t^2-1$，$\mathrm{d}x=2t\mathrm{d}t$ ，当 $x=0$ 时，$t=1$；当 $x=3$ 时，$t=2$ ，于是有

$$\int_0^3 \frac{x}{\sqrt{1+x}}\mathrm{d}x=\int_1^2 \frac{t^2-1}{t}\cdot 2t\mathrm{d}t=2\int_1^2 (t^2-1)\mathrm{d}t$$

$$=2\left(\frac{1}{3}t^3-t\right)\Bigg|_1^2=2\frac{2}{3}.$$

例 4 计算 $\int_0^a \sqrt{a^2-x^2}\mathrm{d}x$ （$a>0$）.

解 令 $x=a\sin t\left(-\frac{\pi}{2}\leqslant t\leqslant\frac{\pi}{2}\right)$，则 $\mathrm{d}x=a\cos t\mathrm{d}t$.

当 $x=0$ 时，$t=0$；当 $x=a$ 时，$t=\frac{\pi}{2}$，所以

$$\int_0^a \sqrt{a^2-x^2}\mathrm{d}x=\int_0^{\frac{\pi}{2}} a^2\cos^2 t\mathrm{d}t=\frac{a^2}{2}\int_0^{\frac{\pi}{2}}(1+\cos 2t)\mathrm{d}t$$

$$=\frac{a^2}{2}\left(t+\frac{1}{2}\sin 2t\right)\Bigg|_0^{\frac{\pi}{2}}=\frac{\pi a^2}{4}.$$

例 5 计算 $\int_0^8 \frac{1}{1+\sqrt[3]{x}}\mathrm{d}x$.

解 令 $\sqrt[3]{x}=t$ ，则 $x=t^3$ ，当 $x=0$ 时，$t=0$；当 $x=8$ 时，$t=2$ ，于是

$$\int_0^8 \frac{1}{1+\sqrt[3]{x}}\mathrm{d}x=\int_0^2 \frac{3t^2}{1+t}\mathrm{d}t=3\int_0^2 \frac{t^2-1+1}{1+t}\mathrm{d}t$$

$$=3\left[\frac{t^2}{2}-t+\ln(1+t)\right]_0^2=3\ln 3.$$

例 6 设 $f(x)$ 在对称区间 $[-a,a]$ 上连续，证明：

（1）若 $f(x)$ 为偶函数，则有 $\int_{-a}^a f(x)\mathrm{d}x=2\int_0^a f(x)\mathrm{d}x$;

（2）若 $f(x)$ 为奇函数，则有 $\int_{-a}^{a} f(x)\mathrm{d}x=0$.

证 $\int_{-a}^{a} f(x)\mathrm{d}x=\int_{-a}^{0} f(x)\mathrm{d}x+\int_{0}^{a} f(x)\mathrm{d}x$,

对定积分 $\int_{-a}^{0} f(x)\mathrm{d}x$ 作代换 $x=-t$ 得

$$\int_{-a}^{0} f(x)\mathrm{d}x=-\int_{a}^{0} f(-t)\mathrm{d}t=\int_{0}^{a} f(-t)\mathrm{d}t$$

$$=\int_{0}^{a} f(-x)\mathrm{d}x,$$

于是

$$\int_{-a}^{a} f(x)\mathrm{d}x=\int_{0}^{a} f(x)\mathrm{d}x+\int_{0}^{a} f(-x)\mathrm{d}x$$

$$=\int_{0}^{a}[f(x)+f(-x)]\mathrm{d}x.$$

（1）若 $f(x)$ 为偶函数，即 $f(-x)=f(x)$ ，则

$$\int_{-a}^{a} f(x)\,\mathrm{d}x=\int_{0}^{a}[f(x)+f(-x)]\mathrm{d}x=\int_{0}^{a} 2f(x)\mathrm{d}x=2\int_{0}^{a} f(x)\mathrm{d}x .$$

（2）若 $f(x)$ 为奇函数，即 $f(-x)=-f(x)$ ，则

$$\int_{-a}^{a} f(x)\mathrm{d}x=\int_{0}^{a}[f(x)+f(-x)]\mathrm{d}x=\int_{0}^{a}[f(x)-f(x)]\mathrm{d}x=0 .$$

此题的结论在今后定积分的计算中可以直接应用.

例如 $\int_{-\pi}^{\pi} x^3\cos x\mathrm{d}x$ ，因为 $x^3\cos x$ 为奇函数，所以 $\int_{-\pi}^{\pi} x^3\cos x\mathrm{d}x=0$. 在应用此结论时，除了考察被积函数的奇偶性外，还要注意积分区间必须是关于原点对称的.

5.3.2 定积分的分部积分法

设函数 $u=u(x)$，$v=v(x)$ 在 $[a,b]$ 上连续可导，则

$$\mathrm{d}(uv)=u\mathrm{d}v+v\mathrm{d}u ,$$

移项得

$$u\mathrm{d}v=\mathrm{d}(uv)-v\mathrm{d}u .$$

两边取 x 由 a 到 b 的积分，就得到定积分的分部积分公式

$$\int_{a}^{b} u\mathrm{d}v=(uv)\big|_{a}^{b}-\int_{a}^{b} v\mathrm{d}u .$$

应用分部积分公式计算定积分时，只要在不定积分的结果中代入上下限作差即可. 若同时使用了换元积分法，则要根据引入的变量代换相应地变换积分上下限.

例 7 计算 $\int_{0}^{1} x\mathrm{e}^{x}\mathrm{d}x$.

解 $\int_0^1 xe^x dx = \int_0^1 x de^x = (xe^x)\big|_0^1 - \int_0^1 e^x dx$

$$= e - (e^x)\big|_0^1 = e - (e-1) = 1 .$$

例 8 计算 $\int_{\frac{1}{e}}^{e} |\ln x| dx$.

解 先应用定积分的性质去掉被积函数中的绝对值符号，再用分部积分公式，

$$\int_{\frac{1}{e}}^{e} |\ln x| dx = \int_{\frac{1}{e}}^{1} (-\ln x) dx + \int_1^e \ln x dx$$

$$= (-x\ln x)\big|_{\frac{1}{e}}^{1} - \int_{\frac{1}{e}}^{1} x \cdot \left(-\frac{1}{x}\right) dx + (x\ln x)\big|_1^e - \int_1^e x \cdot \frac{1}{x} dx$$

$$= -\frac{1}{e} + \int_{\frac{1}{e}}^{1} dx + e - \int_1^e dx = 2\left(1 - \frac{1}{e}\right).$$

例 9 计算 $\int_{-2}^{1} e^{\sqrt{x+3}} dx$.

解 此例属综合题，令 $\sqrt{x+3} = t$ ，则 $x = t^2 - 3$，$dx = 2tdt$.
当 $x = -2$ 时，$t = 1$；当 $x = 1$ 时，$t = 2$ ，
于是

$$\int_{-2}^{1} e^{\sqrt{x+3}} dx = \int_1^2 e^t \cdot 2tdt = 2\int_1^2 te^t dt$$

$$= 2(te^t)\big|_1^2 - 2\int_1^2 e^t dt = 2(2e^2 - e) - 2e^t\big|_1^2 = 2e^2 .$$

最后，我们来看一个通过建立递推公式计算定积分的例子.

例 10 计算 $I_n = \int_0^{\frac{\pi}{2}} \sin^n x dx$（$n$ 为正整数）.

解 当 $n = 0$ 时，$I_0 = \int_0^{\frac{\pi}{2}} dx = \frac{\pi}{2}$ ；

当 $n = 1$ 时，$I_1 = \int_0^{\frac{\pi}{2}} \sin x dx = -\cos x\big|_0^{\frac{\pi}{2}} = 1$ ；

当 $n \geqslant 2$ 时，由分部积分公式得

$$I_n = \int_0^{\frac{\pi}{2}} \sin^n x dx = \int_0^{\frac{\pi}{2}} \sin^{n-1} x d(-\cos x)$$

$$= -\cos x \sin^{n-1} x\big|_0^{\frac{\pi}{2}} + (n-1)\int_0^{\frac{\pi}{2}} \sin^{n-2} x \cos^2 x dx$$

$$= (n-1)\int_0^{\frac{\pi}{2}} \sin^{n-2} x(1 - \sin^2 x) dx$$

$$= (n-1)\int_0^{\frac{\pi}{2}} \sin^{n-2} x\mathrm{d}x - (n-1)\int_0^{\frac{\pi}{2}} \sin^n x\mathrm{d}x$$

$$= (n-1)I_{n-2} - (n-1)I_n .$$

由此得到递推公式

$$I_n = \frac{n-1}{n} I_{n-2} .$$

通过这个递推公式，可得以下结果：

$$I_n = \begin{cases} \dfrac{n-1}{n}\cdot\dfrac{n-3}{n-2}\cdot\cdots\cdot\dfrac{3}{4}\cdot\dfrac{1}{2}\cdot\dfrac{\pi}{2} = \dfrac{(n-1)!!}{n!!}\cdot\dfrac{\pi}{2}, & \text{当}n\text{为偶数时}, \\ \dfrac{n-1}{n}\cdot\dfrac{n-3}{n-2}\cdot\cdots\cdot\dfrac{4}{5}\cdot\dfrac{2}{3}\cdot 1 = \dfrac{(n-1)!!}{n!!}, & \text{当}n\text{为奇数时}. \end{cases}$$

这里 $n!!$ 表示 n 的双阶乘，n 为偶数时，

$$n!! = n\cdot(n-2)\cdot\cdots\cdot 4\cdot 2 ;$$

当 n 为奇数时，

$$n!! = n\cdot(n-2)\cdot\cdots\cdot 3\cdot 1 .$$

$I_n = \int_0^{\frac{\pi}{2}} \cos^n x\mathrm{d}x$ 也有相同的结果.

这个结果在计算定积分时可直接使用，例如：

$$\int_0^{\frac{\pi}{2}} \sin^5 x\,\mathrm{d}x = \frac{4}{5}\cdot\frac{2}{3}\cdot 1 = \frac{8}{15} .$$

$$\int_0^{\frac{\pi}{2}} \cos^6 x\mathrm{d}x = \frac{5}{6}\cdot\frac{3}{4}\cdot\frac{1}{2}\cdot\frac{\pi}{2} = \frac{5}{32}\pi .$$

习题 5.3

1．计算下列定积分：

（1）$\int_0^1 \frac{\sqrt{x}}{2-\sqrt{x}}\mathrm{d}x$；（2）$\int_0^3 \frac{x}{1+\sqrt{1+x}}\mathrm{d}x$；

（3）$\int_0^1 \sqrt{4-x^2}\mathrm{d}x$；（4）$\int_0^1 \frac{1}{1+\mathrm{e}^x}\mathrm{d}x$；

（5）$\int_0^1 \frac{1}{\mathrm{e}^x+\mathrm{e}^{-x}}\mathrm{d}x$；（6）$\int_{-2}^0 \frac{\mathrm{d}x}{x^2+2x+2}$；

（7）$\int_{-2}^{-1} \frac{\mathrm{d}x}{(11+5x)^3}$；（8）$\int_0^{\frac{\pi}{2}} \cos^5 x\sin 2x\mathrm{d}x$；

（9）$\int_1^{\mathrm{e}^3} \frac{\mathrm{d}x}{x\sqrt{1+\ln x}}$；（10）$\int_0^1 \mathrm{e}^{x+\mathrm{e}^x}\mathrm{d}x$.

2．利用函数的奇偶性计算下列定积分：

（1）$\int_{-\pi}^{\pi} x^4 \sin^3 x\mathrm{d}x$；　　（2）$\int_{-3}^{3} \frac{x^2 \arctan x}{1+x^2}\mathrm{d}x$；

（3）$\int_{-5}^{5} \frac{x^3 \sin^2 x}{1+x^2+x^4}\mathrm{d}x$；　　（4）$\int_{-\frac{\pi}{2}}^{\frac{\pi}{2}} \frac{\mathrm{d}x}{1+\cos x}$．

3．设 $f(x)$ 为连续函数，证明：

（1）$\int_{-a}^{a} f(x^2)\mathrm{d}x = 2\int_{0}^{a} f(x^2)\mathrm{d}x$；　　（2）$\int_{0}^{a} f(x)\mathrm{d}x = \int_{0}^{a} f(a-x)\mathrm{d}x$；

（3）$\int_{-b}^{b} f(x)\mathrm{d}x = \int_{-b}^{b} f(-x)\mathrm{d}x$；　　（4）$\int_{0}^{\frac{\pi}{2}} f(\sin x)\mathrm{d}x = \int_{0}^{\frac{\pi}{2}} f(\cos x)\mathrm{d}x$．

4．计算下列定积分：

（1）$\int_{0}^{1} x\mathrm{e}^{-2x}\mathrm{d}x$；　　（2）$\int_{1}^{\mathrm{e}} t\ln t\mathrm{d}t$；

（3）$\int_{0}^{\frac{\pi}{2}} \mathrm{e}^{2x}\cos x\mathrm{d}x$；　　（4）$\int_{0}^{1} x\arctan x\mathrm{d}x$；

（5）$\int_{-\frac{\pi}{2}}^{\frac{\pi}{2}} x^2\cos x\mathrm{d}x$；　　（6）$\int_{1}^{\mathrm{e}} \sin(\ln x)\mathrm{d}x$．

5.4　广义积分

前面所讨论的定积分，其积分区间都是有限区间．然而，在实际问题中，常常会遇到积分区间为无穷区间的积分．

定义 1　设 $f(x)$ 在 $[a,+\infty)$ 上连续，取 $b>a$，极限 $\lim\limits_{b\to+\infty}\int_{a}^{b} f(x)\mathrm{d}x$ 称为 $f(x)$ 在无穷区间 $[a,+\infty)$ 上的积分．记作 $\int_{a}^{+\infty} f(x)\mathrm{d}x$，即

$$\int_{a}^{+\infty} f(x)\mathrm{d}x = \lim_{b\to+\infty}\int_{a}^{b} f(x)\mathrm{d}x .$$

若上式等号右端的极限存在，则称此无穷区间上的积分 $\int_{a}^{+\infty} f(x)\mathrm{d}x$ 收敛，否则称之发散．

类似地，定义 $f(x)$ 在无穷区间 $(-\infty,b]$ 上的积分为

$$\int_{-\infty}^{b} f(x)\mathrm{d}x = \lim_{a\to-\infty}\int_{a}^{b} f(x)\mathrm{d}x .$$

若上式等号右端的极限存在，则称之收敛，否则称之发散．

函数在无穷区间 $(-\infty,+\infty)$ 上的积分定义为

$$\int_{-\infty}^{+\infty} f(x)\mathrm{d}x = \int_{-\infty}^{c} f(x)\mathrm{d}x + \int_{c}^{+\infty} f(x)\mathrm{d}x ,$$

其中，c为任意实数，当上式右端的两个积分都收敛时，则称之收敛，否则称之发散.

无穷区间上的积分也称为无穷积分.

例 1 计算无穷积分$\int_0^{+\infty} e^{-x}dx$.

解 $\int_0^{+\infty} e^{-x}dx = \lim\limits_{b\to+\infty}\int_0^b e^{-x}dx = \lim\limits_{b\to+\infty}(-e^{-x})\Big|_0^b = \lim\limits_{b\to+\infty}\left(-\frac{1}{e^b}+1\right)=1$.

为了书写方便，在计算过程中可不写极限符号，用记号$F(x)\Big|_a^{+\infty}$表示$\lim\limits_{x\to+\infty}[F(x)-F(a)]$，这样例 1 可写为

$$\int_0^{+\infty} e^{-x}dx = (-e^{-x})\Big|_0^{+\infty} = 0+1=1.$$

例 2 计算无穷积分$\int_0^{+\infty}\frac{1}{1+x^2}dx$.

解 $\int_0^{+\infty}\frac{1}{1+x^2}dx = \arctan x\Big|_0^{+\infty} = \frac{\pi}{2}-0=\frac{\pi}{2}$.

例 3 计算无穷积分$\int_{-\infty}^{+\infty}\frac{1}{1+x^2}dx$.

解
$$\begin{aligned}\int_{-\infty}^{+\infty}\frac{1}{1+x^2}dx &= \int_{-\infty}^{0}\frac{1}{1+x^2}dx+\int_0^{+\infty}\frac{1}{1+x^2}dx\\ &= \arctan x\Big|_{-\infty}^0+\arctan x\Big|_0^{+\infty}\\ &= \left[0-\left(-\frac{\pi}{2}\right)\right]+\left(\frac{\pi}{2}-0\right)=\pi.\end{aligned}$$

例 4 计算无穷积分$\int_0^{+\infty} te^{-pt}dt$（$p$是常数，且$p>0$）.

解
$$\begin{aligned}\int_0^{+\infty} te^{-pt}dt &= -\frac{1}{p}\int_0^{+\infty} td(e^{-pt})\\ &= -\frac{1}{p}\left(te^{-pt}\Big|_0^{+\infty}-\int_0^{+\infty}e^{-pt}dt\right)\\ &= -\frac{1}{p}te^{-pt}\Big|_0^{+\infty}-\frac{1}{p^2}e^{-pt}\Big|_0^{+\infty}\\ &= -\frac{1}{p}(\lim_{t\to+\infty}te^{-pt}-0)-\frac{1}{p^2}(0-1)=\frac{1}{p^2}.\end{aligned}$$

注意上式中极限$\lim\limits_{t\to+\infty}te^{-pt}$是未定式，可用洛必达法则确定.

例 5 讨论无穷积分$\int_1^{+\infty}\frac{1}{x^p}dx$的收敛性.

解 当 $p=1$ 时，$\int_1^{+\infty}\frac{1}{x}\mathrm{d}x=\ln|x|\Big|_1^{+\infty}=+\infty$；

当 $p\neq1$ 时，$\int_1^{+\infty}\frac{1}{x^p}\mathrm{d}x=\frac{x^{1-p}}{1-p}\Bigg|_1^{+\infty}=\begin{cases}+\infty, & p<1,\\ \frac{1}{p-1}, & p>1.\end{cases}$

即，当 $p\leqslant1$ 时，该积分发散；

当 $p>1$ 时，该积分收敛.

习题 5.4

讨论下列无穷积分的收敛性，若收敛，求其值.

（1）$\int_1^{+\infty}\frac{1}{x^4}\mathrm{d}x$；（2）$\int_0^{+\infty}\mathrm{e}^{-\lambda t}\mathrm{d}t$ （$\lambda>0$）；

（3）$\int_{-\infty}^{+\infty}\frac{2x}{x^2+1}\mathrm{d}x$；（4）$\int_{\mathrm{e}}^{+\infty}\frac{\mathrm{d}x}{x(\ln x)^2}$.

本章小结

1．定积分的概念

$$\int_a^b f(x)\mathrm{d}x=\lim_{\lambda\to0}\sum_{i=1}^{n}f(\xi_i)\Delta x_i .$$

2．定积分的性质

在定积分计算及应用中很重要，此外，以下结论在定积分的计算中也有重要应用：

（1）定积分的值仅依赖于被积函数和积分区间，与积分变量的选取无关.

（2）交换定积分的上、下限，定积分变号；特别地有 $\int_a^a f(x)\mathrm{d}x=0$.

（3）对于定义在对称区间 $[-a,a]$ 上的连续奇（偶）函数 $f(x)$，有

$$\int_{-a}^{a}f(x)\mathrm{d}x=\begin{cases}0, & \text{当}f(x)\text{为奇函数},\\ 2\int_0^a f(x)\mathrm{d}x, & \text{当}f(x)\text{为偶函数}.\end{cases}$$

3．变上限的定积分

若函数 $f(x)$ 在区间 $[a,b]$ 上连续，则函数

$$I(x)=\int_a^x f(t)\mathrm{d}t ,\quad x\in[a,b]$$

是以 x 为上限的定积分，其导数等于被积函数在上限 x 处的值，一般地，如果 $g(x)$ 可导，则

$$\left(\int_a^{g(x)} f(t)\mathrm{d}t\right)' = f[g(x)]\cdot g'(x) .$$

4．牛顿一莱布尼兹公式

设函数 $f(x)$ 在 $[a,b]$ 上连续，如果 $F(x)$ 是 $f(x)$ 的一个原函数，则

$$\int_a^b f(x)\mathrm{d}x = F(x)\Big|_a^b = F(b)-F(a) .$$

5．定积分的计算

（1）定积分的换元积分法：用换元积分法计算定积分时，注意换元换限，下限对下限，上限对上限.

（2）定积分的分部积分法：$\int_a^b u\mathrm{d}v = uv\Big|_a^b - \int_a^b v\mathrm{d}u$.

6．无穷区间上的广义积分

无穷区间上的广义积分和无界函数的广义积分，原则上把它化为一个定积分，再通过求极限的方法确定该广义积分是否收敛，在广义积分收敛时，就求出了该广义积分的值.

复习题 5

1．用适当的方法求下列不定积分：

（1）$\int \frac{\ln x}{x^3}\mathrm{d}x$；　　（2）$\int \frac{x^3}{\sqrt{4-x^2}}\mathrm{d}x$；

（3）$\int \frac{\mathrm{e}^{\arctan x}}{1+x^2}\mathrm{d}x$；　　（4）$\int \frac{\cos^2 x}{\sin x}\mathrm{d}x$；

（5）$\int \ln(1+x^2)\mathrm{d}x$.

2．用适当的方法求下列定积分：

（1）$\int_0^{\pi} \mathrm{e}^x\cdot\sin 2x\mathrm{d}x$；　　（2）$\int_0^{\pi} \sin^4\frac{x}{2}\mathrm{d}x$；

（3）$\int_1^4 \frac{\mathrm{d}x}{\sqrt{x}(1+x)}$；　　（4）$\int_0^1 x(1+2x^2)^3\mathrm{d}x$.

3．当 k 为何值时，积分 $\int_2^{+\infty}\frac{\mathrm{d}x}{x(\ln x)^k}$ 收敛？又 k 为何值时积分发散？

4．设函数 $f(x)$ 以 T 为周期，试证明

$$\int_a^{a+T} f(x)\mathrm{d}x = \int_0^T f(x)\mathrm{d}x \text{（}a\text{ 为常数）}.$$

5．一曲边梯形由 $y=x^2-1$，x 轴和直线 $x=-1$，$x=\frac{1}{2}$ 所围成，求此曲边梯形的面积 A.

自测题 5

1．填空题

（1）比较大小，$\int_0^1 x^2 \mathrm{d}x$ ________ $\int_0^1 x^3 \mathrm{d}x$；

（2）$\int_{-a}^{a} (3\sin x - \sin^3 x)\mathrm{d}x =$ ________；

（3）$\dfrac{\mathrm{d}}{\mathrm{d}x}\int_0^{x^2} \sqrt{1+t}\,\mathrm{d}t =$ ________；

（4）$\int_{\mathrm{e}}^{+\infty} \dfrac{\mathrm{d}x}{x(\ln x)} =$ ________.

2．选择题

（1）$\int_0^3 |2-x|\mathrm{d}x =$（　）.

A．$\dfrac{5}{2}$；　　B．$\dfrac{1}{2}$；　　C．$\dfrac{3}{2}$；　　D．$\dfrac{2}{3}$.

（2）如果 $f'(x)$ 存在，则 $\left(\int \mathrm{d} f(x)\right)' =$（　　）.

A．$f(x)$；　　B．$f'(x)$；

C．$f(x)+C$；　　D．$f'(x)+C$.

（3）下列广义积分收敛的是（　　）.

A．$\int_1^{+\infty} \mathrm{e}^{-x}\mathrm{d}x$；　　B．$\int_1^{+\infty} \dfrac{\mathrm{d}x}{x}$；

C．$\int_1^{+\infty} \sin x\mathrm{d}x$；　　D．$\int_{\mathrm{e}}^{+\infty} \dfrac{1}{x\ln x}\mathrm{d}x$.

3．计算下列定积分：

（1）$\int_0^1 \dfrac{x^2}{x^2+1}\mathrm{d}x$；　　（2）$\int_0^1 \dfrac{1}{\sqrt{x+2}}\mathrm{d}x$；

（3）$\int_0^1 x^2\sqrt{1-x^2}\mathrm{d}x$；　　（4）$\int_0^2 x\mathrm{e}^{2x}\mathrm{d}x$；

（5）$\int_0^1 \arctan x\mathrm{d}x$.

第 6 章　定积分的应用

本章学习目标

- 了解微元法的思想
- 会求平面图形的面积以及旋转体的体积
- 会由边际收益、边际成本、边际利润求总收益、总成本、总利润等经济问题

6.1　定积分的几何应用

6.1.1　定积分应用的微元法

微元法是运用定积分解决实际问题的常用方法，我们回顾一下解决曲边梯形面积的四个步骤，其中关键是第二步，即确定 $\Delta A_i \approx f(\xi_i)\cdot\Delta x_i$，其形式 $f(\xi_i)\cdot\Delta x_i$ 与积分式中的被积式 $f(x)\mathrm{d}x$ 具有相同的形式．如果把 ξ_i 用 x 替代，Δx_i 用 $\mathrm{d}x$ 替代，这样我们把求曲边梯形面积的四个步骤简化成为两步：

（1）选取积分变量（如 x），确定其范围，如 $x\in[a,b]$，在其上任取一个子区间 $[x,x+\mathrm{d}x]$；

（2）以点 x 处的函数值 $f(x)$ 为高，$\mathrm{d}x$ 为底的矩形面积作为 ΔA 的近似值（如图 6.1 中阴影部分所示），即

$$\Delta A \approx f(x)\mathrm{d}x\ .$$

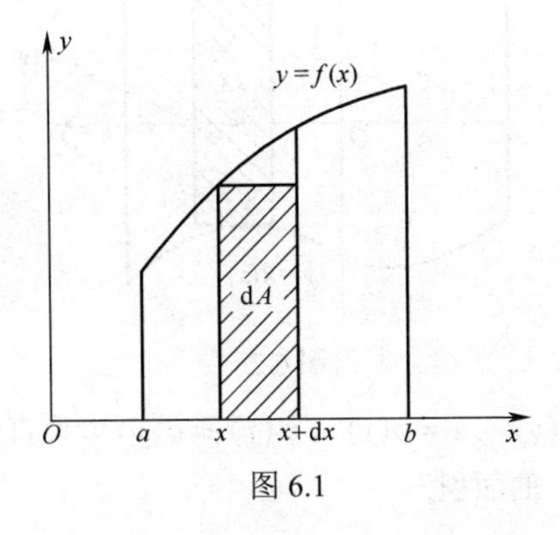

图 6.1

其中 $f(x)\mathrm{d}x$ 叫做面积微元，记为

$$\mathrm{d}A = f(x)\mathrm{d}x\ .$$

于是面积 A 为

$$A = \int_a^b \mathrm{d}A = \int_a^b f(x)\mathrm{d}x\ .$$

对一般的定积分问题，所求量 A 的积分表达式，可按以下步骤确定：

（1）根据实际情况建立坐标系，确定积分变量（如 x ）及其变化区间 $[a,b]$，找出 A 在 $[a,b]$ 内任意小区间 $[x,x+\mathrm{d}x]$ 上部分量 ΔA 的近似值 $\mathrm{d}A = f(x)\mathrm{d}x$；

（2）将 $\mathrm{d}A$ 在 $[a,b]$ 上求定积分，即 $A = \int_a^b \mathrm{d}A = \int_a^b f(x)\,\mathrm{d}x$.

这个方法通常称为微元分析法，简称微元法．微元法在自然科学研究和生产实践中有着广泛的应用．

6.1.2 用定积分求平面图形的面积

1．在直角坐标系下平面图形的面积

我们利用微元法求平面图形的面积．下面根据几种不同的情况，给出计算平面图形的面积的定积分表达式．

（1）由曲线 $y = f(x)$， $y = g(x)$（ $f(x) \geqslant g(x)$ ）及直线 $x = a$ ， $x = b$ 所围的图形（如图 6.2）的面积为

$$A = \int_a^b \left[f(x) - g(x) \right] \mathrm{d}x\ ,$$

其中面积的微元为

$$\mathrm{d}A = \left[f(x) - g(x) \right] \mathrm{d}x\ .$$

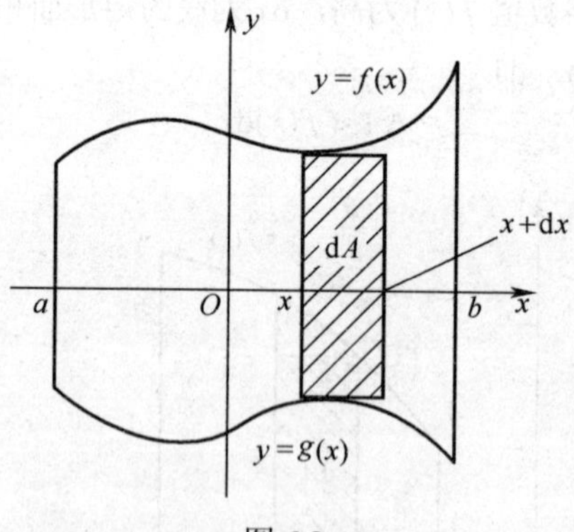

图 6.2

（2）由曲线 $x = \psi(y)$， $x = \varphi(y)$ （ $\psi(y) \geqslant \varphi(y)$ ）及直线 $y = c$， $y = d$ 所围成的平面图形（如图 6.3）的面积为

$$A=\int_c^d[\psi(y)-\varphi(y)]\mathrm{d}y\ .$$

其中面积的微元为

$$\mathrm{d}A=[\psi(y)-\varphi(y)]\mathrm{d}y\ .$$

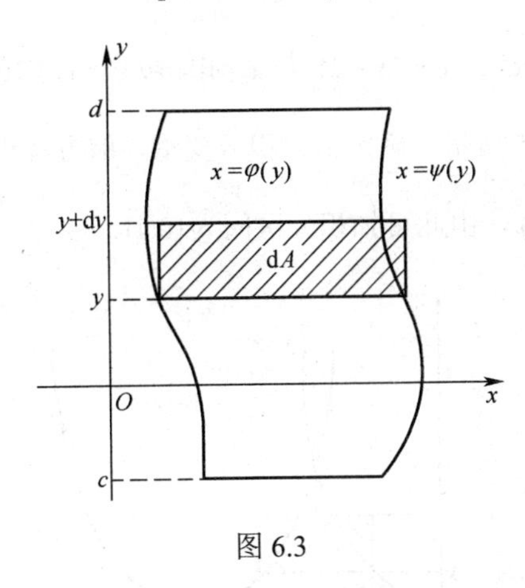

图 6.3

例 1 计算由两条抛物线 $y^2=x$ 和 $x^2=y$ 所围成图形的面积.

解 如图 6.4 所示，利用微元法求这个平面图形的面积，分成以下步骤：

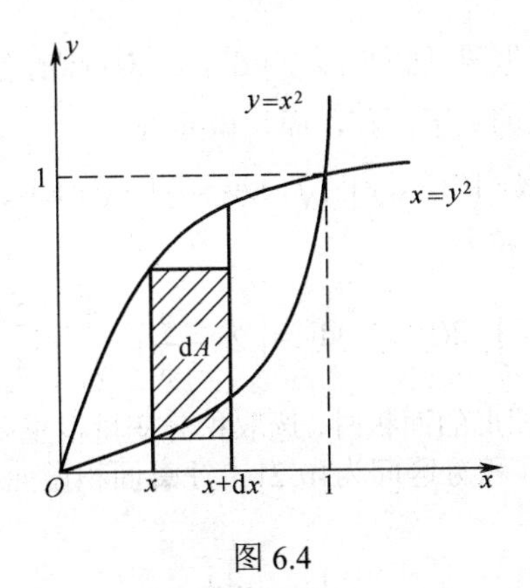

图 6.4

（1）确定积分变量 x，解方程组 $\begin{cases}y^2=x,\\ y=x^2.\end{cases}$ 得两条抛物线的交点为 $(0,0)$ 和 $(1,1)$，则积分区间为 $[0,1]$.

在积分区间 $[0,1]$ 上任取一小区间 $[x,x+\mathrm{d}x]$，从而得面积微元

$$\mathrm{d}A=(\sqrt{x}-x^2)\mathrm{d}x\ .$$

（2）所求面积为

$$A=\int_0^1 \mathrm{d}A=\int_0^1(\sqrt{x}-x^2)\mathrm{d}x$$

$$=\left(\frac{2}{3}x^{\frac{3}{2}}-\frac{1}{3}x^3\right)\Bigg|_0^1=\frac{1}{3}.$$

例 2　求曲线 $y=x^2$、$y=(x-2)^2$ 与 x 轴围成平面图形的面积.

解　（1）如图 6.5 所示，确定 y 为积分变量，解方程组 $\begin{cases} y=x^2, \\ y=(x-2)^2. \end{cases}$ 得两曲线的交点为 $(1,1)$，由此可知积分区间为 $[0,1]$.

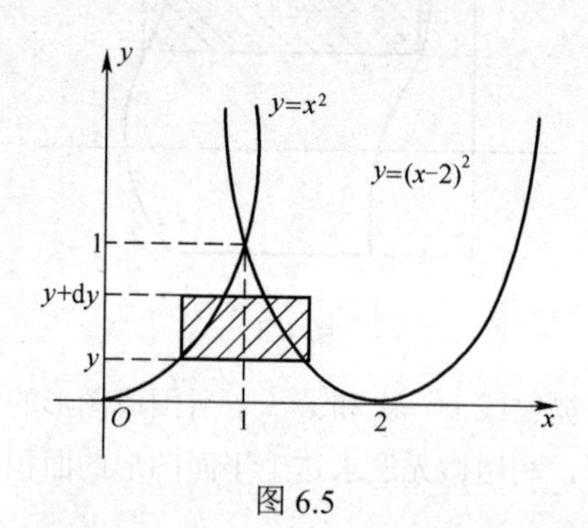

图 6.5

在区间 $[0,1]$ 上任取小区间 $[y,y+\mathrm{d}y]$，对应的窄条面积近似于高为 $(2-\sqrt{y})-\sqrt{y}$，底为 $\mathrm{d}y$ 的矩形面积，面积微元为

$$\mathrm{d}A=[(2-\sqrt{y})-\sqrt{y}]\mathrm{d}y=2(1-\sqrt{y})\mathrm{d}y.$$

（2）所求图形的面积为

$$A=\int_0^1 2(1-\sqrt{y})\mathrm{d}y=\left(2y-\frac{4}{3}y^{\frac{3}{2}}\right)\Bigg|_0^1=\frac{2}{3}.$$

利用微元法求平面图形的面积时，选取积分变量很重要，如果本题选择 x 为积分变量，如图 6.6 所示，积分区间为 $[0,2]$，注意面积微元在 $[0,1]$ 和 $[1,2]$ 两部分区间上的表达式不同.

在 $[0,1]$ 上的微元为　　$\mathrm{d}A_1=x^2\mathrm{d}x$；

在 $[1,2]$ 上的微元为　　$\mathrm{d}A_2=(x-2)^2\mathrm{d}x$；

所求面积为

$$A=\int_0^1 \mathrm{d}A_1+\int_1^2 \mathrm{d}A_2=\int_0^1 x^2\mathrm{d}x+\int_1^2 (x-2)^2\mathrm{d}x=\frac{2}{3}.$$

这种解法比较烦琐，因此，选取适当的积分变量，可使问题简化.

2. 在极坐标系下平面图形的面积

有些平面图形的面积，用极坐标计算它们比较方便.

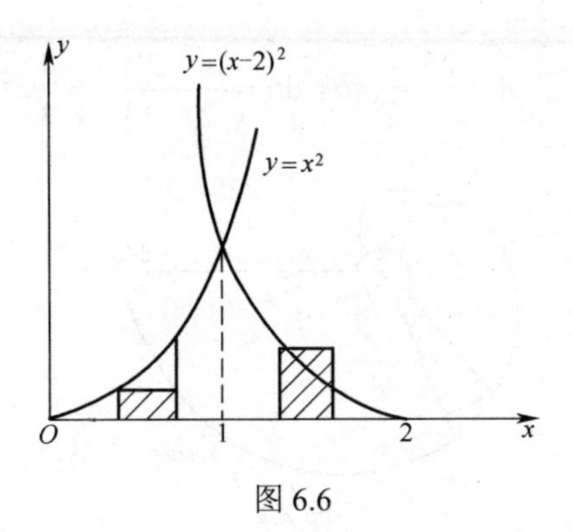

图 6.6

下面用微元法推导在极坐标系下由曲线 $r=r(\theta)$ 及射线 $\theta=\alpha$，$\theta=\beta$ 围成的曲边扇形的面积（图 6.7）.

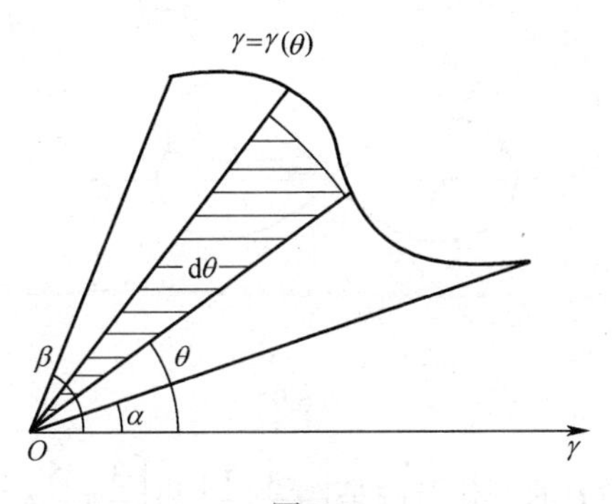

图 6.7

取极角 θ 为积分变量，它的变化区间为 $[\alpha,\beta]$．在 $[\alpha,\beta]$ 中的任意小区间 $[\theta,\theta+\mathrm{d}\theta]$ 上，相应的小曲边扇形的面积可用半径为 $r=r(\theta)$，中心角为 $\mathrm{d}\theta$ 的小扇形的面积来近似代替，即曲边扇形的面积微元为

$$\mathrm{d}A=\frac{1}{2}[r(\theta)]^2\mathrm{d}\theta\ .$$

从而曲边扇形的面积为

$$A=\frac{1}{2}\int_{\alpha}^{\beta}[r(\theta)]^2\mathrm{d}\theta\ (\alpha<\beta)\ .$$

例 3　计算阿基米德螺旋线 $r=a\theta$（$a>0$）上对应于 θ 从 0 变到 2π 的一段曲线与极轴所围成图形的面积（图 6.8).

解　取 θ 为积分变量，面积微元为 $\mathrm{d}A=\frac{1}{2}(a\theta)^2\mathrm{d}\theta$，

于是面积为

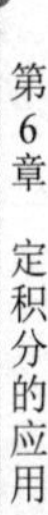

$$A=\int_0^{2\pi}\frac{1}{2}(a\theta)^2\,\mathrm{d}\theta=\frac{a^2}{2}\cdot\frac{\theta^3}{3}\bigg|_0^{2\pi}=\frac{4}{3}a^2\pi^3 .$$

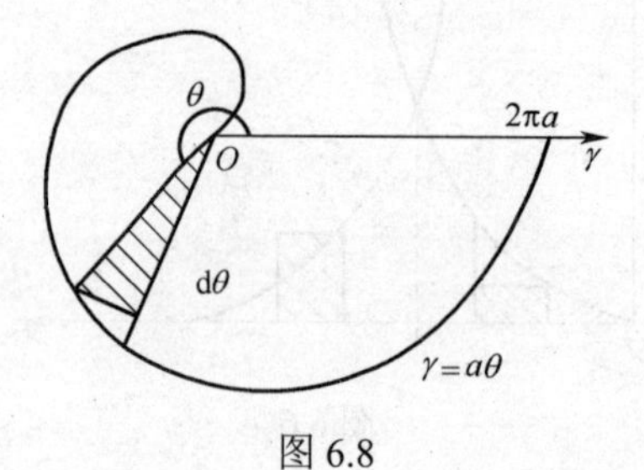

图 6.8

例 4　计算双扭线 $r^2=a^2\cos2\theta$（$a>0$）所围成的平面图形的面积（图 6.9）.

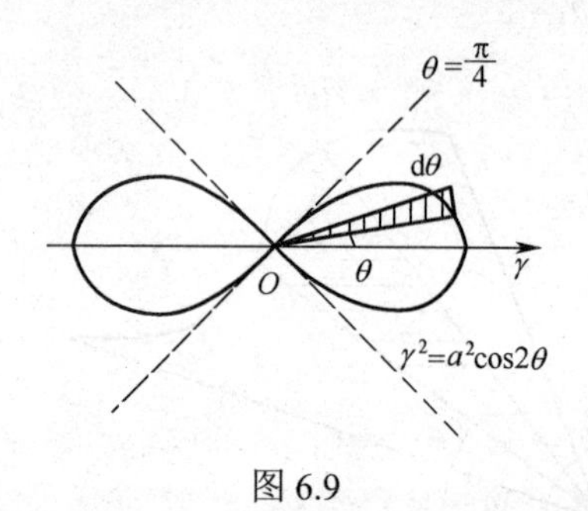

图 6.9

解：因 $r^2\geqslant0$，故 θ 的变化范围是 $\left[-\frac{\pi}{4},\frac{\pi}{4}\right]$ 和 $\left[\frac{3}{4}\pi,\frac{5}{4}\pi\right]$，图形关于极点和极轴对称. 面积微元为

$$\mathrm{d}A=\frac{1}{2}a^2\cos2\theta\mathrm{d}\theta .$$

所求面积为

$$A=4\int_0^{\frac{\pi}{4}}\frac{1}{2}a^2\cos2\theta\mathrm{d}\theta=4\cdot\frac{a^2}{2}\cdot\frac{1}{2}\sin2\theta\bigg|_0^{\frac{\pi}{4}}=a^2 .$$

6.1.3　用定积分求旋转体的体积

1. 平行截面面积已知的立体体积

设一立体介于过 $x=a$，$x=b$ 且垂直于 x 轴的两平面之间，如图 6.10 所示，如果立体过 $x\in[a,b]$ 且垂直于 x 轴的截面面积 $A(x)$ 为 x 的已知连续函数，则称此立体为平行截面面积已知的立体. 下面给出利用微元法计算它的体积的方法.

首先，建立适当的坐标系，取 x 为积分变量，它的变化区间为 $[a,b]$，立体中相应于区间 $[a,b]$ 上任一小区间 $\left[x,x+\mathrm{d}x\right]$ 上的薄片的体积近似等于底面积为 $A(x)$，

高为 $\mathrm{d}x$ 的扁柱体的体积（图 6.10），即体积微元为

$$\mathrm{d}V = A(x)\mathrm{d}x .$$

于是所求立体的体积为

$$V = \int_a^b A(x)\mathrm{d}x .$$

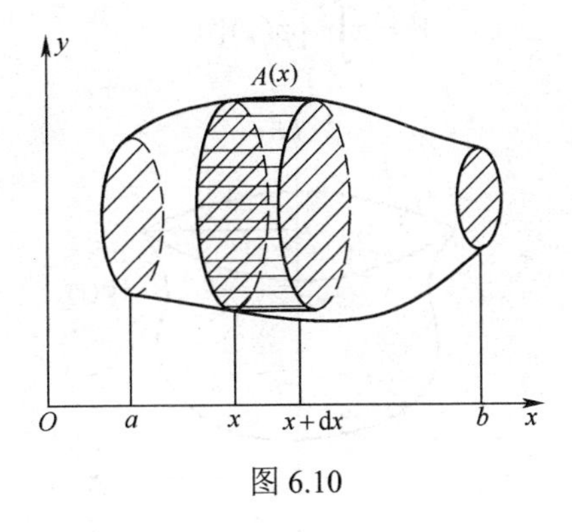

图 6.10

2. 旋转体的体积

我们所熟悉的圆柱、圆锥、圆台、球体等都是由一个平面图形绕这平面内的一条直线旋转形成的，它们统称为旋转体，这条直线叫做旋转轴. 下面分两种情况来讨论旋转体的体积的求法.

（1）设旋转体是由曲线 $y = f(x)$ 和直线 $x = a$， $x = b$ 及 x 轴所围成的曲边梯形绕 x 轴旋转一周而形成的立体（图 6.11），求其体积.

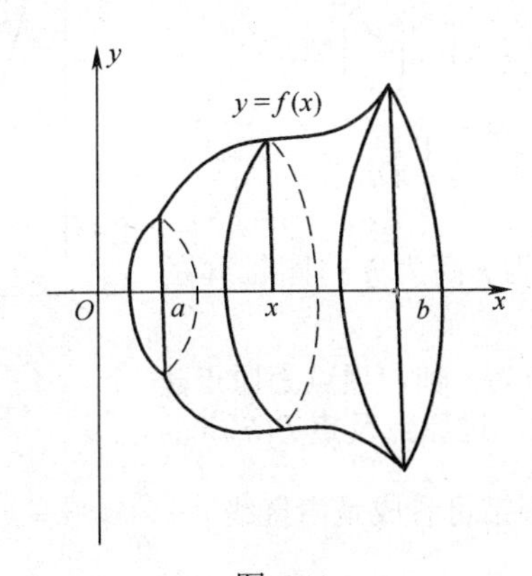

图 6.11

选取 x 为积分变量，其变化区间为 $[a,b]$，由于过点 x 且垂直于 x 轴的平面截得旋转体的截面是半径为 $|f(x)|$ 的圆，其截面面积为

$$A(x) = \pi[f(x)]^2 .$$

从而，所求的旋转体的体积为

$$V=\int_a^b A(x)\mathrm{d}x=\pi\int_a^b [f(x)]^2\mathrm{d}x .$$

（2）若旋转体是由连续曲线 $x=\varphi(y)$，直线 $y=c$， $y=d$ 及 y 轴所围成的平面图形，绕 y 轴旋转一周而成（如图 6.12），该旋转体的体积为

$$V=\pi\int_c^d [\varphi(y)]^2\,\mathrm{d}y .$$

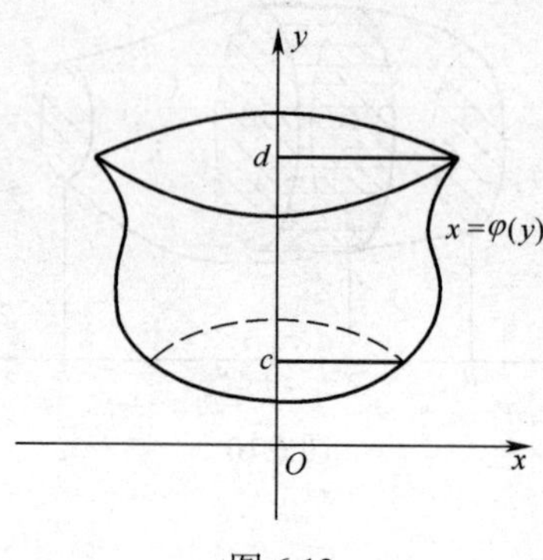

图 6.12

例 5　求由曲线 $xy=a$（$a>0$）与直线 $x=a$， $x=2a$ 及 x 轴所围成的图形绕 x 轴旋转一周所形成的旋转体的体积.

解　由前面的讨论，如图 6.13 所示，所求体积为

$$V=\pi\int_a^{2a} y^2\mathrm{d}x=\pi\int_a^{2a}\left(\frac{a}{x}\right)^2\mathrm{d}x$$
$$=\pi a^2\left(-\frac{1}{x}\right)\Bigg|_a^{2a}=\frac{1}{2}\pi a .$$

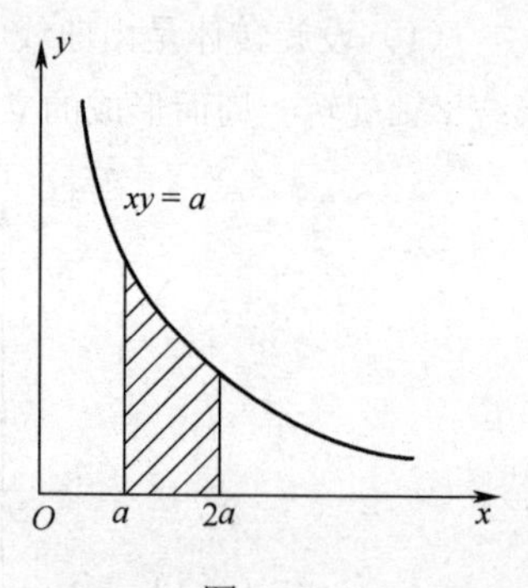

图 6.13

例 6　求底圆半径为 r 高为 h 的圆锥体的体积.

解　以圆锥体的轴线为 x 轴，顶点为原点建立直角坐标系（图 6.14），过原点及点 $P(h,r)$ 的直线方程为 $y=\frac{r}{h}x$. 此圆锥可看成是由直线 $y=\frac{r}{h}x$， $x=h$ 及 x 轴所围成的三角形绕 x 轴旋转而成，其体积为

$$V=\pi\int_0^h y^2\mathrm{d}x=\pi\int_0^h\left(\frac{r}{h}x\right)^2\mathrm{d}x=\frac{\pi r^2}{h^2}\cdot\frac{x^3}{3}\Bigg|_0^h=\frac{1}{3}\pi r^2 h .$$

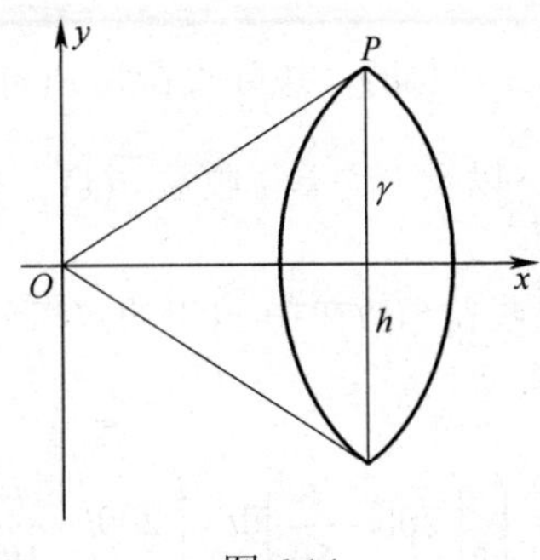

图 6.14

习题 6.1

1．计算下列各曲线所围成图形的面积：

（1） $y=x^3$，$y=x$；

（2） $y=\sqrt{x}$，$y=\sin x$，$x=\pi$；

（3） $y=\ln x$，$y=\ln 2$，$y=\ln 7$，$x=0$；

（4） $y=\mathrm{e}^x$，$x=0$，$y=\mathrm{e}$．

2．求抛物线 $y^2=2x$ 及直线 $y=x-4$ 所围成的图形的面积．

3．求下列各曲线所围成图形的面积：

（1） $r=2a\cos\theta$，$\theta=0$，$\theta=\dfrac{\pi}{6}$；

（2） $r=2a(1-\cos\theta)$，$\theta=0$，$\theta=2\pi$．

4．求下列曲线所围图形绕指定轴旋转所得旋转体的体积：

（1） $2x-y+4=0$，$x=0$ 及 $y=0$ 绕 x 轴；

（2） $y=x^2$（$0\leqslant x\leqslant 2$）绕 x 轴及 y 轴．

6.2 定积分在经济问题中的应用

定积分在经济应用中表现为，已知某经济量函数的边际函数或变化率，求经济量函数．

例 1 已知某产品总产量的边际函数是时间 t（单位：小时）的函数

$$f(t)=2t+5 \quad (t\geqslant 0),$$

求从 $t=2$ 到 $t=5$ 这三个小时的总产量．

解 因为总产量 $F(t)$ 是它的边际函数的原函数，所以从 $t=2$ 到 $t=5$ 这三个小时的总产量为

$$\int_2^5(2t+5)\mathrm{d}t=(t^2+5t)\Big|_2^5=36 \text{（单位）}.$$

例 2　已知生产某商品 x 单位时，边际收益为 $R(x)=200-\dfrac{x}{50}$（元/单位），试求生产 x 单位时总收益 $R(x)$ 以及平均单位收益 $\overline{R}(x)$．并求生产这种产品 2000 单位总收益和平均收益．

解　因为总收益是边际收益函数在 $[0,x]$ 上的定积分，所以生产 x 单位时的总收益为

$$R(x)=\int_0^x\left(200-\frac{t}{50}\right)\mathrm{d}t=\left(200t-\frac{t^2}{100}\right)\Bigg|_0^x$$

$$=200x-\frac{x^2}{100}.$$

则平均收益为

$$\overline{R}(x)=\frac{R(x)}{x}=200-\frac{x}{100}.$$

当生产 2000 单位总收益为

$$R(2000)=400000-\frac{(2000)^2}{100}=360000\ （元）.$$

平均收益为 $\overline{R}(2000)=180$（元）.

例 3　设某商品每天生产 x 单位时的固定成本为 200（百元），边际成本函数为 $C'(x)=4x+15$（百元/单位），求总成本函数 $C(x)$，如果这种商品规定的销售单价为 59（百元），且产品可以全部售出，求总利润函数 $L(x)$，并问每天生产多少单位时才能获得最大利润，此时最大利润是多少？

解　因为可变成本就是边际成本函数在 $[0,x]$ 上的定积分，又已知固定成本为 200（百元），即 $C(0)=200$，所以，每天生产 x 单位时总成本函数为

$$C(x)=\int_0^x(4t+15)\,\mathrm{d}t+C(0)$$

$$=(2t^2+15t)\Big|_0^x+200=2x^2+15x+200.$$

设销售 x 单位商品的总收益为 $R(x)$，根据题意有

$$R(x)=59x.$$

因此总利润函数 $L(x)$ 为

$$L(x)=R(x)-C(x)=59x-(2x^2+15x+200)$$

$$=-2x^2+44x-200.$$

由　$L'(x)=-4x+44=0$，

得　$x=11$．

而　$L''(11) = -4 < 0$，

所以每天生产11单位时可以获得最大利润，最大利润为

$$L(11) = -2\times(11)^2 + 44\times 11 - 200 = 42 \text{（百元）}.$$

习题 6.2

1．设生产某产品 x 箱的总成本为 $C(x)$，总成本的边际成本为 $C'(x) = 2x + 10$（万元/箱），固定成本为 20（万元），求总成本函数 $C(x)$.

2．已知某商品的边际成本为 $C'(Q) = 0.8Q + 42$（元/单位），固定成本为 50（元），边际收益为 $R'(Q) = 100 - 2Q$（元/单位），问产量是多少时利润最大？最大利润是多少？

3．已知某商品的边际收益为 $R'(Q) = 200 - \frac{1}{2}Q$，求该商品的总收益函数.

本章小结

1．定积分在几何上的应用

（1）平面图形的面积：

在直角坐标系中，在区间 $[a,b]$ 上，对 x 积分.

若 $f(x) \geqslant 0$，则面积 $A = \int_a^b f(x)\mathrm{d}x$；

若 $f(x) \geqslant g(x)$，则面积 $A = \int_a^b [f(x) - g(x)]\mathrm{d}x$.

若在区间 $[c,d]$ 上，$\varphi(y) \geqslant \psi(y)$，则面积 $A = \int_c^d [\varphi(y) - \psi(y)]\mathrm{d}y$.

在极坐标系中，由曲线 $r = r(\theta)$ 及射线 $\theta = \alpha$，$\theta = \beta$ 围成的图形的面积为

$$A = \frac{1}{2}\int_\alpha^\beta [r(\theta)]^2 \mathrm{d}\theta \quad (\alpha < \beta).$$

（2）旋转体的体积：

由连续曲线 $y = f(x)$，直线 $x = a$，$x = b$ 及 x 轴所围成的曲边梯形绕 x 轴旋转一周而形成的旋转体的体积为

$$V = \int_a^b A(x)\mathrm{d}x = \pi\int_a^b [f(x)]^2 \mathrm{d}x.$$

由连续曲线 $x = \varphi(y)$，直线 $y = c$，$y = d$ 及 y 轴所围成的曲边梯形绕 y 轴旋转一周而形成的旋转体的体积为

$$V = \pi\int_c^d [\varphi(y)]^2 \mathrm{d}y.$$

2．定积分在经济问题中的应用

已知边际成本求总成本；已知边际收益求总收益以及求最大利润.

复习题 6

1．求抛物线 $y^2 = 8x$ 与直线 $x + y - 6 = 0$ 及 $y = 0$ （$y \geqslant 0$）所围成平面图形的面积.

2．求下列各曲线所围成图形的公共部分的面积：

（1）$r = 3\cos\theta$，$r = 1 + \cos\theta$；（2）$r = \sqrt{2}\sin\theta$，$r^2 = \cos 2\theta$.

3．求下列曲线所围图形绕指定轴旋转所得旋转体的体积：

（1）$y = x^2$ 与 $y^2 = 8x$ 相交部分的图形绕 x 轴、y 轴旋转；

（2）$x^2 + (y-2)^2 = 1$ 分别绕 x 轴和 y 轴旋转.

4．证明半径为 R 的球的体积为 $V = \dfrac{4}{3}\pi R^3$.

5．已知某商品销售 Q 个单位的边际收益为 $R(Q) = 200 - \dfrac{Q}{50}$（元/单位），求总收益函数及边际收益函数.

自测题 6

1．选择题

（1）由 x 轴、y 轴及 $y = (x+1)^2$ 所围成的平面图形的面积为定积分（　　）.

A．$\int_0^1 (x+1)^2 \mathrm{d}x$；　　B．$\int_1^0 (x+1)^2 \mathrm{d}x$；

C．$\int_0^{-1} (x+1)^2 \mathrm{d}x$；　　D．$\int_{-1}^0 (x+1)^2 \mathrm{d}x$.

（2）由曲边梯形 D：$a \leqslant x \leqslant b$，$0 \leqslant y \leqslant f(x)$ 绕 x 轴旋转一周所产生的旋转体的体积是（　　）.

A．$\int_a^b f^2(x) \mathrm{d}x$；　　B．$\int_b^a f^2(x) \mathrm{d}x$；

C．$\int_a^b \pi f^2(x) \mathrm{d}x$；　　D．$\int_b^a \pi f^2(x) \mathrm{d}x$.

2．计算题

（1）求抛物线 $y^2 = 2x$ 与圆 $x^2 + y^2 = 8$ 围成的两部分的面积；

（2）求抛物线 $y = x^2$ 与直线 $y = 2x + 3$ 围成的图形的面积；

（3）求 $r = 1 + \cos\theta$ 所围成的图形的面积.

3．设某种商品的边际收入函数为 $R'(Q) = 10(10 - Q)\mathrm{e}^{-\frac{Q}{10}}$，其中 Q 为销售量，$R = R(Q)$ 为总收入，求该产品的总收入函数.

第 7 章　多元函数微分学

本章学习目标

- 理解多元函数的概念，了解二元函数的极限与连续性概念及闭区域上连续函数的性质
- 理解偏导数及全微分的概念，了解全微分存在的必要条件和充分条件
- 掌握复合函数一阶、二阶偏导数的求法
- 会求隐函数的偏导数
- 了解二元函数极值存在的充分条件，会求二元函数的极值，会求简单多元函数的最值并会解决一些简单的应用

7.1　多元函数的概念

7.1.1　空间解析几何简介

解析几何是用代数方法研究几何图形的科学．若限于研究平面上的几何图形，则为平面解析几何．若限于研究三维空间的几何图形，则为空间解析几何．在空间解析几何中，通过建立空间直角坐标系，把空间的曲面和曲线用三元方程来表示．从而用代数方法研究几何问题．

1．空间直角坐标系

（1）空间点的直角坐标．

为了确定空间中一点的位置，需要建立空间的点与数组之间的联系．

过空间一个定点 O，作三条互相垂直的数轴，它们都以 O 为原点且一般具有相同的长度单位．这三条轴分别称为 x 轴（横轴）、y 轴（纵轴）、z 轴（竖轴），统称坐标轴．通常把 x 轴和 y 轴配置在水平面上，z 轴在铅垂方向，它们的指向符合右手法则，即当右手的四个手指从 x 轴的正向到 y 轴的正向握住 z 轴时，拇指恰好指向 z 轴的正向（如图 7.1），这样的三条坐标轴就组成了一个空间直角坐标系，点 O 称为坐标原点，三条坐标轴中的任意两条可以确定一个平面，这样定出的三个平面统称坐标面，分别是 xOy 面、yOz 面、zOx 面，三个坐标面把空间分成八个部分，每一部分叫做一个**卦限**．其中含有正向 x 轴、正向 y 轴、正向 z 轴的那个卦限叫做第一卦限（图 7.2），取定了空间直角坐标系后，就可以建立其空间的点与数组之间的一一对应关系．

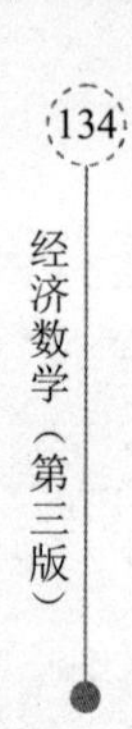

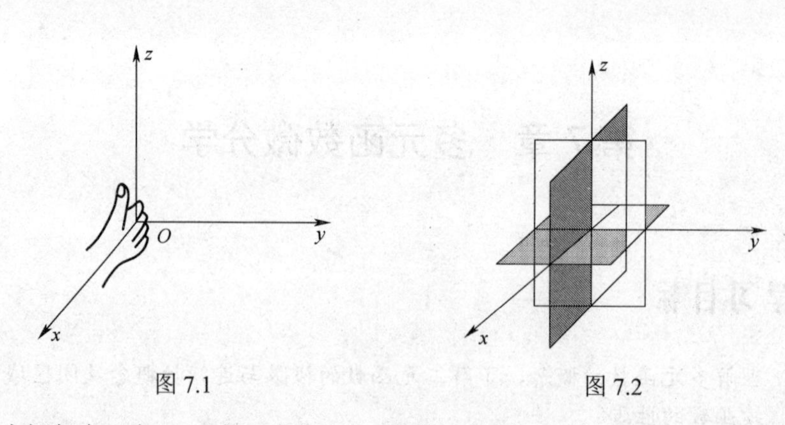

图 7.1　　　　图 7.2

空间任意一点 M，过 M 点作三个平面分别垂直于 x 轴、y 轴、z 轴，它们与 x 轴、y 轴、z 轴的交点分别为 P，Q，R（如图 7.3），设 P，Q，R 三点在三个坐标轴上的坐标依次为 x，y，z，于是空间一点 M 就唯一地确定了一个有序数组(x,y,z)，有序数组(x,y,z)称为点 M 的坐标，并依次称 x，y，z 分别为点 M 的横坐标，纵坐标和竖坐标；反之任给一个有序数组(x,y,z)，则在三个坐标轴上分别找到 P，Q，R 三点，使这些点在三个坐标轴上的坐标依次为 x，y，z，过 P，Q，R 分别作垂直于 x 轴、y 轴、z 轴的平面，这三个平面的交点 M 就是以有序数组(x,y,z)为坐标的点．通过直角坐标系，就建立了空间点 M 与有序数组(x,y,z)之间的一一对应关系．

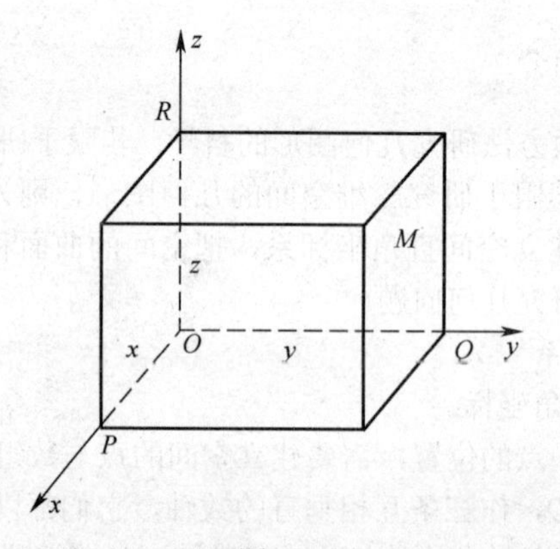

图 7.3

（2）空间两点间的距离．

引入点的坐标后，空间两点间的距离就可以用它们的坐标表示．

设 $M_1(x_1,y_1,z_1)$，$M_2(x_2,y_2,z_2)$ 为空间两点．过 M_1、M_2 各作三个分别垂直于三条坐标轴的平面，这六个平面围成一个以 M_1M_2 为对角线的长方体（图 7.4）．根据勾股定理，容易推得长方体的对角线的长度的平方等于它的三条棱的长度的平方和，即

$$d^2=|M_1P|^2+|M_1Q|^2+|M_1R|^2,$$

由于$|M_1P|=|P_1P_2|=|x_2-x_1|$，$|M_1Q|=|Q_1Q_2|=|y_2-y_1|$，$|M_1R|=|R_1R_2|=|z_2-z_1|$，所以$d=|M_1M_2|=\sqrt{(x_2-x_1)^2+(y_2-y_1)^2+(z_2-z_1)^2}$．

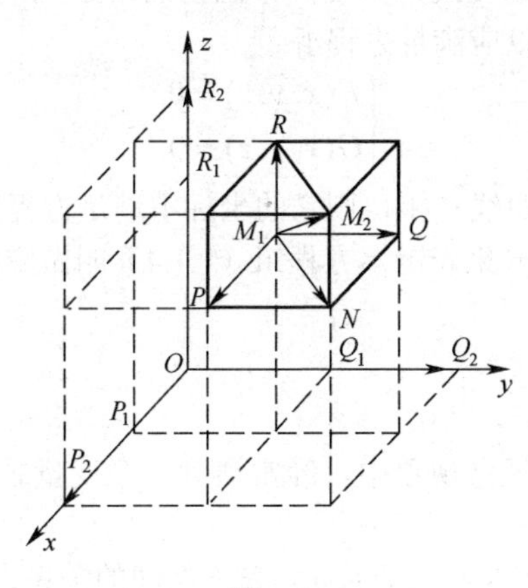

图 7.4

这就是空间两点间的距离公式．

特别地，点$M(x,y,z)$到坐标原点$O(0,0,0)$的距离为

$$d=|OM|=\sqrt{x^2+y^2+z^2}\,.$$

2．空间的平面和直线的一般方程

由于空间中任一平面都可以用一个三元一次方程来表示，而任一三元一次方程的图形都是一个平面，所以称如下的三元一次方程为空间中平面的一般方程

$$Ax+By+Cz+D=0\,. \tag{7.1.1}$$

由于空间直线可以看作是两个平面的交线，因此空间中两个平面的方程联立而成的方程组

$$\begin{cases} A_1x+B_1y+C_1z+D_1=0, \\ A_2x+B_2y+C_2z+D_2=0 \end{cases} \tag{7.1.2}$$

叫做空间直线的一般方程．

3．空间曲面和空间曲线的一般方程

（1）曲面的方程．

在空间解析几何中，任何曲面都可以看作点的几何轨迹．在这样的意义下，如果曲面S与三元方程

$$F(x,y,z)=0 \tag{7.1.3}$$

有下述关系：

曲面S上任一点的坐标都满足方程（7.1.3），不在曲面S上的点的坐标都不满足方程（7.1.3），则称方程（7.1.3）为曲面S的方程，而曲面S就叫做方程（7.1.3）的图形．

（2）空间曲线的一般方程.

一般地，空间曲线可以看作两个曲面的交线. 设 $F(x,y,z)=0$ 和 $G(x,y,z)=0$ 是两个曲面的方程，它们的交线为曲线 C. 因为曲线 C 上的任何点的坐标应同时满足这个曲面的方程，所以应满足方程组

$$\begin{cases}F(x,y,z)=0,\\ G(x,y,z)=0.\end{cases} \tag{7.1.4}$$

反过来，若点不在曲线 C 上，则它的坐标不满足方程组（7.1.4），因此，曲线 C 可以用方程组（7.1.4）来表示. 方程组（7.1.4）叫做空间曲线的一般方程.

7.1.2　多元函数的概念

1. 多元函数的定义

在许多自然现象和经济现象中，经常遇到多个变量之间的依赖关系，举例如下：

例 1　长方形的面积 S 与它的长 a，宽 b 之间的关系为

$$S=ab \quad （a>0，b>0）.$$

这里，S 随着 a，b 的变化而变化. 当 a，b 取定一对数时，S 的对应值就随之确定.

例 2　某商品的销售量为 Q，商品的销售价格为 P，购买商品的人数为 N，设此种商品的销售量 Q 与价格 P，人数 N 有关系

$$Q=a-bP+cN \quad （P>0，N>0），$$

其中 a，b，c 均为正常数. 那么，当 P，N 在一定范围内取定一组值时，Q 的对应值就随之确定.

以上两个例子的实际意义虽然不同，但它们都有共同之处. 我们抽出它们的共性，就可得出二元函数的定义.

定义 1　设 x，y，z 是三个变量，D 是 xOy 面上的非空点集，若对于 D 内的每一点 $P(x,y)$，变量 z 按照一定的法则 f 总有确定的值与之对应，则称变量 z 是变量 x，y 的二元函数，记为：$z=f(x,y)$，其中 x，y 称为自变量，z 称为因变量，D 称为函数的定义域.

类似地可以定义三元函数，甚至 n 元函数. 二元及二元以上的函数统称为多元函数.

与一元函数一样，定义域和对应法则是二元函数的两个要素. 在讨论用解析式表达函数时，其定义域是一切使该解析式有意义的平面点集.

二元函数 $z=f(x,y)$ 的定义域一般为一个平面区域. 所谓平面区域可以是整个 xOy 平面或是由几条曲线所围成的部分. 围成平面区域的曲线称为该区域的边界，包括边界在内的区域称为闭区域，不包括边界在内的区域称为开区域，包括部分边界的区域称为半开半闭区域. 如果区域延伸到无穷远处，则称为无界区域，否则称为有界区域，有界区域总可以包括在一个以原点为圆心的圆域内.

例 3　求函数 $z=\ln(9-x^2-y^2)+\sqrt{x^2+y^2-1}$ 的定义域.

解　因为此函数是两个函数

$$\ln(9-x^2-y^2) \text{ 与 } \sqrt{x^2+y^2-1}$$

的和，要使它有意义，x，y 必须同时满足不等式

$$9-x^2-y^2>0 \text{ 且 } x^2+y^2-1\geqslant 0 .$$

即

$$1\leqslant x^2+y^2<9 .$$

它表示 xOy 平面上以原点为圆心，半径为 3 的圆与半径为 1 的圆所围成的圆环域，如图 7.5 所示.

注意　包含边界曲线内圆 $x^2+y^2=1$，但不包含边界曲线外圆 $x^2+y^2=9$.

2. 二元函数的几何意义

一元函数 $y=f(x)$ 通常表示 xOy 平面上的一条曲线. 二元函数 $z=f(x,y)$, $(x,y)\in D$，其定义域 D 为 xOy 平面上的一个区域. 对于 D 中任一点 $M(x,y)$，必有唯一的数 $z=f(x,y)$ 与其对应，因此三元有序数组 $(x,y,f(x,y))$ 就确定了空间的一点 $P(x,y,f(x,y))$，所有这样确定的点的集合就是函数 $z=f(x,y)$ 的图形，通常表示一张曲面. 这就是说，对于二元函数，它的几何图形可以用空间直角坐标系中的一个曲面来表示，而定义域 D 恰好是这个曲面在 xOy 平面上的投影（图 7.6），因此，$z=f(x,y)$ 叫做曲面方程. 三元和三元以上的多元函数没有直观的几何意义.

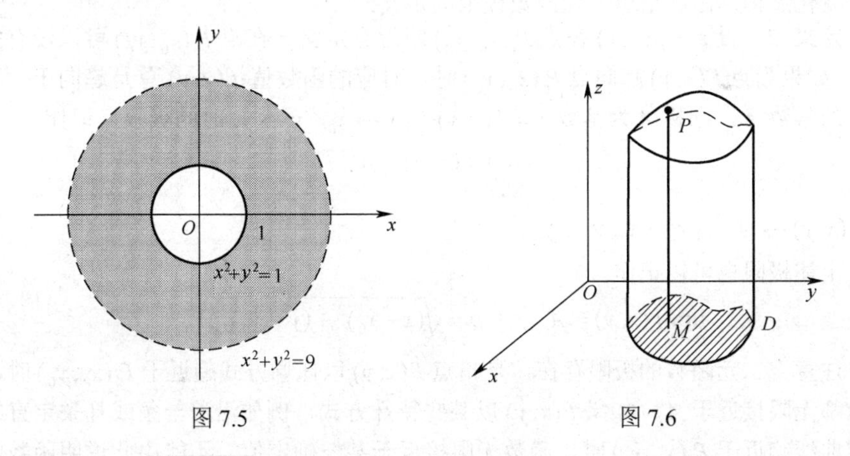

图 7.5　　图 7.6

函数 $z=\sqrt{1-x^2-y^2}$ 的图形是位于 xOy 平面上方的单位半球面，其定义域是 xOy 平面上的单位圆 $x^2+y^2\leqslant 1$，是一个闭区域（图 7.7）.

7.1.3　二元函数的极限与连续

二元函数的极限和连续与一元函数的情形类似，它们描述了在两个独立自变

量的某个变化过程中，相应函数的变化趋势，但是二元函数的自变量有两个，自变量的变化过程比一元函数要复杂得多.

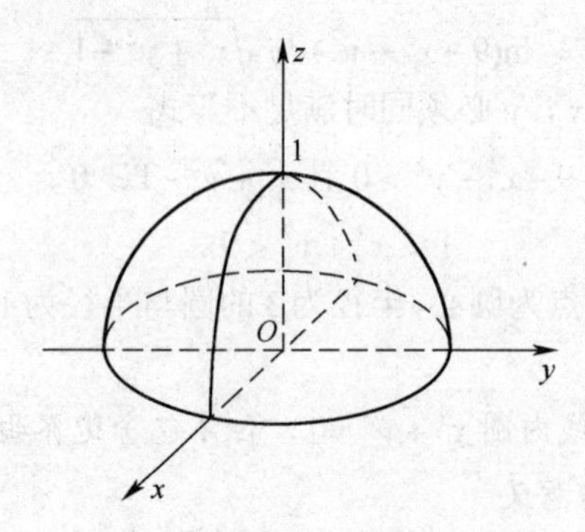

图 7.7

1. 二元函数的极限

把一元函数的极限概念推广到二元函数上，考虑当点 $P(x,y)$ 趋近于点 $P_0(x_0,y_0)$ 时，函数 $z=f(x,y)$ 的变化趋势．虽然点 $P(x,y)$ 趋近于点 $P_0(x_0,y_0)$ 的方式多种多样，如果用 ρ 表示点 $P(x,y)$ 与点 $P_0(x_0,y_0)$ 之间的距离

$$\rho=\sqrt{(x-x_0)^2+(y-y_0)^2}\ ,$$

那么 $P\to P_0$ 的过程不论多么复杂，总可以用 $x\to x_0$，$y\to y_0$ 或 $\rho\to 0$ 来表示自变量的变化过程．由此给出二元函数极限的定义.

定义 2 设 $z=f(x,y)$ 在点 $P_0(x_0,y_0)$ 附近有定义（在点 $P_0(x_0,y_0)$ 可以没有定义），如果当点 $P(x,y)$ 趋向点 $P_0(x_0,y_0)$ 时，对应的函数值 $f(x,y)$ 总是趋向于一个确定的常数 A，则称 A 为函数 $z=f(x,y)$ 当 $x\to x_0$，$y\to y_0$ 时的极限，记作

$$\lim_{\substack{x\to x_0\\ y\to y_0}} f(x,y)=A$$

或 $f(x,y)\to A\quad (x\to x_0,y\to y_0)$.

上述极限也可以记作

$$\lim_{\rho\to 0} f(x,y)=A\qquad (\ \rho=\sqrt{(x-x_0)^2+(y-y_0)^2}\ ).$$

注意 二元函数的极限存在，是指点 $P(x,y)$ 以任意方式趋近于 $P_0(x_0,y_0)$ 时，函数都无限接近于 A．如果 $P(x,y)$ 以某些特殊方式，例如沿着一条或几条定直线或定曲线趋近于 $P_0(x_0,y_0)$ 时，函数无限接近于某一确定值．不能由此说明函数的极限存在，但是，如果当 $P(x,y)$ 以两种不同方式趋近于 $P_0(x_0,y_0)$ 时，函数 $f(x,y)$ 趋于不同的值，则可以断定此函数当 $P(x,y)\to P_0(x_0,y_0)$ 时极限不存在.

例 4 讨论 $\lim\limits_{\substack{x\to 0\\ y\to 0}}\dfrac{xy}{x^2+y^2}$ 是否存在.

解 当点 $P(x,y)$ 沿 x 轴趋近于点 $(0,0)$ 时，$y=0$，$f(x,y)=f(x,0)$（$x\neq 0$），

$$\lim_{\substack{x\to 0\\ y\to 0}}\frac{xy}{x^2+y^2}=\lim_{x\to 0}\frac{x\cdot 0}{x^2+0}=0.$$

当点 $P(x,y)$ 沿 y 轴趋近于点 $(0,0)$ 时， $x=0$，$f(x,y)=f(0,y)$（$y\neq 0$），

$$\lim_{\substack{x\to 0\\ y\to 0}}\frac{xy}{x^2+y^2}=\lim_{y\to 0}\frac{0\cdot y}{0+y^2}=0.$$

但是当点 $P(x,y)$ 沿 $y=kx$ 趋近于点 $(0,0)$ 时，

$$f(x,y)=f(x,kx)=\frac{x\cdot kx}{x^2+(kx)^2}=\frac{k}{1+k^2},$$

即
$$\lim_{\substack{x\to 0\\ y=kx\to 0}}\frac{xy}{x^2+y^2}=\lim_{x\to 0}\frac{x\cdot kx}{x^2+k^2x^2}=\frac{k}{1+k^2},$$

其值与 k 有关，因此 $\lim\limits_{\substack{x\to 0\\ y\to 0}}\dfrac{xy}{x^2+y^2}$ 不存在.

一元函数的极限运算法则可以类似地推广到二元函数的极限运算中.

2. 二元函数的连续性

与一元函数一样，可用二元函数的极限给出二元函数连续的定义.

定义 3　如果当 $x\to x_0$，$y\to y_0$ 时，函数的极限存在，且等于它在点 $P_0(x_0,y_0)$ 处的函数值，即

$$\lim_{\substack{x\to x_0\\ y\to y_0}}f(x,y)=f(x_0,y_0),$$

那么就称函数 $z=f(x,y)$ 在点 $P_0(x_0,y_0)$ 处连续.

若函数在区域 D 内每一点都连续，则称函数在区域 D 内连续. 若函数 $z=f(x,y)$ 在点 $P_0(x_0,y_0)$ 处不连续，称点 $P_0(x_0,y_0)$ 为函数的间断点. 二元函数的间断点可以形成一条线. 例如 $f(x,y)=\sin\dfrac{1}{x^2+y^2-1}$ 在 $x^2+y^2=1$ 处间断，所以该圆周上的点都是间断点.

在区域 D 上连续的二元函数的图形是一张连续的曲面.

与一元函数相似，二元连续函数的和、差、积、商（分母不能为零）及复合函数仍是连续函数.

将变量 x，y 的基本初等函数经过有限次四则运算及复合，并可用 x，y 的一个解析式表示的函数称为二元初等函数. 一切二元初等函数 $z=f(x,y)$ 在其定义区域内连续.

于是，二元初等函数 $f(x,y)$ 在其定义区域内总有

$$\lim_{\substack{x\to x_0\\ y\to y_0}}f(x,y)=f(x_0,y_0).$$

例 5　求 $\lim\limits_{\substack{x\to 2\\ y\to 3}}\dfrac{x+y}{xy}$.

解 因为函数 $f(x,y)=\dfrac{x+y}{xy}$ 是二元初等函数，且点 $(2,3)$ 在该函数的定义区域内，故

$$\lim_{\substack{x\to 2\\ y\to 3}}\frac{x+y}{xy}=f(2,3)=\frac{5}{6}.$$

例 6 讨论函数 $f(x,y)=\begin{cases}\dfrac{xy}{x^2+y^2}, & (x,y)\neq(0,0),\\ 0, & (x,y)=(0,0)\end{cases}$ 的连续性.

解 当 $(x,y)\neq(0,0)$ 时，$f(x,y)$ 为初等函数，故函数在 $(x,y)\neq(0,0)$ 的点处连续.

当 $(x,y)=(0,0)$ 时，由例题 4 可知

$$\lim_{\substack{x\to 0\\ y\to 0}}f(x,y)=\lim_{\substack{x\to 0\\ y\to 0}}\frac{xy}{x^2+y^2}$$

极限不存在，所以函数 $f(x,y)$ 在点 $(0,0)$ 处不连续，即原点 $O(0,0)$ 是函数的间断点.

有界闭区域上连续的二元函数，具有以下性质：

性质 1 在有界闭区域上连续的二元函数，必有最大值与最小值.

性质 2 在有界闭区域上连续的二元函数，必能取得介于函数的最大值与最小值之间的任何值.

习题 7.1

1．求下列函数的定义域：

（1）$z=\dfrac{1}{2x^2+3y^2}$；（2）$z=\sqrt{1-\dfrac{x^2}{a^2}-\dfrac{y^2}{b^2}}$；

（3）$z=\dfrac{1}{\sqrt{x+y}}+\dfrac{1}{\sqrt{x-y}}$；（4）$z=\ln(x-y)+\ln x$；

（5）$z=\mathrm{e}^{-(x^2+y^2)}$；（6）$z=\sqrt{1-x^2}+\sqrt{y^2-1}$.

2．求下列函数在指定点的函数值：

（1）$f(x,y)=xy+\dfrac{x}{y}$，求 $f\left(\dfrac{1}{2},3\right)$，$f(1,-1)$；

（2）$f(x,y)=\dfrac{x^2-y^2}{2xy}$，求 $f(-x,-y)$，$f\left(\dfrac{1}{x},\dfrac{1}{y}\right)$.

3．求下列函数的极限：

（1）$\lim\limits_{\substack{x\to 0\\ y\to 0}}\dfrac{2-\sqrt{xy+4}}{xy}$；（2）$\lim\limits_{\substack{x\to 0\\ y\to 1}}\dfrac{1-xy}{x^2+y^2}$；

（3）$\lim\limits_{\substack{x\to 0\\ y\to 0}}\dfrac{1}{x^2+y^2}$；　　　　（4）$\lim\limits_{\substack{x\to \infty\\ y\to \infty}}\dfrac{1}{x^2+y^2}$.

7.2　偏导数

7.2.1　偏导数的概念

本节讨论二元函数的变化率问题．下面先介绍关于二元函数改变量的几个概念．

设函数 $z=f(x,y)$ 在点 (x_0,y_0) 的某个邻域内有定义．当 x 在 x_0 处有改变量 Δx（$\Delta x\neq 0$），而 $y=y_0$ 保持不变时，函数 z 得到一个改变量

$$\Delta_x z=f(x_0+\Delta x,y_0)-f(x_0,y_0),$$

称为函数 $f(x,y)$ 对于 x 的偏改变量（或偏增量）．类似地，可定义函数 $f(x,y)$ 对于 y 的偏改变量（或偏增量）

$$\Delta_y z=f(x_0,y_0+\Delta y)-f(x_0,y_0).$$

类似于一元函数的导数定义，我们有：

定义　设函数 $f(x,y)$ 在点 (x_0,y_0) 的某个邻域内有定义．如果当 $\Delta x\to 0$ 时，极限

$$\lim_{\Delta x\to 0}\frac{\Delta_x z}{\Delta x}=\lim_{\Delta x\to 0}\frac{f(x_0+\Delta x,y_0)-f(x_0,y_0)}{\Delta x}$$

存在，则称此极限值为函数 $f(x,y)$ 在点 (x_0,y_0) 处对 x 的偏导数．

记作 $f_x'(x_0,y_0)$，$\left.\dfrac{\partial f(x,y)}{\partial x}\right|_{\substack{x=x_0\\ y=y_0}}$，$\left.\dfrac{\partial z}{\partial x}\right|_{\substack{x=x_0\\ y=y_0}}$ 或 $\left.z_x'\right|_{\substack{x=x_0\\ y=y_0}}$．

同样，如果极限

$$\lim_{\Delta y\to 0}\frac{\Delta_y z}{\Delta y}=\lim_{\Delta y\to 0}\frac{f(x_0,y_0+\Delta y)-f(x_0,y_0)}{\Delta y}$$

存在，则称此极限值为函数 $f(x,y)$ 在点 (x_0,y_0) 处对 y 的偏导数．

记作 $f_y'(x_0,y_0)$，$\left.\dfrac{\partial f(x,y)}{\partial y}\right|_{\substack{x=x_0\\ y=y_0}}$，$\left.\dfrac{\partial z}{\partial y}\right|_{\substack{x=x_0\\ y=y_0}}$ 或 $\left.z_y'\right|_{\substack{x=x_0\\ y=y_0}}$．

如果函数 $z=f(x,y)$ 在平面区域 D 内每一点 (x,y) 处对 x（或对 y）的偏导数都存在，则称函数 $f(x,y)$ 在 D 内有对 x（或对 y）的偏导函数，简称偏导数．记作

$$f_x'(x,y),\ \frac{\partial f(x,y)}{\partial x},\ \frac{\partial z}{\partial x}\ \text{或}\ z_x';$$

$$f_y'(x,y),\ \frac{\partial f(x,y)}{\partial y},\ \frac{\partial z}{\partial y}\ \text{或}\ z_y'.$$

显然有

$$f_x'(x_0,y_0)=f_x'(x,y)\Big|_{(x_0,y_0)};$$

$$f_y'(x_0,y_0)=f_y'(x,y)\Big|_{(x_0,y_0)}.$$

二元函数的偏导数的定义完全可以类似地推广到三元或更多元的函数上去.

根据偏导数的定义可知，求多元函数对某一个自变量的偏导数时，只须将其余的自变量视为常数，用一元函数的求导方法求导即可.

例 1 求函数 $z=x^2+y^2+x+1$ 的偏导数 $\frac{\partial z}{\partial x}$，$\frac{\partial z}{\partial y}$.

解 把 y 看成常量，对 x 求导，得 $\frac{\partial z}{\partial x}=2x+1$；

把 x 看成常量，对 y 求导，得 $\frac{\partial z}{\partial y}=2y$.

例 2 求函数 $z=x^2+y^2+x+1$ 的偏导数在 $(1,2)$ 处的偏导数.

解 $\left.\frac{\partial z}{\partial x}\right|_{\substack{x=1\\y=2}}=(2x+1)\Big|_{\substack{x=1\\y=2}}=3$；$\left.\frac{\partial z}{\partial y}\right|_{\substack{x=1\\y=2}}=(2y)\Big|_{\substack{x=1\\y=2}}=-4$.

7.2.2 高阶偏导数

一般而言，函数 $z=f(x,y)$ 的偏导数 $z_x'=\frac{\partial f(x,y)}{\partial x}$，$z_y'=\frac{\partial f(x,y)}{\partial y}$ 还是 x，y 的二元函数. 如果这两个函数对自变量 x 和 y 的偏导数也存在，则称这些偏导数为函数 $f(x,y)$ 的二阶偏导数，记作

$$\frac{\partial^2 z}{\partial x^2}=\frac{\partial}{\partial x}\left(\frac{\partial z}{\partial x}\right)=f_{xx}''(x,y)=z_{xx}''; \tag{7.2.1}$$

$$\frac{\partial^2 z}{\partial x\partial y}=\frac{\partial}{\partial y}\left(\frac{\partial z}{\partial x}\right)=f_{xy}''(x,y)=z_{xy}''; \tag{7.2.2}$$

$$\frac{\partial^2 z}{\partial y^2}=\frac{\partial}{\partial y}\left(\frac{\partial z}{\partial y}\right)=f_{yy}''(x,y)=z_{yy}''; \tag{7.2.3}$$

$$\frac{\partial^2 z}{\partial y\partial x}=\frac{\partial}{\partial x}\left(\frac{\partial z}{\partial y}\right)=f_{yx}''(x,y)=z_{yx}''. \tag{7.2.4}$$

公式（7.2.2）和公式（7.2.4）称为混合偏导数. 它们的区别在于求导的先后次序不同，它们并不一定相等. 当 $\frac{\partial^2 z}{\partial x\partial y}$ 和 $\frac{\partial^2 z}{\partial y\partial x}$ 在区域 D 内连续时，则在该区域 D 内有 $\frac{\partial^2 z}{\partial x\partial y}=\frac{\partial^2 z}{\partial y\partial x}$，即二阶混合偏导数连续时与求导次序无关.

与二元函数的二阶偏导数类似可得三阶、四阶以至 n 阶偏导数．二阶及二阶以上的偏导数称为高阶偏导数．

例 3　求 $z = x^3 + y^3 - 3xy^2$ 的各个二阶偏导数．

解　$\dfrac{\partial z}{\partial x} = 3x^2 - 3y^2$；　　$\dfrac{\partial z}{\partial y} = 3y^2 - 6xy$；

$\dfrac{\partial^2 z}{\partial x^2} = 6x$；　　$\dfrac{\partial^2 z}{\partial y^2} = 6y - 6x$；

$\dfrac{\partial^2 z}{\partial x \partial y} = -6y$；　　$\dfrac{\partial^2 z}{\partial y \partial x} = -6y$．

习题 7.2

1．求下列函数的偏导数：

（1）$z = xy + \dfrac{x}{y}$；　　（2）$z = \mathrm{e}^{xy}$；

（3）$z = \sqrt{x} \sin \dfrac{y}{x}$；　　（4）$z = \arctan \dfrac{y}{x}$；

（5）设 $z = (1+xy)^y$，求在点 $(1,1)$ 处的偏导数；

（6）设 $z = \ln\left(x + \dfrac{y}{2x}\right)$，求 $\left.\dfrac{\partial z}{\partial x}\right|_{(1,0)}$，$\left.\dfrac{\partial z}{\partial y}\right|_{(1,0)}$．

2．求下列函数的高阶偏导数：

（1）$z = x^4 + y^4 - 4x^2y^2$，求 $\dfrac{\partial^2 z}{\partial x^2}$，$\dfrac{\partial^2 z}{\partial y^2}$，$\dfrac{\partial^2 z}{\partial x \partial y}$；

（2）$z = 5x^4 y + 10x^2 y^3$，求 $\dfrac{\partial^2 z}{\partial x^2}$，$\dfrac{\partial^2 z}{\partial y^2}$，$\dfrac{\partial^2 z}{\partial x \partial y}$，$\dfrac{\partial^2 z}{\partial y \partial x}$．

7.3　全微分

7.3.1　全微分的概念

下面讨论二元函数 $z = f(x,y)$ 当两个自变量 x，y 同时变化时函数的变化情况．先看一个实例．

设有一矩形金属片，长为 x，宽为 y，则面积 $S = xy$．当边长 x，y 分别有增量 Δx，Δy 时，面积的增量为

$$\Delta S = (x+\Delta x)(y+\Delta y) - xy = x\Delta y + y\Delta x + (\Delta x \Delta y)\,.$$

上式右端可看作两部分，第一部分 $x\Delta y + y\Delta x$ 是 Δx，Δy 的线性函数，第二部分 $\Delta x \Delta y$，当 $\Delta x \to 0$，$\Delta y \to 0$ 时，它是比 $\rho = \sqrt{(\Delta x)^2 + (\Delta y)^2}$ 高阶的无穷小量（图 7.8），

如果以 $x\Delta y+y\Delta x$ 近似的表示 ΔS，而将 $\Delta x\Delta y$ 略去，则其差

$$\Delta S-(x\Delta y+y\Delta x)$$

是一个比 ρ 高阶的无穷小量. 我们把 $x\Delta y+y\Delta x$ 叫做面积 S 的微分，记作

$$\mathrm{d}S=x\Delta y+y\Delta x .$$

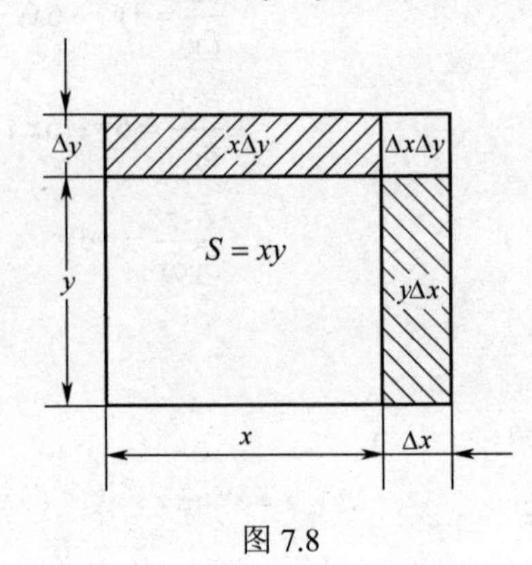

图 7.8

类似于一元函数，可以给出二元函数微分的定义.

定义 设二元函数 $z=f(x,y)$ 在点 (x,y) 处的某邻域内有定义，如果在 (x,y) 点的全增量

$$\Delta z=f(x+\Delta x,y+\Delta y)-f(x,y)$$

可表示为

$$\Delta z=A\Delta x+B\Delta y+o(\rho),$$

其中 A, B 与 Δx, Δy 无关，且 $\rho=\sqrt{(\Delta x)^2+(\Delta y)^2}$，$\lim\limits_{\rho\to 0}\dfrac{o(\rho)}{\rho}=0$，则称 $A\Delta x+B\Delta y$ 为函数 $z=f(x,y)$ 在点 (x,y) 处的全微分，记作 $\mathrm{d}z$，即

$$\mathrm{d}z=A\Delta x+B\Delta y,$$

这时称函数 $z=f(x,y)$ 在点 (x,y) 处可微.

由定义可知：

（1）如果函数 $z=f(x,y)$ 在点 (x,y) 处可微，则在该点处函数的两个偏导数 $\dfrac{\partial z}{\partial x},\dfrac{\partial z}{\partial y}$ 一定都存在.

（2）函数 $z=f(x,y)$ 在点 (x,y) 处可微，由 $\Delta z=A\Delta x+B\Delta y+o(\rho)$ 可得当 $\Delta x\to 0$ 且 $\Delta y\to 0$ 时，有 $\Delta z\to 0$，这说明函数在点 (x,y) 处连续.

函数 $z=f(x,y)$ 的全微分与连续、偏导数有下面的关系（证明从略）：

定理 1 若 $z=f(x,y)$ 在点 (x,y) 处可微，则它在点 (x,y) 处一定连续.

注意 此定理的逆命题不成立，即函数在某点连续不一定可微.

定理 2 若 $z=f(x,y)$ 在点 (x,y) 处可微，则它在点 (x,y) 处的两个偏导数存在，且

$$A=\frac{\partial z}{\partial x},\ B=\frac{\partial z}{\partial y}.$$

与一元函数一样，规定自变量的增量就是自变量的微分，即 $\Delta x=\mathrm{d}x$，$\Delta y=\mathrm{d}y$，则全微分又可记作

$$\mathrm{d}z=\frac{\partial z}{\partial x}\mathrm{d}x+\frac{\partial z}{\partial y}\mathrm{d}y.$$

注意　二元函数偏导数存在仅仅是可微的必要条件，而不是充分条件，即二元函数在点 (x,y) 处的两个偏导数都存在，它在点 (x,y) 处不一定可微.

定理 3　设函数 $z=f(x,y)$ 在点 (x,y) 的某邻域内有连续的偏导数，则函数 $z=f(x,y)$ 在点 (x,y) 处必可微.

全微分的概念可以推广到三元及三元以上的函数，例如，若三元函数 $u=f(x,y,z)$ 在区域 D 内具有连续的偏导数，则 $u=f(x,y,z)$ 在 D 内可微，其全微分为

$$\mathrm{d}u=\frac{\partial u}{\partial x}\mathrm{d}x+\frac{\partial u}{\partial y}\mathrm{d}y+\frac{\partial u}{\partial z}\mathrm{d}z.$$

例 1　求函数 $z=\mathrm{e}^x\sin y$ 在点 $\left(0,\frac{\pi}{6}\right)$ 处当 $\Delta x=0.04$，$\Delta y=0.02$ 的全微分.

解　$\frac{\partial z}{\partial x}=\mathrm{e}^x\sin y$，$\frac{\partial z}{\partial y}=\mathrm{e}^x\cos y$，

$$\left.\frac{\partial z}{\partial x}\right|_{\substack{x=0\\y=\frac{\pi}{6}}}=\frac{1}{2},\quad \left.\frac{\partial z}{\partial y}\right|_{\substack{x=0\\y=\frac{\pi}{6}}}=\frac{\sqrt{3}}{2},$$

$$\mathrm{d}z\Big|_{\substack{\Delta x=0.04\\\Delta y=0.02}}=\frac{\partial z}{\partial x}\Delta x+\frac{\partial z}{\partial y}\Delta y=\frac{1}{2}\times 0.04+\frac{\sqrt{3}}{2}\times 0.02\approx 0.037.$$

例 2　求函数 $z=x^y$ 的全微分.

解　$\frac{\partial z}{\partial x}=yx^{y-1}$，$\frac{\partial z}{\partial y}=x^y\ln x$，

$$\mathrm{d}z=\frac{\partial z}{\partial x}\mathrm{d}x+\frac{\partial z}{\partial y}\mathrm{d}y=yx^{y-1}\mathrm{d}x+x^y\ln x\mathrm{d}y.$$

7.3.2　全微分在近似计算中的应用

由二元函数全微分的定义可知，全增量与全微分之差是 ρ 的高阶无穷小，所以当 $|\Delta x|$，$|\Delta y|$ 很小时，有

$$\Delta z\approx \mathrm{d}z=f_x'(x,y)\Delta x+f_y'(x,y)\Delta y.$$

又
$$\Delta z=f(x+\Delta x,y+\Delta y)-f(x,y),$$

从而 $$f(x+\Delta x,y+\Delta y)\approx f(x,y)+f_x{}'(x,y)\Delta x+f_y{}'(x,y)\Delta y\ .$$

因此，我们可通过全微分计算 Δz 和 $f(x+\Delta x\ ,\ y+\Delta y)$ 的近似值.

例 3 求 $(1.98)^{4.01}$ 的近似值.

解 计算 $(1.98)^{4.01}$ 的值可以看作 $f(x,y)=x^y$ 当 $x+\Delta x=1.98$，$y+\Delta y=4.01$ 时 $f(x+\Delta x,y+\Delta y)$ 的值.

取 $x=2$，$\Delta x=-0.02$，$y=4$，$\Delta y=0.01$，

$$f_x{}'(2,4)=yx^{y-1}\Big|_{\substack{x=2\\y=4}}=32\ ,$$

$$f_y{}'(2,4)=x^y\ln x\Big|_{\substack{x=2\\y=4}}\approx 11.09\ ,$$

$$\begin{aligned}(1.98)^{4.01}&\approx f_x{}'(2,4)\Delta x+f_y{}'(2,4)\Delta y+f(2,4)\\&\approx 32\times(-0.02)+11.09\times 0.01+16\\&\approx 15.47.\end{aligned}$$

例 4 有一两端封闭的圆柱形金属筒，底半径为 5 厘米，高为 18 厘米，在筒面上涂上厚 0.01 厘米的油漆，问需油漆若干？

解 本题可以看作求体积增量的问题.

设圆筒底半径为 r，高为 h，则体积为

$$V=\pi r^2 h\ .$$

体积增量 ΔV 即为用油漆的体积

$$\begin{aligned}\Delta V\approx \mathrm{d}V&=\frac{\partial V}{\partial r}\mathrm{d}r+\frac{\partial V}{\partial h}\mathrm{d}h\\&=\pi r(2h\mathrm{d}r+r\mathrm{d}h),\end{aligned}$$

将 $r=5$，$h=18$，$\mathrm{d}r=0.01$，$\mathrm{d}h=0.02$ 代入上式得

$$\begin{aligned}\Delta V\approx \mathrm{d}V&=5\pi(2\times 18\times 0.01+5\times 0.02)\\&\approx 7.22\ (\mathrm{cm}^3).\end{aligned}$$

习题 7.3

1．求下列函数的全微分：

（1）$z=x^2y^3$；（2）$z=\sqrt{\dfrac{x}{y}}$；

（3）$z=\mathrm{e}^{x-2y}$；（4）$z=\ln(2x^2+3y^2)$．

2．求下列函数在给定条件下的全微分值：

（1）函数 $z=2x^2+3y^2$，当 $x=10$，$y=8$，$\Delta x=0.2$，$\Delta y=0.3$；

（2）函数 $z=\mathrm{e}^{xy}$，当 $x=1$，$y=8$，$\Delta x=0.15$，$\Delta y=0.1$．

3．计算下列各式的近似值：

（1）$\sqrt{(1.02)^3+(1.97)^3}$；（2）$(10.1)^{2.03}$.

7.4 多元复合函数与隐函数的微分法

7.4.1 多元复合函数微分法

设函数 $z=f(u,v)$ 是变量 u，v 的函数，而 u，v 又是变量 x，y 的函数 $u=\varphi(x,y)$，$v=\psi(x,y)$，因而 $z=f[\varphi(x,y),\psi(x,y)]$ 是 x，y 的复合函数，其中 u，v 称为中间变量. 对于这种类型的复合函数的偏导数，有下面的定理：

定理 设 $z=f(u,v)$ 可微，且 $u=\varphi(x,y)$，$v=\psi(x,y)$ 的偏导数都存在，则复合函数 $z=f[\varphi(x,y),\psi(x,y)]$ 对 x，y 的偏导数存在，且

$$\frac{\partial z}{\partial x}=\frac{\partial z}{\partial u}\cdot\frac{\partial u}{\partial x}+\frac{\partial z}{\partial v}\cdot\frac{\partial v}{\partial x};$$

$$\frac{\partial z}{\partial y}=\frac{\partial z}{\partial u}\cdot\frac{\partial u}{\partial y}+\frac{\partial z}{\partial v}\cdot\frac{\partial v}{\partial y}. \tag{7.4.1}$$

在求多元复合函数的偏导数时，要弄清楚哪些是中间变量，哪些是自变量以及它们之间的复合关系. 常用图示法表达变量之间的关系，如图 7.9.

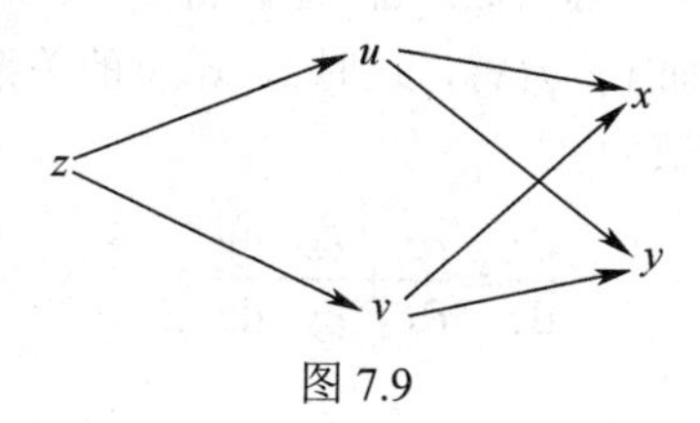

图 7.9

由公式（7.4.1）可以看出，求复合函数 z 对某个自变量的偏导数时，要通过一切有关的中间变量而归结到该自变量. 例如，若求 z 对 x 的偏导数，可从图中看出，z 到达 x 的路径有两条，即 $z\to u\to x$ 和 $z\to v\to x$. 沿 $z\to u\to x$ 求出 $\frac{\partial z}{\partial u}$ 与 $\frac{\partial u}{\partial x}$，相乘为公式中的第一项；沿 $z\to v\to x$ 求出 $\frac{\partial z}{\partial v}$ 与 $\frac{\partial v}{\partial x}$，相乘为公式中的第二项，两项之和 $\frac{\partial z}{\partial u}\cdot\frac{\partial u}{\partial x}+\frac{\partial z}{\partial v}\cdot\frac{\partial v}{\partial x}$ 即为 $\frac{\partial z}{\partial x}$. 公式可简记为“沿线相乘，分线相加”. 这就是二元函数的复合函数微分法的链式法则.

例 1 设 $z=\mathrm{e}^u\sin v$，$u=xy$，$v=x+y$，求 $\frac{\partial z}{\partial x}$ 和 $\frac{\partial z}{\partial y}$.

解 u，v 是中间变量，z 是 x，y 的复合函数，且变量之间的关系如图 7.9 所示. 而

$$\frac{\partial z}{\partial x}=\frac{\partial z}{\partial u}\cdot\frac{\partial u}{\partial x}+\frac{\partial z}{\partial v}\cdot\frac{\partial v}{\partial x}$$

$$=\mathrm{e}^u\sin v\cdot y+\mathrm{e}^u\cos v\cdot 1$$

$$=y\mathrm{e}^{xy}\sin(x+y)+\mathrm{e}^{xy}\cos(x+y)$$

$$=\mathrm{e}^{xy}[y\sin(x+y)+\cos(x+y)]\;;$$

$$\frac{\partial z}{\partial y}=\frac{\partial z}{\partial u}\cdot\frac{\partial u}{\partial y}+\frac{\partial z}{\partial v}\cdot\frac{\partial v}{\partial y}$$

$$=\mathrm{e}^u\sin v\cdot x+\mathrm{e}^u\cos v\cdot 1$$

$$=x\mathrm{e}^{xy}\sin(x+y)+\mathrm{e}^{xy}\cos(x+y)$$

$$=\mathrm{e}^{xy}[x\sin(x+y)+\cos(x+y)]\,.$$

对于中间变量和自变量不是两个的情形，都可以类似地用复合关系图写出求导公式．我们经常遇到以下情况：

设 $z=f(u,v)$，而 $u=\varphi(t)$， $v=\psi(t)$，则复合函数 $z=f[\varphi(t),\psi(t)]$ 是 t 的一元函数，z，u，v，t 间的关系如图 7.10 所示．

这时 z 对 t 的导数称为全导数．即：

$$\frac{\mathrm{d}z}{\mathrm{d}t}=\frac{\partial z}{\partial u}\cdot\frac{\mathrm{d}u}{\mathrm{d}t}+\frac{\partial z}{\partial v}\cdot\frac{\mathrm{d}v}{\mathrm{d}t}.$$

另外，如果 $z=f(x,y)$，而 $y=\varphi(x)$，这时 z，x，y 的关系如图 7.11 所示，则复合函数 $z=f[x,\varphi(x)]$ 的全导数为

$$\frac{\mathrm{d}z}{\mathrm{d}x}=\frac{\partial z}{\partial x}+\frac{\partial z}{\partial y}\cdot\frac{\mathrm{d}y}{\mathrm{d}x}\,.$$

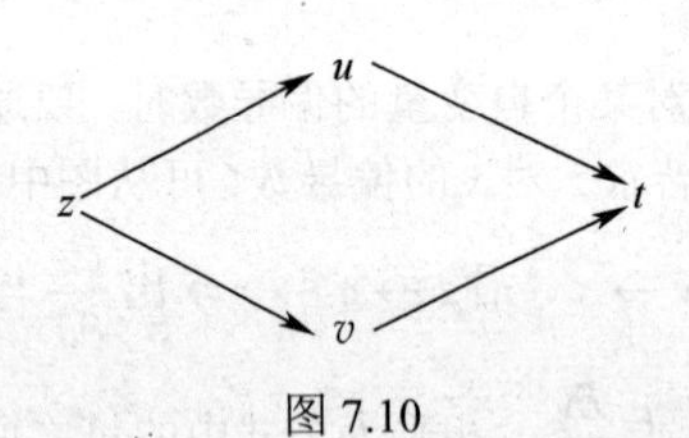

图 7.10

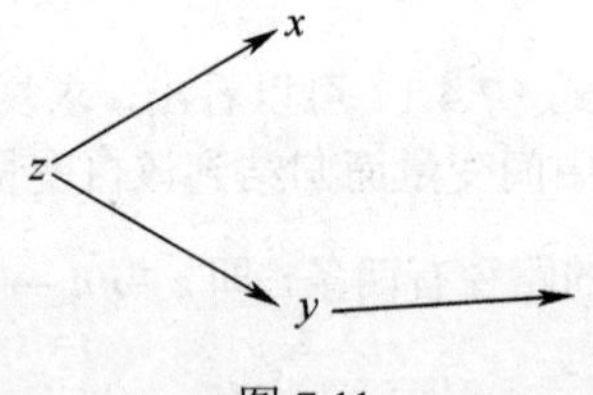

图 7.11

多元复合函数的复合关系多种多样，一般要正确画出各变量之间的复合关系图，再写出相应的导数公式，然后进行计算．

例 2 设 $z=x^y$，而 $x=\sin t$，$y=\cos t$，求 $\frac{\mathrm{d}z}{\mathrm{d}t}$．

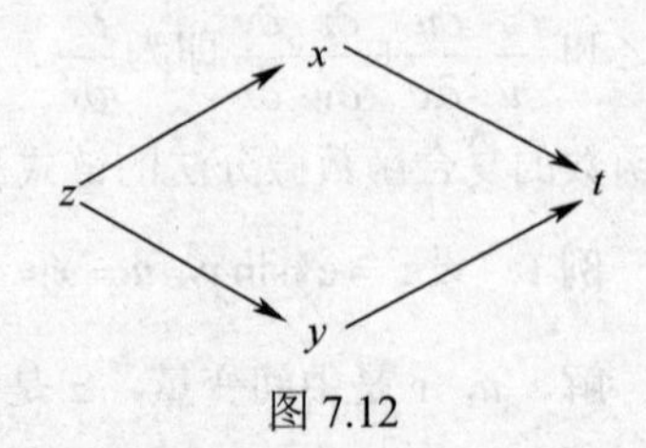

图 7.12

解 画出函数关系图（图 7.12），于是

$$\begin{aligned}\frac{dz}{dt} &= \frac{\partial z}{\partial x}\cdot\frac{dx}{dt}+\frac{\partial z}{\partial y}\cdot\frac{dy}{dt} \\ &= yx^{y-1}\cdot\cos t + x^y\ln x\cdot(-\sin t) \\ &= yx^{y-1}\cos t - x^y\sin t\ln x \\ &= (\sin t)^{\cos t-1}\cdot\cos^2 t-(\sin t)^{\cos t+1}\cdot\ln\sin t\ .\end{aligned}$$

例 3 设 $z = x^2+\sqrt{y}$， $y=\sin x$，求 $\dfrac{dz}{dx}$.

解 画出函数关系图（图 7.11），于是

$$\frac{dz}{dx}=\frac{\partial z}{\partial x}+\frac{\partial z}{\partial y}\cdot\frac{dy}{dx}=2x+\frac{1}{2}y^{-\frac{1}{2}}\cdot\cos x$$

$$=2x+\frac{\cos x}{2\sqrt{\sin x}}\ .$$

7.4.2 隐函数微分法

在一元函数微分学中，讨论过由方程 $F(x,y)=0$ 所确定的函数 $y=f(x)$ 的导数，但没有计算公式，现在根据多元复合函数的微分法则，推导一元函数的导数公式，并将其推广到多元函数的隐函数的情形.

若方程 $F(x,y)=0$ 确定了 y 是 x 的函数 $y=f(x)$，于是得到

$$F[x,f(x)]=0\ . \tag{7.4.2}$$

如果函数 $F(x,y)$ 在点 (x,y) 的某个邻域内有连续的偏导数 $F_x'(x,y)$ 及 $F_y'(x,y)$，且在点 (x,y) 处 $F_y'(x,y)\neq 0$，那么对（7.4.2）式的两端对 x 求导，即得

$$F_x'(x,y)+F_y'(x,y)\frac{dy}{dx}=0\ .$$

由于 $F_y'(x,y)\neq 0$，则有

$$\frac{dy}{dx}=-\frac{F_x'(x,y)}{F_y'(x,y)}\ .$$

例 4 求由方程 $xy+x+y=1$ 所确定的隐函数 $y=f(x)$ 的导数 $\dfrac{dy}{dx}$.

解 设 $F(x,y)=xy+x+y-1$，

则
$$F_x'(x,y)=y+1,\ F_y'(x,y)=x+1\ ,$$

$$\frac{dy}{dx}=-\frac{F_x'(x,y)}{F_y'(x,y)}=-\frac{y+1}{x+1}\ .$$

这同前面通过方程两边对 x 求导，再解出 $\dfrac{dy}{dx}$ 的结果是一样的.

若 $z=f(x,y)$ 是由方程 $F(x,y,z)=0$ 所确定的二元隐函数，则有以下等式

$$F[x,y,f(x,y)]=0\,. \tag{7.4.3}$$

其变量间的关系如图 7.13 所示.

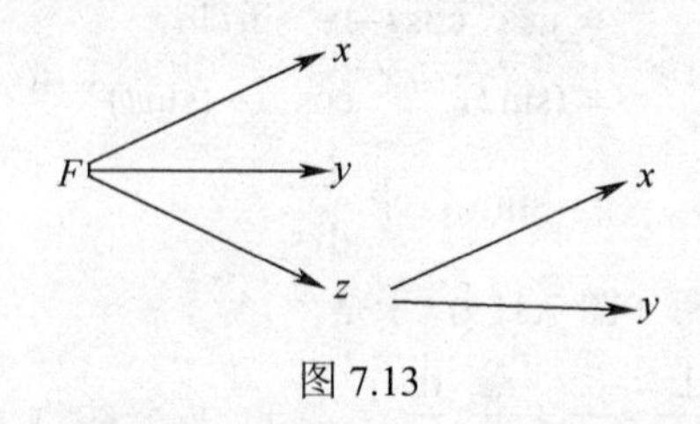

图 7.13

如果 $\dfrac{\partial F}{\partial x}$，$\dfrac{\partial F}{\partial y}$，$\dfrac{\partial F}{\partial z}$ 连续，且 $\dfrac{\partial F}{\partial z}\neq 0$，在（7.4.3）式两端分别对 x，y 求偏导数，得

$$\frac{\partial F}{\partial x}+\frac{\partial F}{\partial z}\cdot\frac{\partial z}{\partial x}=0\,,\quad \frac{\partial F}{\partial y}+\frac{\partial F}{\partial z}\cdot\frac{\partial z}{\partial y}=0\,,$$

分别解出 $\dfrac{\partial z}{\partial x}$ 和 $\dfrac{\partial z}{\partial y}$，得

$$\frac{\partial z}{\partial x}=-\frac{\dfrac{\partial F}{\partial x}}{\dfrac{\partial F}{\partial z}}=-\frac{F_x'}{F_z'}\,,\quad \frac{\partial z}{\partial y}=-\frac{\dfrac{\partial F}{\partial y}}{\dfrac{\partial F}{\partial z}}=-\frac{F_y'}{F_z'}\,.$$

例 5 设 $z^3-3xyz=a^2$，求 $\dfrac{\partial z}{\partial x}$ 和 $\dfrac{\partial z}{\partial y}$.

解 令 $F(x,y,z)=z^3-3xyz-a^2$，于是

$$\frac{\partial F}{\partial x}=-3yz,\ \frac{\partial F}{\partial y}=-3xz,\ \frac{\partial F}{\partial z}=3z^2-3xy\,,$$

$$\frac{\partial z}{\partial x}=-\frac{F_x'}{F_z'}=-\frac{-3yz}{3z^2-3xy}=\frac{yz}{z^2-xy}\,,$$

$$\frac{\partial z}{\partial y}=-\frac{F_y'}{F_z'}=-\frac{-3xz}{3z^2-3xy}=\frac{xz}{z^2-xy}\,.$$

求隐函数的偏导数可以用公式法，也可以用定义法，如以下例题.

例 6 计算由方程 $\mathrm{e}^z-z^2-x^2-y^2=0$ 确定的隐函数 $z=f(x,y)$ 的偏导数.

解 将方程两边对 x 求偏导数得

$$\mathrm{e}^z\cdot\frac{\partial z}{\partial x}-2z\cdot\frac{\partial z}{\partial x}-2x=0\,,$$

由上式可解出
$$\frac{\partial z}{\partial x}=\frac{2x}{\mathrm{e}^z-2z}.$$
同理可得
$$\frac{\partial z}{\partial y}=\frac{2y}{\mathrm{e}^z-2z}.$$

习题 7.4

1．求下列函数的导数：

（1）设 $z=u^2\ln v$，而 $u=\frac{x}{y}$，$v=3x-2y$，求 $\frac{\partial z}{\partial x}, \frac{\partial z}{\partial y}$；

（2）设 $z=u^2+v^2+uv$，而 $u=\sin t$，$v=t^2$，求 $\frac{\mathrm{d}z}{\mathrm{d}t}$；

（3）设 $z=x\sin v+2x^2+\mathrm{e}^v$，而 $v=x^2+y^2$，求 $\frac{\partial z}{\partial x}, \frac{\partial z}{\partial y}$；

（4）设 $z=f(x^2-y^2,\mathrm{e}^{xy})$，求 $\frac{\partial z}{\partial x}, \frac{\partial z}{\partial y}$．

2．计算下列方程所确定的导数或偏导数：

（1）$x^3+y^3+z^3-3xyz-4=0$，求 $\frac{\partial z}{\partial x}, \frac{\partial z}{\partial y}$；

（2）$x+y-x\mathrm{e}^y=0$，求 $\frac{\mathrm{d}y}{\mathrm{d}x}$；

（3）$x+y-z-\cos(xyz)=0$，求 $\frac{\partial z}{\partial x}, \frac{\partial z}{\partial y}$；

（4）$\mathrm{e}^z=xyz$，求 $\frac{\partial z}{\partial x}, \frac{\partial z}{\partial y}$．

7.5 多元函数的极值与最值

7.5.1 多元函数的极值

前面我们已经求过一元函数的极值、最大值 、最小值．但是在生产实践、科学研究和经济活动分析中往往会遇到一些最优化问题，这些最优化问题有相当一部分可以归结为多元函数的极值问题．例如在安排生产计划问题时，如何在现有人力、物力条件下，合理安排产品生产，使国民生产总值最高或总利润最大、总成本最少等，这些问题都涉及到多元函数的极值、最大值或最小值．为此在这一节里我们将以二元函数为主讨论多元函数的极值，然后利用函数的极值求函数的最大值和最小值．

定义 设函数 $z=f(x,y)$ 在点 (x_0,y_0) 的某个邻域内有定义，对于该邻域内任

何异于 (x_0, y_0) 的点 (x,y)，如果都有

$$f(x,y) \leqslant f(x_0,y_0),$$

则称函数 $f(x,y)$ 在点 (x_0,y_0) 处有极大值 $f(x_0,y_0)$．

反之，若 $f(x,y) \geqslant f(x_0,y_0)$ 成立，则称函数在点 (x_0,y_0) 处有极小值 $f(x_0,y_0)$，使函数取得极值的点 (x_0,y_0) 称为函数的极值点．

函数的极大值与极小值统称为极值；使函数取得极值的点称为极值点．

同一元函数一样，在上述定义中仍要注意：

（1）极值点一定是区域内的点，而不是边界点．

（2）不等式 $f(x,y) \leqslant f(x_0,y_0)$（或 $f(x,y) \geqslant f(x_0,y_0)$）也只在 (x_0,y_0) 某个邻域的局部范围内成立，不要求在函数整个定义域上成立．

例 1　证明：函数 $z = f(x,y) = x^2 + 2y^2 + 1$ 在原点 $(0,0)$ 处取得极小值为 1．

证　因为 $f(x,y) = x^2 + 2y^2 + 1$ 对于任何 $(x,y) \neq (0,0)$ 的点，都有

$$f(x,y) = x^2 + 2y^2 + 1 > 1 = f(0,0),$$

这个函数的图形是椭圆抛物面．在曲面上点 $(0,0,1)$ 低于周围的点（图 7.14）．

例 2　证明：函数 $z = f(x,y) = 1 - x^2 - 2y^2$ 在原点 $(0,0)$ 处取得极大值为 1．

证　因为

$$f(x,y) = 1 - x^2 - 2y^2,$$

对于任何 $(x,y) \neq (0,0)$ 的点，都有

$$f(x,y) = 1 - x^2 - 2y^2 < 1 = f(0,0),$$

函数的图形是椭圆抛物面，在曲面上点 $(0,0,1)$ 高于周围的点（图 7.15）．

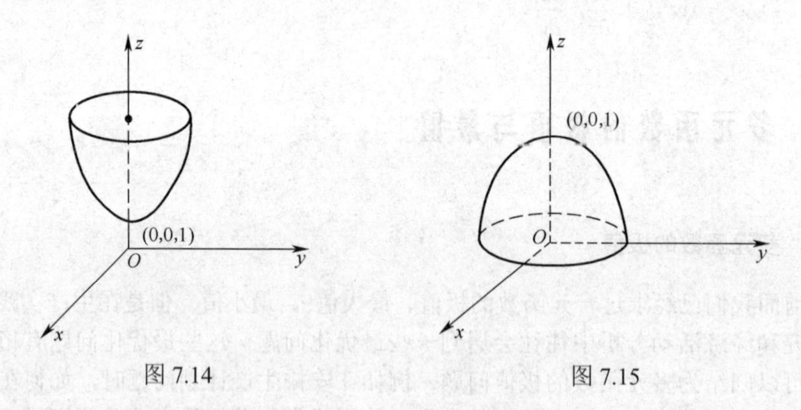

图 7.14　　　　图 7.15

定理 1（极值的必要条件）　设函数 $z = f(x,y)$ 在点 (x_0,y_0) 处取得极值，且函数在该点处有一阶偏导数，则有

$$f_x'(x_0,y_0) = 0,\ f_y'(x_0,y_0) = 0.$$

证　因为点 (x_0,y_0) 是 $f(x,y)$ 的极值点，若固定 $f(x,y)$ 中的变量 y，令 $y = y_0$，

则 $f(x,y_0)$ 是关于 x 的一元函数，它在 x_0 处有极值，因而有 $f_x'(x_0,y_0)=0$，同理可证 $f_y'(x_0,y_0)=0$.

仿照一元函数，使 $f_x'(x_0,y_0)=0$，$f_y'(x_0,y_0)=0$ 同时成立的点 (x_0,y_0)，称为函数 $f(x,y)$ 的驻点. 由定理 1 可知，具有偏导数的函数的极值点必定是驻点，但是函数的驻点不一定是极值点.

例 3　求函数 $f(x,y)=x^2+y^2$ 的极值.

解　由方程组 $\begin{cases} f_x'=2x=0, \\ f_y'=2y=0, \end{cases}$ 得驻点 $(x,y)=(0,0)$，

由于 $f(0,0)=0<x^2+y^2$（当 x，y 不同时为 0 时），所以是极小值点，$f(0,0)=0$ 为极小值（也是最小值）.

例 4　讨论函数 $f(x,y)=x^2-y^2$ 是否有极值.

解　由 $f_x'=2x=0$，$f_y'=-2y=0$，得驻点 $(x,y)=(0,0)$.

但当 $x=0$，$y\neq 0$ 时，$f(0,y)=-y^2<0$；

当 $y=0$，$x\neq 0$ 时，$f(x,0)=x^2>0$，

因此 $f(0,0)$ 不是极值，此函数无极值（图 7.16）.

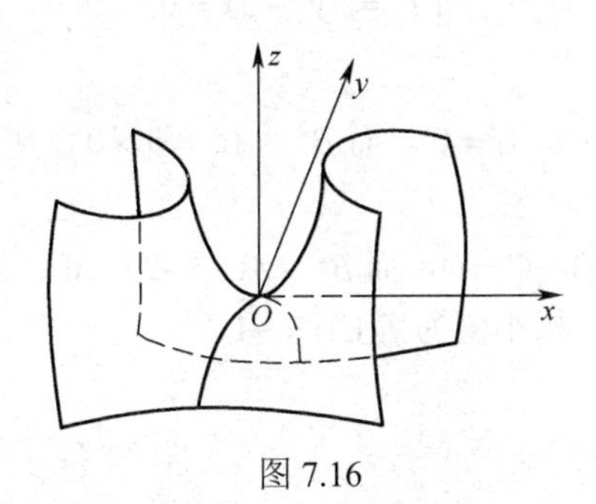

图 7.16

定理 1 告诉我们，在偏导数存在的条件下求函数的极值点，只需在函数的驻点中去寻找，但是怎样判断这些驻点中哪些是极值点？如果是极值点，到底是极大值点还是极小值点？下述定理提供了如何判定驻点是否为极值点的方法.

定理 2（极值的充分条件）　设函数 $z=f(x,y)$ 在点 (x_0,y_0) 的某邻域内有连续的二阶偏导数，且 $f_x'(x_0,y_0)=0$，$f_y'(x_0,y_0)=0$，并记

$$A=f_{xx}''(x_0,y_0),\ B=f_{xy}''(x_0,y_0),\ C=f_{yy}''(x_0,y_0),$$

则

（1）$B^2-AC<0$ 时，点 (x_0,y_0) 是极值点，且

1）当 $A<0$（或 $C<0$）时，点 (x_0,y_0) 是极大值点；

2）当 $A>0$（或 $C>0$）时，点 (x_0,y_0) 是极小值点；

（2）$B^2-AC>0$ 时，点 (x_0,y_0) 不是极值点；

（3）$B^2-AC=0$ 时，点 (x_0,y_0) 可能是极值点，也可能不是极值点.

证略.

由定理 1 和定理 2，求二元函数 $z=f(x,y)$ 极值的步骤如下：

（1）根据函数极值存在的必要条件，求出可能的极值点（驻点），即解出方程组

$$\begin{cases} f_x'(x,y)=0, \\ f_y'(x,y)=0, \end{cases} \quad \text{得驻点} (x_0,y_0)；$$

（2）对应于每一个驻点 (x_0,y_0)，求 $f(x,y)$ 的二阶偏导数 A，B，C；

（3）由函数极值存在的充分条件，依据 B^2-AC 的符号，确定 (x_0,y_0) 是否为极值点.

若 (x_0,y_0) 是极值点，计算 (x_0,y_0) 处的函数值 $f(x_0,y_0)$.

例 5　求函数 $z=x^3+y^3-3xy$ 的极值.

解　$f_x'=3x^2-3y$，$f_y'=3y^2-3x$，$f_{xx}''=6x$，$f_{xy}''=-3$，$f_{yy}''=6y$，

解方程组

$$\begin{cases} f_x'=3x^2-3y=0, \\ f_y'=3y^2-3x=0. \end{cases}$$

得驻点 $(0,0)$，$(1,1)$.

在 $(0,0)$ 处，$A=0$，$B=-3$，$C=0$，而 $B^2-AC=9>0$，所以函数在点 $(0,0)$ 处无极值；

在 $(1,1)$ 处，$A=6$，$B=-3$，$C=6$，而 $B^2-AC=-27<0$，且 $A=6>0$，所以函数在点 $(1,1)$ 处取得极小值，极小值为 $f(1,1)=-1$.

7.5.2　多元函数的最值

类似一元函数，可用多元函数极值解决实际问题中的最大值与最小值问题. 根据闭区域上连续函数最大（小）值的存在性可知，求函数的最大值或最小值时，须先求出该区域内一切驻点和偏导数不存在的点的函数值，再求出边界上的最大值和最小值，然后比较它们的大小，最大者便是最大值，最小者便是最小值.

对于实际问题，上述方法可简化. 若事先能够判断函数在区域 D 的内部一定存在最大值或最小值，而函数在 D 内又只有一个驻点，则该驻点处的函数值就是函数的最大值或最小值.

例 6　某工厂要用钢板制作一个容积为 V 的无盖长方形盒子，问怎样选取长、宽、高才能使所用的钢板最省？

解 设无盖的盒子底边长为x，宽为y，则高为$z=\dfrac{V}{xy}$（图 7.17），

因此，无盖长方形的表面积为

$$S=xy+\frac{V}{xy}(2x+2y)=xy+2V\left(\frac{1}{x}+\frac{1}{y}\right),$$

它的定义域 D：$0<x<+\infty$，$0<y<+\infty$，要求x，y的值，使得S取最小值，为此，求S的偏导数

$$\frac{\partial S}{\partial x}=y-\frac{2V}{x^2},\quad \frac{\partial S}{\partial y}=x-\frac{2V}{y^2},$$

解方程组

$$\begin{cases} y-\dfrac{2V}{x^2}=0, & (1) \\ x-\dfrac{2V}{y^2}=0. & (2) \end{cases}$$

以$y=\dfrac{2V}{x^2}$代入（2）得

$$2Vx-x^4=0\ . \tag{3}$$

将（3）式左端分解因式，得 $x(\sqrt[3]{2V}-x)(\sqrt[3]{(2V)^2}+\sqrt[3]{2V}\cdot x+x^2)=0$，

由于 $x>0$，$\sqrt[3]{(2V)^2}+\sqrt[3]{2V}\cdot x+x^2>0$.

只能 $\sqrt[3]{2V}-x=0$，

即 $x=\sqrt[3]{2V}$，$y=\sqrt[3]{2V}$.

即函数S在D内只有唯一的驻点$(\sqrt[3]{2V},\sqrt[3]{2V})$，由实际问题的性质可知：$S$在$D$内一定有最小值，所以$S$在点$(\sqrt[3]{2V},\sqrt[3]{2V})$取得最小值，此时高为$\dfrac{\sqrt[3]{2V}}{2}$.

即，当无盖的盒子底边长$x=y=\sqrt[3]{2V}$，高为$\dfrac{\sqrt[3]{2V}}{2}$时，所需钢板最省.

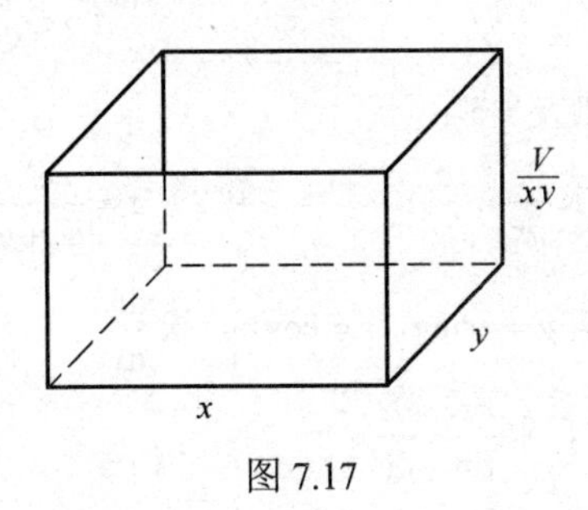

图 7.17

习题 7.5

1．计算下列函数的极值：

（1）$z=x^2-xy+y^2-2x+y$；　　（2）$z=y^3-x^2+6x-12y+5$；

（3）$z=x^3+4x^2+2xy-y^2$．

2．求表面积为 $2a$ 而体积最大的长方体体积．

本章小结

本章首先介绍了空间解析几何的基本知识，其主要目的是使读者更好地理解二元函数的概念及几何意义，使数学中的抽象概念变得具体直观；其次重点理解二元函数的极限、连续与间断，特别是与一元函数的极限、连续与间断点的本质上的区别；之后，重点介绍二元函数的偏导数的定义、记法，显函数、隐函数、复合函数的求导法则及全微分，掌握二元函数的偏导数及全微分的求法，特别注意隐函数求偏导数的公式并多做习题打好基础；此外，还介绍了二元函数的无条件极值，掌握如何判断二元函数的驻点是否为极值点，并能利用上述知识计算实际问题中遇到的最大（小）值（实际应用驻点唯一即为所求），正确理解本章内容，对于进一步了解第 8 章二重积分的基本概念是十分重要的．

复习题 7

1．设 $f_1(x,y)=\ln(xy)$，$f_2(x,y)=\ln x+\ln y$，问 $f_1(x,y)$ 和 $f_2(x,y)$ 是否是同一函数？

2．求下列函数的定义域：

（1）$z=\sqrt{\dfrac{1-y^2}{1-x^2}}$；　　（2）$z=\dfrac{\sqrt{4x-y^2}}{\ln(1-x^2-y^2)}$．

3．求下列函数的极限：

（1）$\lim\limits_{\substack{x\to+\infty\\y\to+\infty}}\left(\dfrac{xy}{x^2+y^2}\right)^{x^2}$；　　（2）$\lim\limits_{\substack{x\to0\\y\to0}}\dfrac{xy}{2-\sqrt{xy+4}}$．

4．求下列函数的偏导数及导数：

（1）$z=\arctan\sqrt{x^y}$，求 $\dfrac{\partial z}{\partial x}$，$\dfrac{\partial z}{\partial y}$；　　（2）$z=\dfrac{e^{xy}}{e^x+e^y}$，求 $\dfrac{\partial z}{\partial x}$，$\dfrac{\partial z}{\partial y}$ 及 dz；

（3）$u=\dfrac{e^{ax}(y-z)}{a^2+1}$，而 $y=a\sin x$，$z=\cos x$，求 $\dfrac{du}{dx}$；

（4）设 $e^z+x^2y+z=5$，求 $\dfrac{\partial z}{\partial x}$，$\dfrac{\partial z}{\partial y}$．

5．求函数 $z=x^3+y^3-3xy+6$ 的极值．

6．求函数 $z=x^2+y^2$ 在条件 $\frac{x}{a}+\frac{y}{b}=1$ 下的极值.

自测题 7

1．选择题

（1）二元函数 $f(x,y)=\mathrm{e}^{\sqrt{xy}}$ 与 $f(x,y)=\mathrm{e}^{\sqrt{x}\sqrt{y}}$ 是（　　）.

A．不相同的函数；　　B．相同的函数；

C．当 $xy\neq 0$ 时相同；　　D．不一定相同.

（2）设 $f(x,y)=xy+\frac{x}{y}$，则 $f\left(\frac{1}{2},3\right)=$（　　）.

A．$\frac{3}{5}$；　　B．$-\frac{3}{5}$；　　C．$\frac{5}{3}$；　　D．$-\frac{5}{3}$.

（3）如果 $z=f(x,y)$ 在点 $P(x,y)$ 处的偏导数 $\frac{\partial z}{\partial x}$，$\frac{\partial z}{\partial y}$ 存在且连续，则函数在该点（　　）.

A．不一定可微；　　B．可微；

C．一定可微；　　D．不可判断.

（4）设 $z=\ln(x+y)$，则 $x\frac{\partial z}{\partial x}+y\frac{\partial z}{\partial y}=$（　　）.

A．1；　　B．2；　　C．3；　　D．4.

（5）如果函数 $z=f(x,y)$ 在点 $P(x,y)$ 可微，那么，偏导数 $\frac{\partial z}{\partial x}$，$\frac{\partial z}{\partial y}$（　　）.

A．一定存在；　　B．不一定存在；

C．存在且相等；　　D．无法判断.

（6）设 $f(x,y)=x\mathrm{e}^y$，则 $\left.\frac{\partial f}{\partial x}\right|_{\substack{x=2\\y=0}}=$（　　）.

A．0；　　B．2；　　C．-1；　　D．1.

（7）设 $z=f(x,y)$，则 $\Delta z=f(x+\Delta x,y+\Delta y)-f(x,y)$ 称为（　　）.

A．全微分；　　B．偏增量；　　C．全增量；　　D．近似值.

（8）设 $u=\left(\frac{x}{y}\right)^2$，则 $\mathrm{d}u=$（　　）.

A．$2x\mathrm{d}x-2x^2\mathrm{d}y$；　　B．$\frac{2xy\mathrm{d}x-2x^2\mathrm{d}y}{y^3}$；

C．$\frac{2x}{y^2}-\frac{2x^2}{y^3}$；　　D．$\frac{2x\mathrm{d}x-2x^2\mathrm{d}y}{y^2}$.

（9）若可微函数 $z=f(x,y)$ 在点 $P_0(x_0,y_0)$ 处有极值，则（　　）.

A．两个偏导数都大于零；

B．两个偏导数都小于零；

C．两个偏导数在点 $P_0(x_0,y_0)$ 的值均等于零；

D．两个偏导数异号．

（10）驻点（　　）极值点．

A．一定是；　　B．不一定是；　　C．一定不是；　　D．无关系．

2．填空题

（1）函数 $z=\ln\sqrt{xy}$ 的定义域________________；

（2）二元函数的偏导数存在与连续的关系________________；

（3）设函数 $z=f(x,y)$ 在点 $P_0(x_0,y_0)$ 处可微，则函数在该点________连续；

（4）函数 $z=f(x,y)$ 的全微分表达式为________________；

（5）驻点与极值点的关系是________________．

3．计算题

（1）设 $f\left(x+y,\dfrac{y}{x}\right)=x^2-y^2$，求 $f(x,y)$；

（2）设 $z^3-3xyz=a^3$，求 $\dfrac{\partial z}{\partial x}$，$\dfrac{\partial z}{\partial y}$；

（3）设 $\sin y+\mathrm{e}^x-xy^2=0$，求 $\dfrac{\mathrm{d}y}{\mathrm{d}x}$；

（4）设 $u=xy+yz+zx$，而 $x=\dfrac{1}{t}$，$y=\mathrm{e}^t$，$z=\mathrm{e}^{-t}$，求 $\dfrac{\mathrm{d}u}{\mathrm{d}t}$；

（5）求 $z=4(x-y)-x^2-y^2$ 的极值．

4．设 $z=xy+xf(u)$，又 $u=\dfrac{y}{x}$，证明：$x\dfrac{\partial z}{\partial x}+y\dfrac{\partial z}{\partial y}=z+xy$．

第 8 章　多元函数积分学

本章学习目标

- 理解二重积分的概念和几何意义
- 了解二重积分的性质
- 熟练掌握在直角坐标系下计算二重积分的方法
- 了解二重积分在极坐标系下的计算方法

8.1　二重积分的概念与性质

8.1.1　二重积分的概念

在第 6 章中，我们用分割、近似、求和、取极限的方法求出了曲边梯形的面积，即一元函数的定积分．同样，这种方法可推广到二元函数，用于建立二元函数的定积分，即二重积分的概念．

引例：曲顶柱体的体积．

曲顶柱体是指这样的立体，它的底是 xOy 平面上的有界闭区域，它的侧面是以 D 的边界为准线，而母线平行 z 轴的柱面，它的顶是由二元函数 $z=f(x,y)$ 所表示的曲面．求当 $f(x,y)\geqslant 0$ 时该曲顶柱体的体积，如图 8.1 所示．

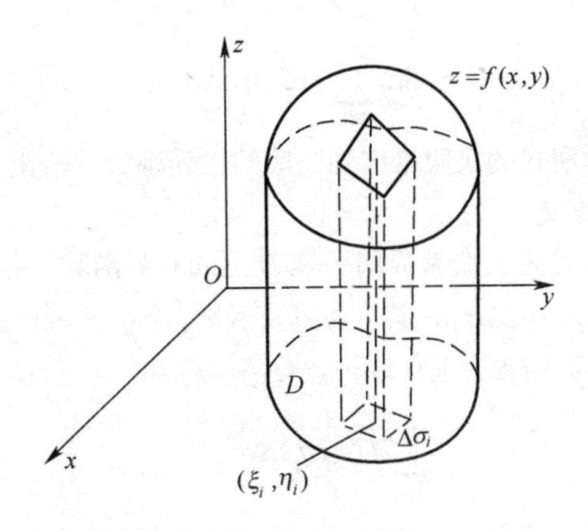

图 8.1

我们知道一般柱体的体积等于底面积乘以高．但现在的问题是，曲顶柱体的曲顶是变化的．我们可从求曲边梯形的面积中受到启发，同样可利用以“不变”代替“变”的思想，即分割、近似、求和、取极限的方法来解决这个问题．

（1）分割．用任意有限条曲线将区域D分成n个小区域：$\Delta\sigma_1,\Delta\sigma_2,\ldots,\Delta\sigma_n$，其中$\Delta\sigma_i$表示第$i$个小区域($i=1,2,\cdots,n$)，同时也表示它的面积．以每个小区域$\Delta\sigma_i$为底，以其边界线为准线，作母线平行于$z$轴的小曲顶柱体，这样就把整个曲顶柱体分成了$n$个小曲顶柱体，分别记作$\Delta V_1,\Delta V_2,\cdots,\Delta V_n$，则整个曲顶柱体的体积

$$V=\Delta V_1+\Delta V_2+\cdots+\Delta V_n=\sum_{i=1}^{n}\Delta V_i\ .$$

（2）近似代替．在n个小曲顶柱体中任取一个以$\Delta\sigma_i$为底的小曲顶柱体．当$\Delta\sigma_i$足够小时，由于$f(x,y)$在D上是连续的，所以$f(x,y)$在$\Delta\sigma_i$上变化很小．于是小曲顶柱体可近似看作小平顶柱体．在$\Delta\sigma_i$上任取一点(ξ_i,η_i)，用以$f(\xi_i,\eta_i)$为高，以$\Delta\sigma_i$为底的小平顶柱体的体积近似代替相应的小曲顶柱体的体积，即

$$\Delta V_i\approx f(\xi_i,\eta_i)\Delta\sigma_i\qquad(i=1,2,\cdots,n).$$

（3）求和．把这些小曲顶柱体体积的近似值加起来便得到整个曲顶柱体体积的近似值，即

$$V=\sum_{i=1}^{n}\Delta V_i\approx\sum_{i=1}^{n}f(\xi_i,\eta_i)\Delta\sigma_i\ .$$

（4）取极限．对区域D分割得越细，上述和式近似程度越好，即越接近曲顶柱体的体积V. 所以当把区域D无限细分时，即当所有小区域的最大直径$d\to 0$时（有界闭区域的直径是指区域上任意两点间距离的最大值），上述和式无限接近曲顶柱体的体积V，即

$$V=\lim_{d\to 0}\sum_{i=1}^{n}f(\xi_i,\eta_i)\Delta\sigma_i\ .$$

下面我们把这种和式的极限推广到一般的二元函数，给出二重积分的定义．

1．二重积分的定义

定义　设$f(x,y)$是定义在有界闭区域D上的有界函数．将区域D任意分割成n个小区域：$\Delta\sigma_1,\Delta\sigma_2,\cdots,\Delta\sigma_n$，其中$\Delta\sigma_i$表示第$i$个小区域（$i=1,2,\cdots,n$），也表示其面积．在每个小区域$\Delta\sigma_i$上任取一点$(\xi_i,\eta_i)$作和

$$\sum_{i=1}^{n}f(\xi_i,\eta_i)\Delta\sigma_i\ ,$$

若当所有小区域的最大直径$d\to 0$时，上述和式的极限存在，则称此极限值为函数$f(x,y)$在闭区域D上的二重积分，也叫做$f(x,y)$在D上可积，记作

$\iint\limits_D f(x,y)\,\mathrm{d}\sigma$，即

$$\lim_{d\to 0}\sum_{i=1}^{n} f(\xi_i,\eta_i)\Delta\sigma_i = \iint\limits_D f(x,y)\mathrm{d}\sigma . \qquad (8.1.1)$$

其中 $f(x,y)$ 称为被积函数，$f(x,y)\mathrm{d}\sigma$ 称为被积表达式，$\mathrm{d}\sigma$ 称为面积元素，x 和 y 称为积分变量，$\sum\limits_{i=1}^{n} f(\xi_i,\eta_i)\Delta\sigma_i$ 称为积分和.

由二重积分的定义易知所求曲顶柱体的体积 $V=\iint\limits_D f(x,y)\,\mathrm{d}\sigma$.

二重积分在实际问题中有着非常广泛的应用，不但可以用于几何上求不规则几何体的体积，而且还被广泛应用于物理中，如可用二重积分求非均匀薄片的质量、静力矩、重心及转动惯量等.

对二重积分的定义，应注意以下几点：

（1）（8.1.1）式左端和式极限的存在是指对区域 D 的任意分法和 $\Delta\sigma_i$ 上 (ξ_i,η_i) 的任意取法，当所有小区域的最大直径 $d\to 0$ 时，积分和有唯一确定的极限，即积分值与 D 的分法与 (ξ_i,η_i) 的取法无关.

（2）二重积分是一个极限值，因此是一个常数值，其大小仅与被积函数和积分区域有关而与积分变量无关，即

$$\iint\limits_D f(x,y)\mathrm{d}\sigma = \iint\limits_D f(s,t)\mathrm{d}\sigma .$$

（3）由二重积分的定义知道，若 $f(x,y)$ 在 D 上可积，则积分值与 D 的分法与 (ξ_i,η_i) 在 $\Delta\sigma_i$ 上的取法无关. 因此，可用两组分别平行于 x 轴和 y 轴的直线分割区域 D，于是除去靠近 D 的边界线的一些小区域外，绝大多数的小区域都是矩形. 在其中任取一个小矩形区域 $\Delta\sigma$，且 $\Delta\sigma$ 也表示它的面积，令其边长分别为 Δx 和 Δy，则 $\Delta\sigma=\Delta x\Delta y$，也即 $\mathrm{d}\sigma=\mathrm{d}x\mathrm{d}y$. 于是，

$$\iint\limits_D f(x,y)\mathrm{d}\sigma = \iint\limits_D f(x,y)\mathrm{d}x\mathrm{d}y ,$$

$\mathrm{d}\sigma=\mathrm{d}x\mathrm{d}y$ 叫做直角坐标系下的面积元素.

2. 二重积分的存在性

定理（二重积分的存在性定理） 若 $f(x,y)$ 在有界闭区域 D 上连续，则 $f(x,y)$ 在 D 上可积.

3. 二重积分的几何意义

若 $f(x,y)$ 在有界闭区域 D 上连续，且在 D 上 $f(x,y)\geqslant 0$，则 $\iint\limits_D f(x,y)\mathrm{d}\sigma$ 表

示以 D 为底，以 $f(x,y)$ 为顶，母线平行于 z 轴，准线为 D 的边界线的曲顶柱体的体积；若在 D 上 $f(x,y)\leqslant 0$，则 $-\iint\limits_D f(x,y)\mathrm{d}\sigma$ 表示该曲顶柱体的体积.

8.1.2 二重积分的性质

二重积分具有和定积分完全类似的性质．以下均假设 $f(x,y)$ 和 $g(x,y)$ 在有界闭区域 D 上连续.

性质 1 被积函数的常数因子可以提到积分号外面，即

$$\iint\limits_D kf(x,y)=k\iint\limits_D f(x,y)\mathrm{d}\sigma \quad (k\text{ 为常数}).$$

性质 2 两个函数和与差的二重积分等于各个函数二重积分的和与差，即

$$\iint\limits_D [f(x,y)\pm g(x,y)]\mathrm{d}\sigma=\iint\limits_D f(x,y)\mathrm{d}\sigma\pm\iint\limits_D g(x,y)\mathrm{d}\sigma .$$

（这个性质可以推广到两个以上的有限个函数的情形）

性质 3 用连续曲线将区域 D 分割成两个子区域 D_1 和 D_2，则

$$\iint\limits_D f(x,y)\mathrm{d}\sigma=\iint\limits_{D_1} f(x,y)\mathrm{d}\sigma+\iint\limits_{D_2} f(x,y)\mathrm{d}\sigma .$$

性质 4 若在 D 上有 $f(x,y)\leqslant g(x,y)$ 成立，则

$$\iint\limits_D f(x,y)\mathrm{d}\sigma\leqslant\iint\limits_D g(x,y)\mathrm{d}\sigma .$$

性质 5 若在 D 上恒有 $f(x,y)\equiv 1$ 成立，则

$$\iint\limits_D \mathrm{d}\sigma=\sigma \quad (\sigma\text{ 表示 }D\text{ 的面积}).$$

性质 6 设 M 和 m 分别为 $f(x,y)$ 在 D 上的最大值和最小值，则

$$m\sigma\leqslant\iint\limits_D f(x,y)\mathrm{d}\sigma\leqslant M\sigma \quad (\sigma\text{ 表示 }D\text{ 的面积}).$$

习题 8.1

1．利用二重积分表示出以下列曲面为顶，区域 D 为底的曲顶柱体的体积 V .

（1）$z=x^2y$，D：$0\leqslant x\leqslant 1$ 且 $0\leqslant y\leqslant 1$；

（2）$z=\sin(xy)$，D：$x^2+y^2\leqslant 1$ 且 $x\geqslant 0$，$y\geqslant 0$.

2．根据二重积分的几何意义判断下列积分值是大于 0、小于 0 还是等于 0.

（1）$I_1=\iint\limits_D x\mathrm{d}\sigma$（$D$：$|x|\leqslant 1$，$|y|\leqslant 1$）；

（2）$I_2=\iint\limits_D (x-1)\mathrm{d}\sigma$（$D$： $|x|\leqslant 1$， $|y|\leqslant 1$）；

（3）$I_3=\iint\limits_D x^2\mathrm{d}\sigma$ （D： $x^2+y^2\leqslant 1$）.

3．估计下列积分值的大小：

（1）$I=\iint\limits_D (x+y+1)\mathrm{d}\sigma$（$D$： $0\leqslant x\leqslant 1$ 且 $0\leqslant y\leqslant 2$）；

（2）$I=\iint\limits_D xy\mathrm{d}\sigma$ （D： $0\leqslant x\leqslant 2$ 且 $0\leqslant y\leqslant 2$）.

8.2 二重积分的计算

与定积分一样，按照定义利用求和式极限的方法来计算二重积分是非常困难的．因此需要进一步研究比较简单的计算二重积分的方法．本节先介绍在直角坐标系下计算二重积分的方法——累次积分法（二次积分法），即将二重积分化为两次定积分来计算；而后介绍如何将直角坐标系下的二重积分转化为极坐标系下的二重积分，即换元积分法．

8.2.1 二重积分在直角坐标系下的计算

我们知道在直角坐标系下有 $\iint\limits_D f(x,y)\mathrm{d}\sigma=\iint\limits_D f(x,y)\mathrm{d}x\mathrm{d}y$.

下面我们假设 $f(x,y)$ 在有界闭区域 D 上连续，且在 D 上 $f(x,y)\geqslant 0$. 这样就可以利用二重积分的几何意义推导出计算二重积分的方法，即二重积分的计算最终归结为计算两次定积分．这种方法叫累次积分法或者叫二次积分法．可以证明，这种方法对一般的二重积分也适用．具体方法如下：

（1）当 D 为矩形区域时：$a\leqslant x\leqslant b$ 且 $c\leqslant y\leqslant d$（a，b，c，d 为常数），考虑 $I=\iint\limits_D f(x,y)\mathrm{d}\sigma$ ，由二重积分的几何意义知 I 表示以 D 为底，以 $f(x,y)$ 为顶的曲顶柱体的体积 V.

任取 $x\in[a,b]$，用过点 x 且垂直于 x 轴的平面去截曲顶柱体，则可得到一曲边梯形，如图 8.2，其面积为

$$S(x)=\int_c^d f(x,y)\,\mathrm{d}y\,.$$

于是由平行截面面积已知的立体体积公式可得：

$$V=\int_a^b S(x)\mathrm{d}x=\int_a^b\int_c^d f(x,y)\ \mathrm{d}y\mathrm{d}x\,.$$

而$V=I$，因此，

$$\iint_D f(x,y)\mathrm{d}y\mathrm{d}x=\int_a^b\int_c^d f(x,y)\mathrm{d}y\mathrm{d}x\ . \tag{8.2.1}$$

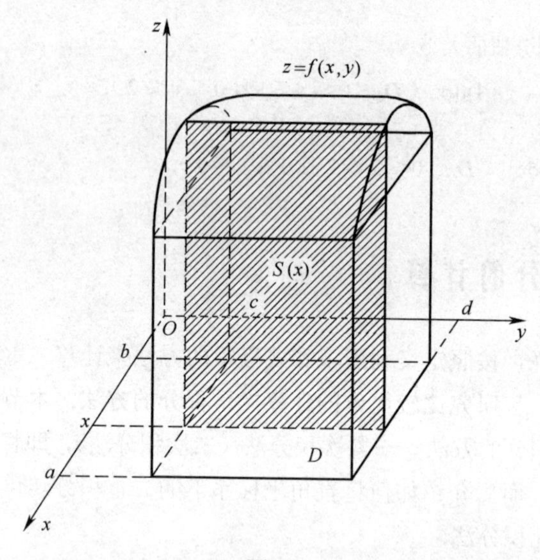

图 8.2

我们就把这种将二重积分化为两次定积分进行计算的方法叫累次积分法或二次积分法. 这是先对y积分后对x积分的累次积分公式，同理，可推出先对x后对y积分的二重积分的累次积分公式.

任取$y\in[c,d]$，用过点y且垂直于y轴的平面去截曲顶柱体，则又可得到一曲边梯形且其面积为

$$S(y)=\int_a^b f(x,y)\mathrm{d}x\ .$$

于是由平行截面面积已知的立体体积公式可得：

$$V=\int_c^d S(y)\mathrm{d}y=\int_c^d\int_a^b f(x,y)\mathrm{d}x\mathrm{d}y\ .$$

即

$$\iint_D f(x,y)\mathrm{d}x\mathrm{d}y=\int_c^d\int_a^b f(x,y)\mathrm{d}x\mathrm{d}y\ . \tag{8.2.2}$$

所以，当D为矩形区域：$a\leqslant x\leqslant b$且$c\leqslant y\leqslant d$（a，b，c，d为常数）时，

$$\iint_D f(x,y)\mathrm{d}x\mathrm{d}y=\int_c^d\int_a^b f(x,y)\mathrm{d}x\mathrm{d}y=\int_a^b\int_c^d f(x,y)\mathrm{d}y\mathrm{d}x\ .$$

（2）当D为积分区域：$a\leqslant x\leqslant b$，$\varphi_1(x)\leqslant y\leqslant\varphi_2(x)$时，同样，我们仿照前面的方法：任取$x\in[a,b]$，用过点$x$且垂直于$x$轴的平面去截曲顶柱体，得到一

曲边梯形，如图 8.3 所示，其面积为

$$S(x)=\int_{\varphi_1(x)}^{\varphi_2(x)} f(x,y)\mathrm{d}y \text{ .}$$

于是由平行截面面积已知的立体体积公式可得：

$$V=\int_a^b S(x)\mathrm{d}x=\int_a^b\int_{\varphi_1(x)}^{\varphi_2(x)} f(x,y)\mathrm{d}x\mathrm{d}y \text{ .}$$

即

$$\iint_D f(x,y)\mathrm{d}x\mathrm{d}y=\int_a^b\int_{\varphi_1(x)}^{\varphi_2(x)} f(x,y)\mathrm{d}y\mathrm{d}x \text{ .} \qquad (8.2.3)$$

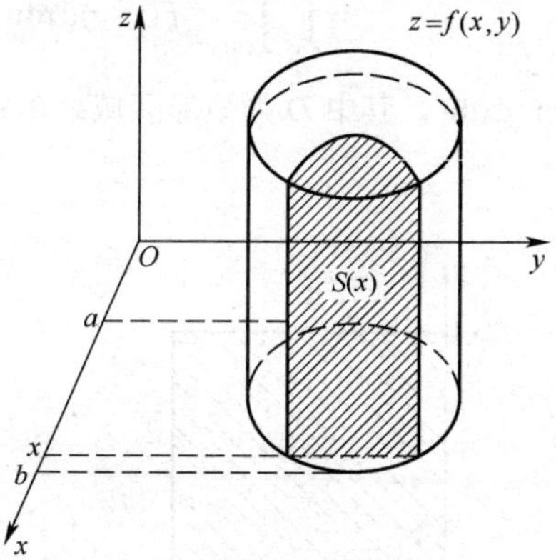

图 8.3

（3）当 D 为积分区域：$c\leqslant y\leqslant d$，$\psi_1(y)\leqslant x\leqslant\psi_2(y)$ 时（图 8.4），任取 $y\in[c,d]$，用过点 y 且垂直于 y 轴的平面去截曲顶柱体，得到一曲边梯形且其面积为

$$S(y)=\int_{\psi_1(y)}^{\psi_2(y)} f(x,y)\mathrm{d}x \text{ .}$$

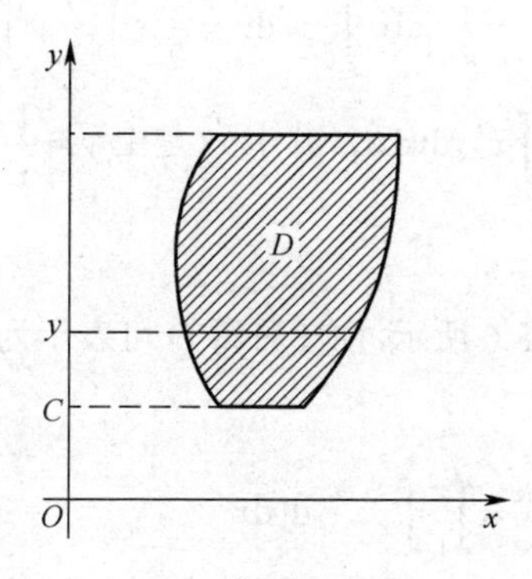

图 8.4

于是由平行截面面积已知的立体体积公式可得：

$$V=\int_c^d S(y)\mathrm{d}y=\int_c^d\int_{\psi_1(y)}^{\psi_2(y)} f(x,y)\mathrm{d}x\mathrm{d}y\ .$$

即

$$=\int_c^d\int_{\psi_1(y)}^{\psi_2(y)} f(x,y)\mathrm{d}x\mathrm{d}y\ . \tag{8.2.4}$$

若同一积分区域 D 既可表示为 $a\leqslant x\leqslant b$ 、$\varphi_1(x)\leqslant y\leqslant\varphi_2(x)$，又可表示为 $c\leqslant y\leqslant d$ 、$\psi_1(y)\leqslant x\leqslant\psi_2(y)$，则

$$\iint_D f(x,y)\mathrm{d}x\mathrm{d}y=\int_a^b\int_{\varphi_1(x)}^{\varphi_2(x)} f(x,y)\mathrm{d}y\mathrm{d}x$$

$$=\int_c^d\int_{\psi_1(y)}^{\psi_2(y)} f(x,y)\mathrm{d}x\mathrm{d}y\ .$$

例 1　二重积分 $\iint_D xy^2\mathrm{d}x\mathrm{d}y$，其中 D 为矩形区域：$0\leqslant x\leqslant 1$，$0\leqslant y\leqslant 1$（图 8.5）.

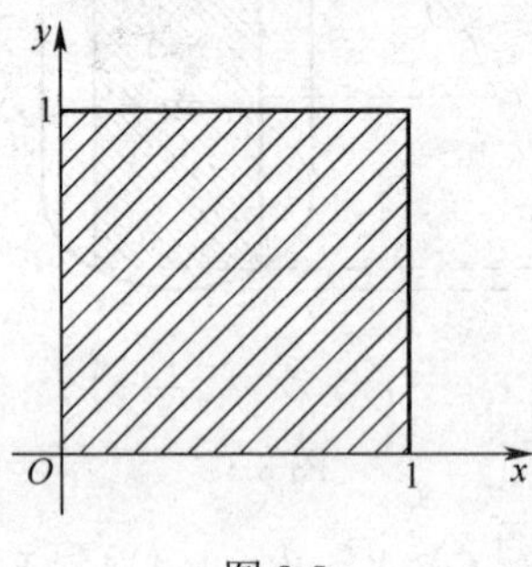

图 8.5

解　由公式（8.2.1）或（8.2.2）可得：

$$\text{原式}=\int_0^1\int_0^1 xy^2\mathrm{d}x\mathrm{d}y=\int_0^1\int_0^1 xy^2\mathrm{d}y\mathrm{d}x$$

$$=\int_0^1 x\mathrm{d}x\int_0^1 y^2\mathrm{d}y=\frac{1}{2}x^2\Big|_0^1\frac{1}{3}y^3\Big|_0^1=\frac{1}{2}\cdot\frac{1}{3}=\frac{1}{6}\ .$$

例 2　计算二重积分 $\iint_D x^2y\mathrm{d}y\mathrm{d}x$，其中 D 是由 $y=\frac{1}{x}$、$y=x$ 和 $x=2$ 所围成的区域.

解　积分区域 D 如图 8.6 所示，由图可得 D 可表示为：$1\leqslant x\leqslant 2$，$\frac{1}{x}\leqslant y\leqslant x$，所以由公式（8.2.3）可得：

$$\text{原式}=\int_1^2\int_{\frac{1}{x}}^x x^2y\mathrm{d}y\mathrm{d}x$$

$$=\int_1^2 x^2\left(\int_{\frac{1}{x}}^x y\mathrm{d}y\right)\mathrm{d}x=\int_1^2 x^2\left(\frac{x^2}{2}-\frac{1}{2x^2}\right)\mathrm{d}x$$

$$=\frac{x^5}{10}\bigg|_1^2-\frac{x}{2}\bigg|_1^2=\frac{13}{5}.$$

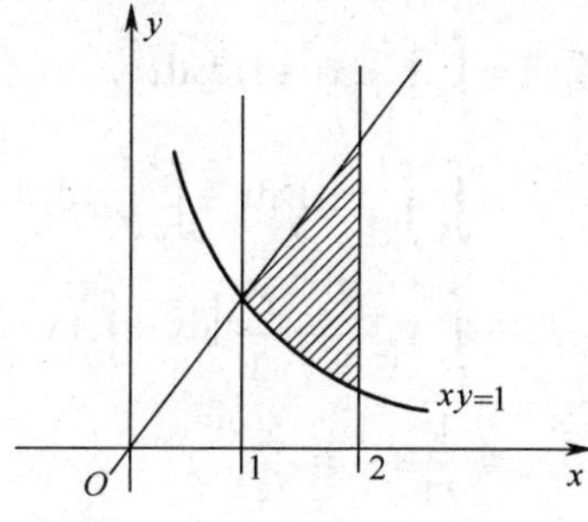

图 8.6

例 3 计算 $\iint\limits_D y\mathrm{d}x\mathrm{d}y$，其中 D 为 $y=x-4$ 和 $y^2=2x$ 所围成的区域.

解 如图 8.7 所示，可得 D 的表示式为

$$-2\leqslant y\leqslant 4,\ \frac{y^2}{2}\leqslant x\leqslant y+4.$$

所以由公式（8.2.4）可得：

$$\text{原式}=\int_{-2}^{4}\int_{\frac{y^2}{2}}^{4+y}y\mathrm{d}x\mathrm{d}y=\int_{-2}^{4}y\left(y+4-\frac{y^2}{2}\right)\mathrm{d}y$$

$$=\frac{1}{3}y^3\bigg|_{-2}^{4}+2y^2\bigg|_{-2}^{4}-\frac{y^4}{8}\bigg|_{-2}^{4}=18.$$

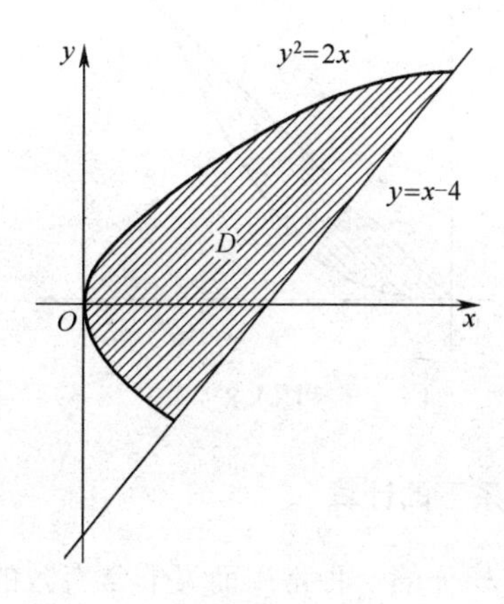

图 8.7

例 4 计算二重积分 $\iint\limits_D (xy+1)\mathrm{d}x\mathrm{d}y$，其中 D 为 $y=x$ 与 $y=x^2$ 所围成的区域.

解 如图 8.8 所示，则由图可得 D 为：

$$0 \leqslant x \leqslant 1,\ x^2 \leqslant y \leqslant x \text{ 或 } 0 \leqslant y \leqslant 1,\ y \leqslant x \leqslant \sqrt{y}.$$

所以由公式（8.2.3）可得：

$$\begin{aligned}
\text{原式} &= \int_0^1 \int_{x^2}^{x} (xy+1)\mathrm{d}y\mathrm{d}x \\
&= \int_0^1 \int_{x^2}^{x} xy\mathrm{d}y\mathrm{d}x + \int_0^1 \int_{x^2}^{x} \mathrm{d}y\mathrm{d}x \\
&= \int_0^1 x\left(\frac{x^2}{2} - \frac{x^4}{2}\right)\mathrm{d}x + \int_0^1 (x - x^2)\mathrm{d}x \\
&= \frac{1}{24} + \frac{1}{6} = \frac{5}{24}.
\end{aligned}$$

也可由公式（8.2.4）得：

$$\begin{aligned}
\text{原式} &= \int_0^1 \int_{y}^{\sqrt{y}} (xy+1)\mathrm{d}x\mathrm{d}y \\
&= \int_0^1 \int_{y}^{\sqrt{y}} xy\mathrm{d}x\mathrm{d}y + \int_0^1 \int_{y}^{\sqrt{y}} \mathrm{d}x\mathrm{d}y \\
&= \int_0^1 y\left(\frac{y}{2} - \frac{y^2}{2}\right)\mathrm{d}y + \int_0^1 (\sqrt{y} - y)\mathrm{d}y \\
&= \frac{1}{24} + \frac{1}{6} = \frac{5}{24}.
\end{aligned}$$

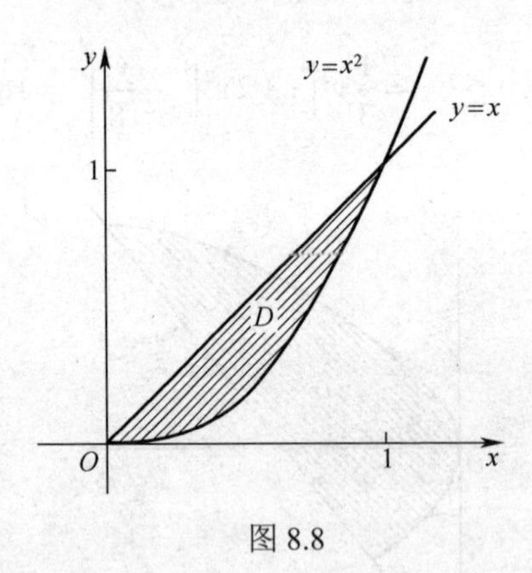

图 8.8

8.2.2 二重积分在极坐标系下的计算

换元积分法是计算定积分的一种常用而又非常有效的方法. 这种方法也可用来计算二重积分，即作极坐标换元：$x = r\cos\theta,\ y = r\sin\theta$，把二重积分 $\iint\limits_D f(x,y)\mathrm{d}x\mathrm{d}y$ 从直角坐标变为极坐标. 当被积函数和积分区域用极坐标表示很简单时，这种方法显得尤为有效. 而要用这种方法把直角坐标的二重积分变为极坐标的二重积分，需要解决两个问题：一是在极坐标系下，面积元素 $d\sigma$ 如何表示；二是在极坐标系下，积分区域 D 如何表示. 解决了这两个问题，直角坐标的二重积分就可化成极坐标的累次积分，然后利用计算定积分的方法计算出它的积分值即可.

下面首先解决第一个问题.

假设 $f(x,y)$ 在有界闭区域 D 上连续，则 $f(x,y)$ 在 D 上的积分值与积分区域 D 的分法及在每个小区域上点的取法无关. 这样就可以用一种特殊的方法来分割积分区域 D. 在极坐标系下，用一组以极点 O 为圆心的同心圆及一组过极点 O 的射线来分割 D，如图 8.9 所示，在其中任取一个小区域 $\Delta\sigma$（$\Delta\sigma$ 也表示其面积），它由 r_1，$r_1+\Delta r$，θ_1 和 $\theta_1+\Delta\theta$ 围成. 则

$$\Delta\sigma=\frac{1}{2}(r+\Delta r)^2\Delta\theta-\frac{1}{2}r^2\Delta\theta=r(\Delta r\Delta\theta)+\frac{1}{2}\Delta r(\Delta r\Delta\theta),$$

这样，当 $\Delta r\to 0$ 和 $\Delta\theta\to 0$ 时，$\frac{1}{2}\Delta r(\Delta r\Delta\theta)$ 是 $r(\Delta r\Delta\theta)$ 的高阶无穷小，于是当 Δr 和 $\Delta\theta$ 很小时可用 $r(\Delta r\Delta\theta)$ 来近似代替 $\Delta\sigma$. 所以

$$d\sigma=r\mathrm{d}r\mathrm{d}\theta.$$

即在极坐标变换 $x=r\cos\theta$，$y=r\sin\theta$ 下有，

$$\iint\limits_D f(x,y)\mathrm{d}x\mathrm{d}y=\iint\limits_D f(r\cos\theta,r\sin\theta)r\mathrm{d}r\mathrm{d}\theta.$$

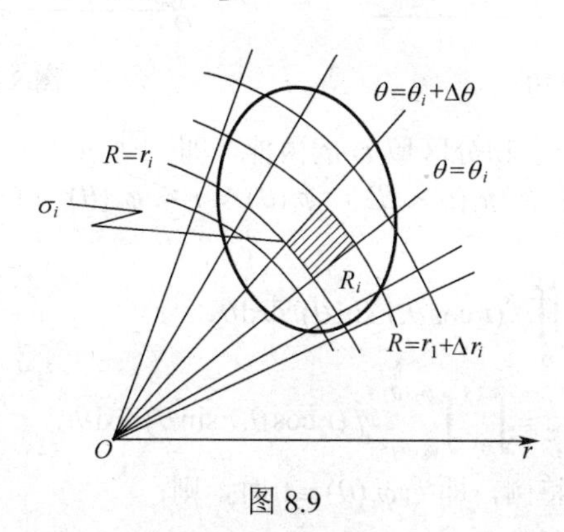

图 8.9

这就是把二重积分从直角坐标变为极坐标的换元积分公式.

现在来解决第二个问题.

仿照直角坐标系，通常把极坐标系下的二重积分分为以下几种类型：

（1）当极点 O 在积分区域 D 之外，即

$$D:\ \alpha\leqslant\theta\leqslant\beta\ (\alpha<\beta),\ r_1(\theta)\leqslant r\leqslant r_2(\theta)\ （图\ 8.10）.$$

则此时的累次积分公式为

$$\iint_D f(r\cos\theta, r\sin\theta)r\mathrm{d}r\mathrm{d}\theta$$

$$=\int_\alpha^\beta\int_{\gamma_1(\theta)}^{\gamma_2(\theta)} rf(r\cos\theta, r\sin\theta)\mathrm{d}r\mathrm{d}\theta . \quad (8.2.5)$$

（2）当极点 O 位于积分区域 D 的边界线上，即

D：$\alpha \leqslant \theta \leqslant \beta$ $(\alpha<\beta)$，$0 \leqslant r \leqslant r(\theta)$（图 8.11）.

则：

$$\iint_D f(r\cos\theta, r\sin\theta)r\mathrm{d}r\mathrm{d}\theta$$

$$=\int_\alpha^\beta\int_0^{\gamma(\theta)} rf(r\cos\theta, r\sin\theta)\mathrm{d}r\mathrm{d}\theta . \quad (8.2.6)$$

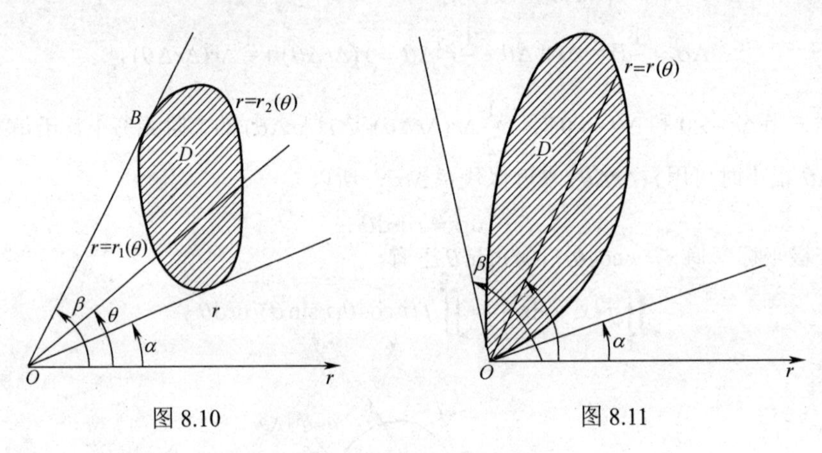

图 8.10　　图 8.11

（3）当极点 O 位于积分区域 D 的内部，即

D：$0 \leqslant \theta \leqslant 2\pi$ $(\alpha<\beta)$，$\varphi_1(\theta) \leqslant r \leqslant \varphi_2(\theta)$（图 8.12）.

则：

$$\iint_D f(r\cos\theta, r\sin\theta)r\mathrm{d}r\mathrm{d}\theta$$

$$=\int_0^{2\pi}\int_{\varphi_1(\theta)}^{\varphi_2(\theta)} rf(r\cos\theta, r\sin\theta)\mathrm{d}r\mathrm{d}\theta . \quad (8.2.7)$$

这个公式有一个特例，即当 $\varphi_1(\theta)\equiv 0$ 时，则：

$$\iint_D f(r\cos\theta, r\sin\theta)r\mathrm{d}r\mathrm{d}\theta$$

$$=\int_0^{2\pi}\int_0^{\varphi_2(\theta)} rf(r\cos\theta, r\sin\theta)\mathrm{d}r\mathrm{d}\theta . \quad (8.2.8)$$

例 5　计算二重积分 $\iint_D \sqrt{x^2+y^2}\mathrm{d}x\mathrm{d}y$，其中 D 是由圆周 $x^2+y^2-2y=0$ 围成的闭区域.

解 积分区域 D 如图 8.13 所示.

令 $x=r\cos\theta$，$y=r\sin\theta$，作极坐标变换可得积分区域 D 的边界线为 $r=2\sin\theta$，所以积分区域 D 可表示为：$0\leqslant\theta\leqslant\pi$，$0\leqslant r\leqslant 2\sin\theta$，这属于第二种类型，因此由公式（8.2.6）可得：

$$原式=\iint_D r^2\mathrm{d}r\mathrm{d}\theta=\int_0^{\pi}\int_0^{2\sin\theta}r^2\mathrm{d}r\mathrm{d}\theta$$

$$=\frac{8}{3}\int_0^{\pi}\sin^3\theta\mathrm{d}\theta=\frac{8}{3}\int_0^{\pi}(\cos^2\theta-1)\ \mathrm{d}(\cos\theta)=\frac{8}{3}\left(\frac{1}{3}\cos^3\theta-\cos\theta\right)\Bigg|_0^{\pi}=\frac{32}{9}.$$

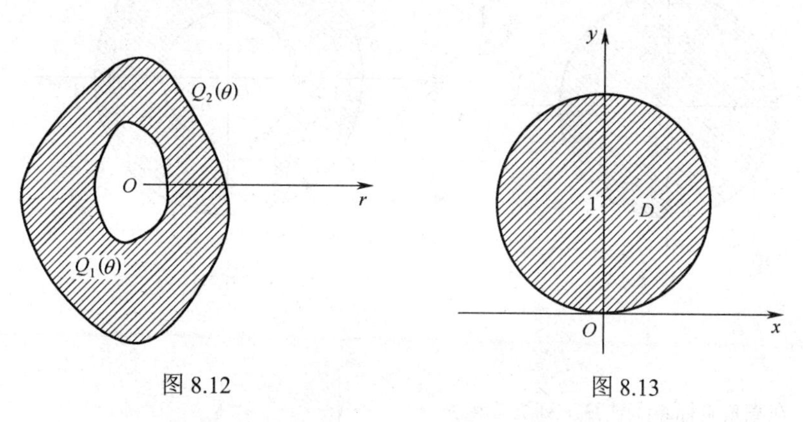

图 8.12　　　　图 8.13

例 6　计算二重积分 $\iint_D \frac{1}{1+x^2+y^2}\mathrm{d}x\mathrm{d}y$，其中 D 为由圆周 $x^2+y^2=a^2$（a 为大于 0 的常数）所围成的闭区域.

解　如图 8.14 所示，令 $x=r\cos\theta$，$y=r\sin\theta$，可得圆周的极坐标方程为 $r=a$.
所以积分区域 D 为：$0\leqslant\theta\leqslant 2\pi$，$0\leqslant r\leqslant a$.
于是由公式（8.2.8）可得：

$$原式=\iint_D \frac{r}{1+r^2}\mathrm{d}r\mathrm{d}\theta=\int_0^{2\pi}\int_0^{a}\frac{r}{1+r^2}\mathrm{d}r\mathrm{d}\theta$$

$$=\int_0^{2\pi}\frac{1}{2}\ln(1+r^2)\Bigg|_0^{a}\mathrm{d}\theta=\pi\ln(1+a^2).$$

例 7　计算二重积分 $\iint_D \mathrm{e}^{-x^2-y^2}\mathrm{d}x\mathrm{d}y$，其中 D 为圆环域：$1\leqslant x^2+y^2\leqslant 4$.

解　如图 8.15 所示，令 $x=r\cos\theta$，$y=r\sin\theta$ 可得圆环域的极坐标表示式为：

$$1\leqslant r\leqslant 2.$$

所以积分区域 D 为：$0\leqslant\theta\leqslant 2\pi$，$1\leqslant r\leqslant 2$.
于是由公式 8.2.7 可得：

$$\text{原式} = \iint_D r\mathrm{e}^{-r^2}\mathrm{d}r\mathrm{d}\theta = \int_0^{2\pi}\int_1^2 r\mathrm{e}^{-r^2}\mathrm{d}r\mathrm{d}\theta$$

$$= \int_0^{2\pi}\left(-\frac{1}{2}\mathrm{e}^{-r^2}\right)\Bigg|_1^2 \mathrm{d}\theta = \pi(\mathrm{e}^{-1} - \mathrm{e}^{-4}).$$

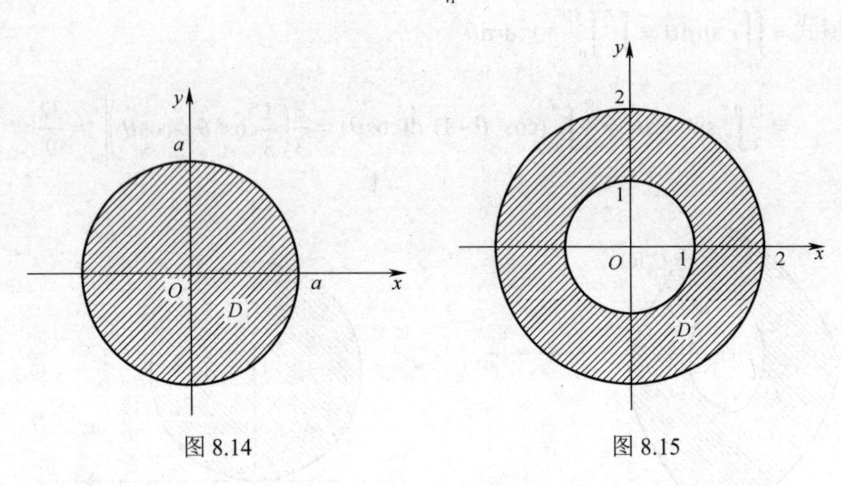

图 8.14　　　　图 8.15

习题 8.2

1．在直角坐标系下计算下列二重积分：

（1）$\iint\limits_D (x+6y)\mathrm{d}x\mathrm{d}y$，其中 D 是由直线 $y=x$、$y=5x$ 和 $x=1$ 所围成的区域；

（2）$\iint\limits_D \frac{y^2}{x^2}\mathrm{d}x\mathrm{d}y$，其中 D 是由直线 $y=x$、$y=2$ 和曲线 $xy=1$ 所围成的区域；

（3）$\iint\limits_D (4-x^2-y^2)\mathrm{d}x\mathrm{d}y$，其中 D 是矩形区域：$0\leqslant x\leqslant 1$ 且 $0\leqslant y\leqslant \frac{3}{2}$．

2．在极坐标系下计算下列二重积分：

（1）$\iint\limits_D (x^2+y^2)\mathrm{d}x\mathrm{d}y$，其中 D 为闭圆域：$x^2+y^2\leqslant 1$；

（2）$\iint\limits_D y\,\mathrm{d}x\mathrm{d}y$，其中 D 为闭圆域：$x^2+y^2\leqslant a^2$（a 大于 0）位于第一象限的部分；

（3）$\iint\limits_D \frac{1}{x^2+y^2}\mathrm{d}x\mathrm{d}y$，其中 D 为圆环域：$9\leqslant x^2+y^2\leqslant 25$．

本章小结

1．二重积分的概念和性质

（1）与定积分的定义一样，在二重积分的定义中，我们也应当着重理解和式 $\sum_{i=1}^{n} f(\xi_i,\eta_i)\Delta\sigma_i$ 的极限与积分区域 D 的分法及每个小区域 $\Delta\sigma_i$ 上点 (ξ_i,η_i) 的取法无关．正是因为如此，我们才可以在进行二重积分的计算时根据自己的需要对 D 进行特殊分割，取自己需要的特殊点．于是，计算二重积分时，我们有两种选择：直角坐标和极坐标．

（2）在二重积分的定义中，让各个小区域的最大直径趋于 0 是为了保证分法是在整个区域 D 上无限加细的．

（3）二重积分的 6 条性质基本上与定积分类似．主要用于估计和计算二重积分的值．这 6 条性质都可用二重积分的定义进行证明．

2．二重积分的计算

二重积分一般都是化为二次积分来计算，即累次积分法．利用这种方法计算二重积分时，一般分以下几个步骤：

（1）首先画出积分区域 D 的草图．

（2）依据积分区域和被积函数的特点选择适当的坐标系．一般当积分区域为矩形、三角形或任意区域时，选择直角坐标系；而当积分区域为圆形、扇形或圆环形时，选择极坐标系．

（3）若选择直角坐标系，应注意根据积分区域的特点选择适当的积分次序．一般选择的标准是不用分割积分区域 D．

（4）求出积分区域边界线上交点的坐标以确定累次积分限．最后利用计算定积分的方法对累次积分进行计算．

复习题 8

1．估计下列积分值．

$I=\iint\limits_{D}(x+y+10)\mathrm{d}x\mathrm{d}y$，其中 D 为闭圆域：$x^2+y^2\leqslant 4$．

2．比较下列两个积分值的大小．

$I_1=\iint\limits_{D}(xy)\mathrm{d}x\mathrm{d}y$ 及 $I_2=\iint\limits_{D}\sqrt{xy}\,\mathrm{d}x\mathrm{d}y$，其中 D 为矩形区域：$0\leqslant x\leqslant 1$，$0\leqslant y\leqslant 1$．

3．用两种不同的积分顺序将下列二重积分化为累次积分．

$I=\iint\limits_{D}f(x,y)\mathrm{d}x\mathrm{d}y$，其中 D 为由点 $A(0,0)$、$B(1,0)$ 和 $C(1,1)$ 构成的三角形．

4．变换下列积分的次序 $I=\int_1^2\int_x^{2x}f(x,y)\mathrm{d}y\mathrm{d}x$．

5．计算下列二重积分：

（1）$\iint\limits_D x\sin y\,\mathrm{d}x\mathrm{d}y$，其中 D 为矩形区域：$1\leqslant x\leqslant 2$，$0\leqslant y\leqslant \dfrac{\pi}{2}$；

（2）$\iint\limits_D \mathrm{e}^{x+y}\,\mathrm{d}x\mathrm{d}y$，其中 D 为正方形区域：$0\leqslant x\leqslant 1$，$0\leqslant y\leqslant 1$；

（3）$\iint\limits_D (x^2+y)\,\mathrm{d}x\mathrm{d}y$，其中 D 是由 $y=x^2$ 和 $y^2=x$ 所围成的区域；

（4）$\iint\limits_D (1+2y)\,\mathrm{d}x\mathrm{d}y$，其中 D 是由 $x=y^2-1$ 和 $x=1-y$ 所围成的区域；

（5）$\iint\limits_D \mathrm{e}^{-(x^2+y^2)}\,\mathrm{d}x\mathrm{d}y$，其中 D 是闭圆域 $x^2+y^2\leqslant 1$ 在第一象限的部分；

（6）$\iint\limits_D \sqrt{R^2-x^2-y^2}\,\mathrm{d}x\mathrm{d}y$，其中 D 是圆域 $x^2+y^2\leqslant Rx$（R 为大于 0 的常数）.

自测题 8

1．填空题

（1）设 $z=f(x,y)$ 在有界闭区域 D 上连续且 $f(x,y)\geqslant 0$，则以 D 为底，以曲面 $z=f(x,y)$ 为顶的曲顶柱体的体积 $V=$________；

（2）设 D 是以原点为圆心，以 r 为半径的闭圆域，则 $\iint\limits_D \mathrm{d}x\mathrm{d}y=$________；

（3）设 D 是圆环域：$1\leqslant x^2+y^2\leqslant 4$，则 $\iint\limits_D \mathrm{d}x\mathrm{d}y$ 在极坐标系下的累次积分＝______.

2．判断题

（1）若 $z=f(x,y)$ 在有界闭区域 D 上连续，则 $f(x,y)$ 在 D 上一定可积.　（　）

（2）若 $z=f(x,y)$ 在有界闭区域 D 上连续，则 $\iint\limits_D f(x,y)\,\mathrm{d}x\mathrm{d}y$ 表示以 D 为底，以曲面 $z=f(x,y)$ 为顶的曲顶柱体的体积.　（　）

（3）若 $f(x,y)$ 和 $g(x,y)$ 在有界闭区域 D 上连续且满足 $f(x,y)\leqslant g(x,y)$，则 $\iint\limits_D f(x,y)\,\mathrm{d}x\mathrm{d}y\leqslant \iint\limits_D g(x,y)\,\mathrm{d}x\mathrm{d}y$.　（　）

3．选择题

（1）在极坐标系下，面积元素 $\mathrm{d}\sigma$ 是（　）.

A．$\mathrm{d}r\mathrm{d}\theta$；　B．$r\mathrm{d}r\mathrm{d}\theta$；　C．$\theta\mathrm{d}r\mathrm{d}\theta$；　D．$\dfrac{1}{r}\mathrm{d}r\mathrm{d}\theta$.

（2）$I_1=\iint\limits_D (x+y)^2\,\mathrm{d}x\mathrm{d}y$ 和 $I_2=\iint\limits_D (x+y)^3\,\mathrm{d}x\mathrm{d}y$ 之间的大小关系是（　），其中 D 是由 x 轴、y 轴及直线 $y+x=1$ 所围成的区域.

A．$I_1 < I_2$；　　B．$I_1 > I_2$；　　C．$I_1 = I_2$；　　D．$I_1 \leqslant I_2$．

（3）若 $f(x,y)$ 在有界闭区域 D 上（　　），则 $f(x,y)$ 在 D 上一定可积．

A．有定义；　　B．有界；

C．连续；　　D．存在两个偏导数 $f_x'(x,y)$ 和 $f_y'(x,y)$．

4．计算题

（1）$\iint\limits_D \cos(x+y)\mathrm{d}x\mathrm{d}y$，其中 D 是由直线 $x=0$、$y=\pi$ 和 $y=x$ 所围成的区域；

（2）$\iint\limits_D (x^2+y^2)\mathrm{d}x\mathrm{d}y$，其中 D 是由直线 $x=y$、$y=x+a$、$y=a$ 和 $y=3a$（$a>0$）所围成的区域；

（3）$\iint\limits_D \arctan\frac{y}{x}\mathrm{d}x\mathrm{d}y$，其中 D 是由 $x^2+y^2=1$、$x^2+y^2=4$、$y=x$ 和 $y=0$ 所围成的区域位于第一象限的部分．

第 9 章　常微分方程

本章学习目标

- 了解常微分方程的定义，方程的解、通解、初始条件和特解的概念
- 掌握可分离变量方程及一阶线性方程的求解方法
- 会用降阶法解 $y''=f(x)$ 及 $y''=f(x,y')$ 型的方程
- 了解二阶线性微分方程解的结构
- 掌握二阶常系数齐次线性微分方程及非齐次线性微分方程的求解方法

9.1　常微分方程的基本概念

定义 1　含有未知函数的导数（或微分）的方程称为微分方程. 未知函数是一元函数的微分方程称为常微分方程，未知函数是多元函数的微分方程称为偏微分方程. 我们仅讨论常微分方程.

定义 2　在微分方程中，所出现的未知函数的最高阶导数的阶数叫做该微分方程的阶.

一阶微分方程的一般形式是 $F(x,y,y')=0$.

二阶微分方程的一般形式是 $F(x,y,y',y'')=0$.

应当指出，在微分方程中，未知函数及自变量可以不出现，例如：

$\dfrac{\mathrm{d}^2y}{\mathrm{d}x^2}+a\dfrac{\mathrm{d}y}{\mathrm{d}x}+by=x$ 是二阶微分方程.

$\left(\dfrac{\mathrm{d}y}{\mathrm{d}x}\right)^2+ay^2=bx$ 是一阶微分方程.

$x^3+3xy-y^2=0$ 是代数方程.

定义 3　能使微分方程成为恒等式的函数 $y=\varphi(x)$ 叫做微分方程的解. 其图形是一条平面曲线，称之为微分方程的积分曲线.

例如，$y=\mathrm{e}^{2x}$ 是方程 $y'-2y=0$ 的一个解.

我们在学习不定积分时就已经知道，一个导数的原函数有无穷多个，因此一个微分方程也有无穷多个解.

看下面的例题.

例 1　已知直角坐标系中的一条曲线通过点(1,2)，且在该曲线上任一点 $P(x,y)$

处的切线的斜率等于该点的纵坐标的平方，求此曲线方程.

解 设所求曲线的方程为 $y = y(x)$，这是待求的未知函数，根据导数的几何意义及本题给出的条件，得 $y' = y^2$.

即 $\dfrac{dy}{dx} = y^2$. 积分得 $x = -\dfrac{1}{y} + C$.

又由于已知曲线过点(1,2)，代入上式，得 $C = \dfrac{3}{2}$，

故所求曲线的方程为 $x = \dfrac{3}{2} - \dfrac{1}{y}$.

定义 4 若微分方程的解中含有任意常数的个数与方程的阶数相同，且任意常数之间不能合并，则称此解为该方程的通解（或一般解）.

一阶微分方程的通解是 $y = y(x,C)$.

二阶微分方程的通解是 $y = y(x,C_1,C_2)$.

n 阶微分方程的通解中，必须含有 n 个任意常数.

其通解的图形是平面上的一族曲线，称为积分曲线族.

定义 5 如果指定通解中的任意常数为某一固定常数，那么所得到的解叫做微分方程的特解.

如方程 $y' - 2y = 0$ 的通解是 $y = Ce^{2x}$，而 $y = e^{2x}$ 就是一个特解，这里 $C = 1$.

在具体问题中常数 C 的值总是根据"预先给定的条件"而确定的. 如例 1 中的曲线通过点(1,2)，这个"预先给定的条件"叫初始条件.

定义 6 用来确定通解中的任意常数的附加条件一般称为初始条件. 当通解中的各任意常数都取得特定值时所得到的解，称为方程的特解.

通常一阶微分方程的初始条件是 $y\big|_{x=x_0} = y_0$，即 $y(x_0) = y_0$.

二阶微分方程的初始条件是 $y\big|_{x=x_0} = y_0$ 及 $y'\big|_{x=x_0} = y_0'$，即 $y(x_0) = y_0$ 与 $y'(x_0) = y_0'$.

一个微分方程与其初始条件构成的问题称为初值问题，求解其初值问题就是求方程的特解.

例 2 验证函数 $y = e^x + e^{-x}$ 是不是方程 $y'' - 2y' + y = 0$ 的解.

解 求 $y = e^x + e^{-x}$ 的导数，得 $y' = e^x - e^{-x}$，$y'' = e^x + e^{-x}$.

将 y，y' 及 y'' 代入原方程的左边，有

$$e^x + e^{-x} - 2e^x + 2e^{-x} + e^x + e^{-x} \neq 0,$$

即函数 $y = e^x + e^{-x}$ 不满足原方程，所以该函数不是所给二阶微分方程的解.

例 3 验证 $y = Cx^3$ 是方程 $3y - xy' = 0$ 的通解（C 为任意常数)，并求满足初始条件 $y(1) = \dfrac{1}{3}$ 的特解.

解 由 $y=Cx^3$ 得 $y'=3Cx^2$．将 y 和 y' 代入原方程的左边

$$3Cx^3-x3Cx^2=0,$$

所以 $y=Cx^3$ 满足原方程.

又因为该函数含有一个任意常数，所以 $y=Cx^3$ 是一阶微分方程 $3y-xy'=0$ 的通解.

将初始条件 $y(1)=\frac{1}{3}$ 代入通解，得 $C=\frac{1}{3}$，故所求特解为 $y=\frac{1}{3}x^3$．

习题 9.1

1．下列方程哪些是微分方程？如果是微分方程，指出其阶数.

（1）$y'=2x+6$；（2）$x^2-2x=0$；

（3）$x^2\,\mathrm{d}y+y^2\,\mathrm{d}x=0$；（4）$y(y')^2=1$；

（5）$y''+(y')^5+2x=0$；（6）$y^2-3y+2x=0$．

2．验证下列函数是否为相应方程的解？是通解还是特解？（其中 C 是任意常数）

（1）$\frac{\mathrm{d}y}{\mathrm{d}x}-2y=0$，$y=\sin x$；

（2）$y''-9y+x+\frac{1}{2}=0$，$y=5\cos 3x+\frac{x}{9}+\frac{1}{18}$；

（3）$x^2y'''=2y'$，$y=\ln x+x^3$．

3．验证 $\mathrm{e}^y+C_1=(x+C_2)^2$ 是方程 $y''+(y')^2=2\mathrm{e}^{-y}$ 的通解（C_1，C_2 为任意常数），并求满足初始条件 $y(0)=0$，$y'(0)=\frac{1}{2}$ 的特解.

4．设曲线上任一点处的切线斜率与切点的横坐标成反比，且曲线过点(1,2)，求该曲线的方程.

9.2 可分离变量的微分方程

形如

$$f(x)\mathrm{d}x+g(y)\mathrm{d}y=0 \tag{9.2.1}$$

的一阶微分方程叫做变量已分离的微分方程.

如果微分方程

$$M(x,y)\mathrm{d}x+N(x,y)\mathrm{d}y=0 \tag{9.2.2}$$

中左端的函数 $M(x,y)$、$N(x,y)$ 都可以分解为两个因子的积，并且这两个因子中一个只含有变量 x，另一个只含有变量 y，即上述方程可以表示为

$$M_1(x)M_2(y)\mathrm{d}x+N_1(x)N_2(y)\mathrm{d}y=0．$$

此时，若以 $M_2(y)N_1(x)$ 去除这个方程的两边，上式就可化为

$$\frac{M_1(x)}{N_1(x)}\mathrm{d}x+\frac{N_2(y)}{M_2(y)}\mathrm{d}y=0 . \tag{9.2.3}$$

这样我们就把“变量”分离开了，因此原方程（9.2.2）就是可分离变量的方程．将（9.2.3）式两边积分后，

$$\int\frac{M_1(x)}{N_1(x)}\mathrm{d}x+\int\frac{N_2(y)}{M_2(y)}\mathrm{d}y=C .$$

其中 C 为任意常数．不难验证，这一结果就是用隐式给出的方程（9.2.3）的通解．

我们约定在微分方程这一章中不定积分式表示被积函数的一个原函数，而把积分所带来的任意常数明确地写上．

例 1 求微分方程 $\frac{\mathrm{d}y}{\sqrt{1-y^2}}-\frac{\mathrm{d}x}{1+x^2}=0$ 的通解．

解 移项、积分

$$\int\frac{\mathrm{d}y}{\sqrt{1-y^2}}=\int\frac{\mathrm{d}x}{1+x^2},$$

得

$$\arcsin y=\arctan x+C .$$

例 2 求方程 $y'=(\sin x-\cos x)\sqrt{1-y^2}$ 的通解．

解 分离变量，得

$$\frac{\mathrm{d}y}{\sqrt{1-y^2}}=(\sin x-\cos x)\mathrm{d}x ,$$

两边积分，得通解为

$$\arcsin y=-(\cos x+\sin x)+C .$$

例 3 求微分方程 $\frac{\mathrm{d}y}{\mathrm{d}x}=\frac{x(1+y^2)}{(1+x^2)y}$ 满足初始条件 $y|_{x=0}=1$ 的特解．

解 这是一个可分离变量的微分方程．

分离变量后得

$$\frac{y}{1+y^2}\mathrm{d}y=\frac{x}{1+x^2}\mathrm{d}x .$$

两端积分，得

$$\ln(1+y^2)=\ln(1+x^2)+\ln C ,$$

即

$$1+y^2=C(1+x^2) .$$

由初始条件 $y|_{x=0}=1$，得 $C=2$，故所求特解为 $y^2=2x^2+1$ ．

例 4 求微分方程 $(x^2+y^2)\mathrm{d}x-xy\mathrm{d}y=0$ 的通解．

解 整理，得

$$\frac{\mathrm{d}y}{\mathrm{d}x}=\frac{x}{y}+\frac{y}{x} .$$

这不是可分离变量的方程，但是，如果令 $u=\frac{y}{x}$，即 $y=ux$．则有 $y'=u+xu'$，代入方程得 $u+xu'=u+\frac{1}{u}$，即 $x\frac{\mathrm{d}u}{\mathrm{d}x}=\frac{1}{u}$．这就是可分离变量的微分方程．

$$u\mathrm{d}u=\frac{1}{x}\mathrm{d}x,\quad \frac{u^2}{2}=\ln Cx,\quad Cx=\mathrm{e}^{\frac{u^2}{2}}=\mathrm{e}^{\frac{y^2}{2x^2}}.$$

例 4 所给出的方程是一种特殊类型的方程，其一般形式为 $y'=f\left(\frac{y}{x}\right)$. 这类方程称作齐次微分方程，这类方程可采用变换 $u=\frac{y}{x}$，将其转化为可分离变量的方程.

习题 9.2

1. 求下列微分方程的通解：

（1）$\frac{\mathrm{d}y}{\mathrm{d}x}=\mathrm{e}^y\sin x$；

（2）$\frac{\mathrm{d}y}{\mathrm{d}x}=\mathrm{e}^{x+y}$；

（3）$(\mathrm{e}^{x+y}-\mathrm{e}^x)\mathrm{d}x+(\mathrm{e}^{x+y}+\mathrm{e}^y)\mathrm{d}y=0$；

（4）$\frac{x}{1+y}\mathrm{d}x-\frac{y}{1+x}\mathrm{d}y=0$；

（5）$x\frac{\mathrm{d}y}{\mathrm{d}x}=y\ln\frac{y}{x}$.

2. 求下列微分方程满足初始条件的特解：

（1）$\mathrm{d}x+xy\mathrm{d}y=y^2\mathrm{d}x+y\mathrm{d}y$ 满足初始条件 $y(0)=2$ 的特解；

（2）$f(x)=x^2=\mathrm{e}^{0x}x^2$，满足 $y|_{x=\frac{\pi}{2}}=\mathrm{e}$ 的特解；

（3）$\frac{\mathrm{d}y}{\mathrm{d}x}=4x\sqrt{y}$，满足初始条件 $y|_{x=1}=1$ 的特解.

9.3 一阶微分方程与可降阶的高阶微分方程

9.3.1 一阶线性微分方程

形如

$$y'+p(x)y=q(x) \tag{9.3.1}$$

的微分方程，称为一阶线性微分方程. 它的特征是

（1）y 和 y' 都是一次的；

（2）p，q 仅是 x 的函数.

如果 $q(x)=0$，则（9.3.1）变为

$$y'+p(x)y=0, \tag{9.3.2}$$

称为一阶线性齐次方程. 而 $q(x)\neq 0$ 时，（9.3.1）式称为一阶线性非齐次方程. 下面介绍利用参数变易法求方程（9.3.1）的通解.

首先求方程（9.3.1）所对应的齐次线性方程（9.3.2）的通解.

方程（9.3.2）是变量可分离的方程，容易求得它的通解

$$\frac{\mathrm{d}y}{y}=-p(x)\mathrm{d}x,$$

$$\ln y=-\int p(x)\mathrm{d}x+\ln C_1.$$

即

$$y=C_1\mathrm{e}^{-\int p(x)\mathrm{d}x}.$$

令 $C_1=C_1(x)$，于是

$$y=C_1(x)\mathrm{e}^{-\int p(x)\mathrm{d}x}.$$

$$\frac{\mathrm{d}y}{\mathrm{d}x}=\frac{\mathrm{d}C_1(x)}{\mathrm{d}x}\mathrm{e}^{-\int p(x)\mathrm{d}x}-p(x)C_1(x)\mathrm{e}^{-\int p(x)\mathrm{d}x}.$$

把它们代入方程（9.3.1），得

$$\frac{\mathrm{d}C_1(x)}{\mathrm{d}x}\mathrm{e}^{-\int p(x)\mathrm{d}x}-p(x)C_1(x)\mathrm{e}^{-\int p(x)\mathrm{d}x}+p(x)C_1(x)\mathrm{e}^{-\int p(x)\mathrm{d}x}=q(x),$$

即

$$\frac{\mathrm{d}C_1(x)}{\mathrm{d}x}\mathrm{e}^{-\int p(x)\mathrm{d}x}=q(x).$$

$$C_1(x)=\int q(x)\mathrm{e}^{\int p(x)\mathrm{d}x}\mathrm{d}x+C.$$

故（9.3.1）式的通解为

$$y=\mathrm{e}^{-\int p(x)\mathrm{d}x}\left(\int q(x)\mathrm{e}^{\int p(x)\mathrm{d}x}\mathrm{d}x+C\right).\tag{9.3.3}$$

（9.3.3）式是求解一阶线性微分方程的公式.

概括起来，一阶线性非齐次微分方程的求解步骤如下：

（1）求对应于（9.3.1）的齐次方程（9.3.2）的通解 $y=C_1\mathrm{e}^{-\int p(x)\mathrm{d}x}$；

（2）令 $y=C_1(x)\mathrm{e}^{-\int p(x)\mathrm{d}x}$，并求出 y'；

（3）将（2）中的 y 和 y' 代入（1），解出 $C_1(x)=\int q(x)\mathrm{e}^{\int p(x)\mathrm{d}x}\mathrm{d}x+C$；

（4）将（3）中求出的 $C_1(x)$ 代入（2）中 y 的表达式，得到

$$y=\mathrm{e}^{-\int p(x)\mathrm{d}x}\left(\int q(x)\mathrm{e}^{\int p(x)\mathrm{d}x}\mathrm{d}x+C\right).$$

即为所求（9.3.1）的通解.

例 1 求微分方程 $\frac{\mathrm{d}y}{\mathrm{d}x}+2xy=2x\mathrm{e}^{-x^2}$ 的通解.

解 $p(x)=2x$，$q(x)=2x\mathrm{e}^{-x^2}$.

代入公式

$$y=\mathrm{e}^{-\int 2x\mathrm{d}x}\left(\int 2x\mathrm{e}^{-x^2}\mathrm{e}^{\int 2x\mathrm{d}x}\mathrm{d}x+C\right)$$

$$=\mathrm{e}^{-x^2}\left(\int 2x\mathrm{d}x+C\right)=\mathrm{e}^{-x^2}(x^2+C).$$

则所求的通解为

$$y=(x^2+C)\mathrm{e}^{-x^2}.$$

例 2 求解微分方程 $(1+x^2)\dfrac{\mathrm{d}y}{\mathrm{d}x}-xy=x(1+x^2)$.

解 方程可变形为 $$\frac{\mathrm{d}y}{\mathrm{d}x}-\frac{x}{1+x^2}y=x.$$

这里 $$p(x)=-\frac{x}{1+x^2},\quad q(x)=x.$$

所以 $$y=\mathrm{e}^{\int\frac{x}{1+x^2}\mathrm{d}x}\left(\int x\mathrm{e}^{-\int\frac{x}{1+x^2}\mathrm{d}x}\mathrm{d}x+C\right)$$

$$=\sqrt{1+x^2}\left(\int\frac{x}{\sqrt{1+x^2}}\mathrm{d}x+C\right)$$

$$=\sqrt{1+x^2}(\sqrt{1+x^2}+C)=1+x^2+C\sqrt{1+x^2}.$$

例 3 求微分方程 $y^2\mathrm{d}x+(x-2xy-y^2)\mathrm{d}y=0$ 的通解.

解 所给方程中含有 y^2，因此，如果我们仍把 x 看作自变量，把 y 看作未知函数，则它不是线性方程. 对于这样的一阶微分方程，我们可以试着把 x 看作是 y 的函数，然后再分析.

将原方程改写为： $$\frac{\mathrm{d}x}{\mathrm{d}y}+\frac{1-2y}{y^2}x=1,$$

这是一个关于未知函数 $x=x(y)$ 的一阶线性非齐次方程，其中，$p(y)=\dfrac{1-2y}{y^2}$，它们的自由项 $q(y)=1$.

代入一阶线性非齐次方程的通解公式，有

$$x=\mathrm{e}^{-\int\frac{1-2y}{y^2}\mathrm{d}y}\left(\int\mathrm{e}^{\int\frac{1-2y}{y^2}\mathrm{d}y}\mathrm{d}y+C\right)$$

$$=y^2\mathrm{e}^{\frac{1}{y}}\left(C+\frac{1}{y^2}\mathrm{e}^{-\frac{1}{y}}\right)=y^2\left(\frac{1}{y^2}+C\mathrm{e}^{\frac{1}{y}}\right)$$

$$=1+Cy^2\mathrm{e}^{\frac{1}{y}}.$$

即所求通解为 $x=1+Cy^2\mathrm{e}^{\frac{1}{y}}$.

9.3.2 可降阶的高阶微分方程

二阶或二阶以上的微分方程叫做高阶微分方程. 这里主要介绍几个简单的、

经过适当的变换可降为一阶的微分方程.

1. $y''=f(x)$ 型的微分方程

这个微分方程的右端仅含有自变量 x，通过两次积分，可得到通解.

例 4 解微分方程，$y''=xe^x$.

解 积分一次得 $y'=\int xe^x dx+C_1=(x-1)e^x+C_1$，再积分一次，得

$$y=(x-2)e^x+C_1x+C_2.$$

2. $y''=f(x,y')$ 型的微分方程

这个方程的特点是右端不显含未知函数 y，可令 $y'=p(x)$，则 $y''=p'(x)$. 于是，原方程化为 $p'=f(x,p)$ 的一阶方程.

如果能求出上述方程的通解 $p=\varphi(x,C_1)$，再由方程 $y'=\varphi(x,C_1)$ 求得原方程的通解

$$y=\int\varphi(x,C_1)dx+C_2.$$

例 5 求微分方程 $y''=y'+x$ 的通解.

解 这是不显含 y 的方程，令 $y'=p$，则 $y''=p'$，
于是原方程化为 $p'=p+x$，即 $p'-p=x$.

$$p=e^{\int dx}\left(\int xe^{-\int dx}dx+C_1\right)=e^x[-e^{-x}(x+1)+C_1]$$

$$=-(x+1)+C_1e^x,$$

因为 $y'=-(x+1)+C_1e^x$，所以 $y=-\frac{x^2}{2}-x+C_1e^x+C_2$.

3. $y''=f(y,y')$ 型的微分方程

它的特点是不显含 x. 令 $y'=p(y)$，这里的 p 是 y 的函数，是 x 的复合函数.
则

$$y''=\frac{dp(y)}{dx}=\frac{dp}{dy}\cdot\frac{dy}{dx}=p\cdot\frac{dp}{dy}.$$

于是原方程化为型如 $p\frac{dp}{dy}=f(y,p)$ 的一阶方程. 这是以 y 为自变量，p 为未知函数的一阶方程. 如果能求出通解 $p=p(y,C_1)$，即 $\frac{dy}{dx}=p(y,C_1)$，利用分离变量法，可进一步求得原方程的通解为 $\int\frac{1}{p(y,C_1)}dy=x+C_2$.

例 6 求微分方程 $y''=\frac{3}{2}y^2$ 满足初始条件 $y|_{x=3}=1$，$y'|_{x=3}=1$ 的特解.

解 令 $y'=p(y)$，$y''=p\cdot\frac{dp}{dy}$，代入原方程得

$$p \cdot \frac{\mathrm{d}p}{\mathrm{d}y} = \frac{3}{2}y^2 \quad 或 \quad 2p\mathrm{d}p = 3y^2\mathrm{d}y .$$

两边积分得 $$p^2 = y^3 + C_1 .$$

由初始条件 $y|_{x=3} = 1$，$y'|_{x=3} = 1$ 得 $C_1 = 0$，

所以 $p^2 = y^3$ 或 $p = y^{\frac{3}{2}}$（因 $y'|_{x=3} = 1 > 0$，所以取正号）.

即 $$\frac{\mathrm{d}y}{\mathrm{d}x} = y^{\frac{3}{2}} \text{ 或 } y^{-\frac{3}{2}}\mathrm{d}y = \mathrm{d}x .$$

积分后得 $$-2y^{-\frac{1}{2}} = x + C_2 .$$

再由初始条件，得 $C_2 = -5$．代入上式整理后得

$$y = \frac{4}{(x-5)^2} ,$$

即为满足所给方程及初始条件的特解.

习题 9.3

1．求下列微分方程的通解：

（1）$(x+1)y' - 2y = (x+1)^4$；（2）$y' + 3y = \mathrm{e}^{-2x}$；

（3）$y' - \dfrac{2y}{x} = x^2 \sin 3x$；（4）$y' + y = x$；

（5）$y'' - \dfrac{9}{4}x = 0$．

2．求下列微分方程满足初始条件的特解：

（1）$y' - y = \cos x$，$y|_{x=0} = 0$；

（2）$y' - 3x^2 y = 0$，$y|_{x=0} = 2$；

（3）$xy' - 2y = x^3 \ln x$，$y|_{x=1} = 1$；

（4）$(x^2+1)y'' = 2xy'$，$y|_{x=0} = 1$，$y'|_{x=0} = 2$．

9.4 二阶常系数线性微分方程

9.4.1 二阶线性微分方程解的性质

我们将形如：$y'' + p(x)y' + q(x)y = f(x)$ 的二阶微分方程称为二阶线性微分方程，$f(x)$ 称为自由项，当 $f(x) \neq 0$ 时，称为二阶线性非齐次微分方程；当 $f(x) \equiv 0$ 时，称为二阶线性齐次微分方程．方程中 $p(x)$，$q(x)$ 和 $f(x)$ 都是自变量的已知连续函数．这类方程的特点是：右边是已知函数或零，左边每一项仅含 y'' 或 y' 或 y，且每项均为 y'' 或 y' 或 y 的一次项．例如 $y'' + xy' + y = x^2$ 是二阶线性非齐次方程，

那么 $y''+x(y')^2+y=x^2$ 就不是二阶线性方程了.

特别地，我们仅讨论当 p，q 为常数时的情形，此时称 $y''+py'+qy=f(x)$ 为二阶常系数非齐次线性微分方程；当 $f(x)\equiv 0$ 时，称 $y''+py'+qy=0$ 为二阶常系数齐次线性微分方程.

为了寻找解二阶线性微分方程的方法，需要先讨论二阶线性微分方程解的结构.

定理 1 如果函数 y_1 与 y_2 是线性齐次方程的两个解，则函数

$$y=C_1y_1+C_2y_2 \quad （其中 C_1，C_2 是任意常数）$$

仍是该方程的解.

证 因 y_1 与 y_2 是方程 $y''+p(x)y'+q(x)y=0$ 的两个解，所以有

$$y_1''+p(x)y_1'+q(x)y_1=0$$

及

$$y_2''+p(x)y_2'+q(x)y_2=0.$$

又因为

$$y'=C_1y_1'+C_2y_2'，\quad y''=C_1y_1''+C_2y_2''，$$

于是有

$$\begin{aligned} y''+p(x)y'+q(x)y &= (C_1y_1''+C_2y_2'')+p(x)(C_1y_1'+C_2y_2')+q(x)(C_1y_1+C_2y_2) \\ &= C_1[y_1''+p(x)y_1'+q(x)y_1]+C_2[y_2''+p(x)y_2'+q(x)y_2]=0， \end{aligned}$$

所以 $y=C_1y_1+C_2y_2$ 是 $y''+p(x)y'+q(x)y=0$ 的解.

此定理表明，齐次线性方程的解具有叠加性，当我们已知齐次线性方程的两个解 y_1，y_2 时，容易写出含有两个任意常数的解 $C_1y_1+C_2y_2$. 但要注意，如果解中的 C_1 和 C_2 可以合并成一个任意常数，那么这并不是二阶线性齐次方程的通解. 那么，怎样才能使形如 $C_1y_1+C_2y_2$ 的解确实含有两个任意常数，从而能表示二阶线性齐次方程的通解呢？为此，需要介绍一个新的概念：线性相关与线性无关.

定义 1 设函数 $y_1(x)$ 和 $y_2(x)$ 是定义在区间上的两个函数，如果存在两个不全为零的常数 k_1 和 k_2，使 $k_1y_1(x)+k_2y_2(x)=0$ 在区间上恒成立，则称函数 $y_1(x)$ 和 $y_2(x)$ 在区间上是线性相关的，否则称为线性无关.

如函数 $y_1=x$，$y_2=3x$ 在整个实数轴上是线性相关的，因为只要取 $k_1=3$，$k_2=-1$ 就恒有 $k_1y_1+k_2y_2=0$.

考察两个函数是否线性相关，往往采用另一种简单易行的方法，即看它们的比是否为常数，事实上，当 $y_1(x)$ 和 $y_2(x)$ 线性相关时，有 $k_1y_1+k_2y_2=0$，其中 k_1，k_2 不全为零，不失一般性，设 $k_1\neq 0$，则 $\dfrac{y_1}{y_2}=-\dfrac{k_2}{k_1}$. 即 y_1 与 y_2 之比为常数，反之，若 y_1 与 y_2 之比为常数，设 $\dfrac{y_1}{y_2}=\lambda$ 则 $y_1=\lambda y_2$，即 $y_1-\lambda y_2=0$，所以 y_1 与 y_2 线性相关，因此，如果两个函数的比是常数，则它们线性相关；如果不是常数，则它们

线性无关，例如函数 $y_1 = \mathrm{e}^x$，$y_2 = \mathrm{e}^{-x}$，而 $\frac{y_1}{y_2} \neq$ 常数，所以，它们是线性无关的.

定理 2 如果函数 y_1 与 y_2 是二阶线性齐次方程 $y'' + p(x)y' + q(x)y = 0$ 的两个线性无关的特解，则 $y = C_1y_1 + C_2y_2$ 是该方程的通解，其中 C_1，C_2 为任意常数.

定理 3 如果函数 y^* 是线性非齐次方程的一个特解，Y 是该方程所对应的线性齐次方程的通解，则 $y = Y + y^*$ 是线性非齐次方程的通解.

由以上定理，可知求二阶非齐次线性方程通解的一般步骤是：

（1）求齐次线性方程 $y'' + 2y' + 5y = 0$ 的线性无关的两个特解 y_1 与 y_2，得该方程的通解 $Y = C_1y_1 + C_2y_2$.

（2）求非齐次线性方程 $y'' + p(x)y' + q(x)y = f(x)$ 的一个特解 y^*，那么，非齐次线性方程的通解为 $y = Y + y^*$.

以上结论也适用于一阶非齐次线性方程，还可推广到二阶以上的非齐次线性方程.

以上定理是求线性微分方程通解的理论基础.

9.4.2 二阶常系数齐次线性微分方程的解法

由前述二阶线性微分方程有关解的定理知，欲求二阶常系数非齐次线性方程

$$y'' + py' + qy = f(x) \tag{9.4.1}$$

的通解，应首先研究如何求

$$y'' + py' + qy = 0 \tag{9.4.2}$$

的通解.

例 1 解微分方程 $y'' - 3y' + 2y = 0$.

解 通过观察，$y_1 = \mathrm{e}^x$，$y_2 = \mathrm{e}^{2x}$ 是方程的两个特解，且 $\frac{\mathrm{e}^x}{\mathrm{e}^{2x}} = \frac{1}{\mathrm{e}^x} \neq$ 常数，所以由定理 2，得方程的通解为 $y = C_1\mathrm{e}^x + C_2\mathrm{e}^{2x}$.

在具体解方程时，只靠观察法是远远不够的，因此，我们介绍一种不用积分，仅仅用代数方法就可以得到特解的解法——特征根法.

定义 2 方程

$$r^2 + pr + q = 0 \tag{9.4.3}$$

叫做方程 $y'' + py' + qy = 0$ 的特征方程，方程（9.4.3）的根叫做特征根. 这里的 p，q 是实常数.

由于方程（9.4.3）是一元二次代数方程，它的根有三种可能的情形，分别叙述如下：

第一种情形，$p^2 - 4q > 0$，方程（9.4.3）有两个不相等的实数根 r_1 和 r_2，此时，方程（9.4.2）的通解是 $y = C_1\mathrm{e}^{r_1x} + C_2\mathrm{e}^{r_2x}$.

第二种情形，$p^2-4q=0$，方程（9.4.3）有两个相等的实数根 $r_1=r_2=r$，此时，方程（9.4.2）的通解是 $y=\mathrm{e}^{rx}(C_1+C_2x)$.

第三种情形，$p^2-4q<0$，方程（9.4.3）有一对共扼复数根 $\alpha\pm\mathrm{i}\beta$，此时，方程（9.4.2）的通解是 $y=\mathrm{e}^{\alpha x}(C_1\cos\beta x+C_2\sin\beta x)$.

例 2 求方程 $y''-2y'-3y=0$ 的通解.

解 该方程的特征方程为 $r^2-2r-3=0$，
它有两个不相等的实根 $r_1=-1,\ r_2=3$，
其对应的两个线性无关的特解为 $y_1=\mathrm{e}^{-x}$ 与 $y_2=\mathrm{e}^{3x}$，
所以，方程的通解为 $y=C_1\mathrm{e}^{-x}+C_2\mathrm{e}^{3x}$.

例 3 求方程 $y''-4y'+4y=0$ 的满足初始条件 $y(0)=1,\ y'(0)=4$ 的特解.

解 该方程的特征方程为 $r^2-4r+4=0$，它有重根 $r=2$，其对应的两个线性无关的特解为 $y_1=\mathrm{e}^{2x}$ 与 $y_2=x\mathrm{e}^{2x}$，所以通解为 $y=(C_1+C_2x)\mathrm{e}^{2x}$.
求得
$$y'=C_2\mathrm{e}^{2x}+2(C_1+C_2x)\mathrm{e}^{2x}.$$
将 $y(0)=1,\ y'(0)=4$ 代入上两式，得 $C_1=1,\ C_2=2$，
因此，所求特解为 $y=(1+2x)\mathrm{e}^{2x}$.

例 4 求方程 $2y''+2y'+3y=0$ 的通解.

解 该方程的特征方程为 $2r^2+2r+3=0$，它有共扼复根
$$r_{1,2}=\frac{-2\pm\sqrt{4-24}}{4}=-\frac{1}{2}\pm\frac{1}{2}\sqrt{5}\mathrm{i}.$$
即
$$\alpha=-\frac{1}{2},\ \beta=\frac{1}{2}\sqrt{5},$$
对应的两个线性无关的解为
$$y_1=\mathrm{e}^{-\frac{1}{2}x}\cos\frac{\sqrt{5}}{2}x,\ y_2=\mathrm{e}^{-\frac{1}{2}x}\sin\frac{\sqrt{5}}{2}x,$$
所以方程的通解为
$$y=\mathrm{e}^{-\frac{1}{2}x}\left(C_1\cos\frac{\sqrt{5}}{2}x+C_2\sin\frac{\sqrt{5}}{2}x\right).$$

9.4.3 二阶常系数非齐次线性微分方程的解法

由定理 3 知，非齐次线性方程的通解是对应的齐次线性方程的通解与其自身的一个特解之和，而求二阶常系数齐次线性微分方程的通解问题已经解决，所以求二阶常系数非齐次线性方程的通解的关键在于求其中一个特解.

以下介绍当自由项 $f(x)$ 属于两种特殊类型函数时的情况.

1. $f(x)=\mathrm{e}^{\lambda x}P_m(x)$ 类型

这里的 λ 是常数，$P_m(x)$ 表示关于 x 的 m 次多项式.

我们知道，方程

$$y''+py'+qy=f(x) \tag{9.4.4}$$

的特解 y^* 是能使（9.4.4）成为恒等式的函数．现在（9.4.4）的右端 $f(x)$ 是多项式 $P_m(x)$ 与指数函数 $e^{\lambda x}$ 的乘积，而且只有多项式和指数函数的导数才能是多项式和指数函数．因此，我们可以设（9.4.4）有特解

$$y^*=x^k e^{\lambda x}Q_m(x).$$

其中 $Q_m(x)$ 是与 $P_m(x)$ 同次的多项式．当 λ 不是（9.4.4）所对应的齐次线性方程的特征方程 $r^2+pr+q=0$ 的根时，取 $k=0$；当 λ 是其特征方程的单根时，取 $k=1$；当 λ 是其特征方程的重根时，取 $k=2$，将所设的特解代入（9.4.4）中，比较等式两端，使 x 同次幂的系数相等，从而确定 $Q_m(x)$ 的各项系数，得到所求之特解．

例 5　求方程 $y''+y'+y=2e^{2x}$ 的一个特解．

解　特征方程 $r^2+r+1=0$ 的特征根 $r_{1,2}=\dfrac{-1\pm\sqrt{1-4}}{2}=\dfrac{-1\pm\sqrt{3}i}{2}$．

$\lambda=2$ 不是特征方程的根，所以设特解为

$$y^*=Ae^{2x}.$$

即　　$$(y^*)'=2Ae^{2x},\ (y^*)''=4Ae^{2x},$$

代入方程，得　　$$A=\frac{2}{7},$$

故原方程的特解为　　$$y^*=\frac{2}{7}e^{2x}.$$

2.　$f(x)=e^{\lambda x}(P_n(x)\cos\omega x+P_l(x)\sin\omega x)$

因为指数函数的各阶导数仍为指数函数，正弦函数与余弦函数的导数也总是余弦函数与正弦函数，因此，我们可以设（9.4.4）有特解

$$y^*=x^k e^{\lambda x}\left(R_m^{(1)}(x)\cos\omega x+R_m^{(2)}(x)\sin\omega x\right).$$

其中 $R_m^{(1)}(x)$，$R_m^{(2)}(x)$ 是 m 次多项式，$m=\max\{l,n\}$，而 k 按 $\lambda+i\omega$（或 $\lambda-i\omega$）不是特征方程的根或是特征方程的单根依次取 0 或 1．

例 6　求方程 $y''-2y'+y=x^2$ 的通解．

解　特征方程 $r^2-2r+1=0$，特征根是 $r_1=r_2=1$，

故对应的齐次方程的通解是　　$Y=e^x(C_1+C_2x)$，

因 $f(x)=x^2=e^{0x}x^2$，0 不是特征根，故设 $y^*=b_0+b_1x+b_2x^2$（注意不要设成 $y^*=b_2x^2$，一定要设成一个不缺项的二次多项式），把 $(y^*)'=b_1+2b_2x$，$(y^*)''=2b_2$ 代入原方程，得

$$b_2x^2+(b_1-4b_2)x+b_0+2b_2-2b_1=x^2,$$

解
$$\begin{cases} b_2 = 1, \\ b_1 - 4b_2 = 0, \\ b_0 + 2b_2 - 2b_1 = 0, \end{cases}$$

得
$$b_0 = 6，b_1 = 4，b_2 = 1，$$

故 $y^* = 6 + 4x + x^2$，由定理 3 知方程的通解为

$$y = Y + y^* = \mathrm{e}^x(C_1 + C_2 x) + x^2 + 4x + 6 .$$

习题 9.4

1．验证函数 $y_1 = \sin 3x$，$y_2 = 2\sin 3x$ 是方程 $y'' + 9y = 0$ 的两个解，能否说 $y = C_1 y_1 + C_2 y_2$ 是该方程的通解？又 $y_3 = \cos 3x$ 满足方程，则 $y = C_1 y_1 + C_2 y_3$ 是该方程的通解吗？为什么？

2．求下列微分方程的通解：

（1）$y'' + 4y' - 5y = 0$；　　（2）$3y'' - 2y' - 8y = 0$；

（3）$4y'' + 12y' + 9y = 0$；　　（4）$y'' + 2y' + 5y = 0$.

3．求下列微分方程的一个特解：

（1）$y'' + 3y' = 3x^2 + 1$；　　（2）$4y'' + 12y' + 9y = \mathrm{e}^{-\frac{3}{2}x}$；

（3）$y'' + 2y' + 5y = \mathrm{e}^{-x}\sin 2x$.

4．求下列方程的通解或在给定条件下的特解：

（1）$y'' - 6y' + 9y = (x+1)\mathrm{e}^{2x}$；　　（2）$y'' + 3y' + 2y = 3x\mathrm{e}^{-x}$；

（3）$y'' + y = \cos x$；

（4）$y'' - 3y' + 2y = 5$，$y|_{x=0} = 1$，$y'|_{x=0} = 2$.

9.5　常微分方程的应用举例

在学习了几类微分方程的解法基础上，本节将举例说明如何通过建立微分方程解决一些在几何上的实际问题，并且介绍微分方程在经济数量分析中的应用.

例 1　求过点(1,3)且切线斜率为 $2x$ 的曲线方程.

解　设所求的曲线方程是 $y = y(x)$，则依题意有满足下面的关系：

$$\begin{cases} \dfrac{\mathrm{d}y}{\mathrm{d}x} = 2x, & (9.5.1) \\ y(1) = 3. & (9.5.2) \end{cases}$$

其中 $y(1) = 3$ 表示 $x = 1$ 时 y 的值为 3．要求出满足（9.5.1）式的函数，只需求一次不定积分即可．显然，这种函数的一般形式是

$$y = x^2 + C \quad （C\text{为任意常数}）.$$

这是一簇曲线，曲线簇中每一条曲线在点 x 处的斜率均为 $2x$．如果将已知条

件（9.5.2）式代入上式，求出 $C=2$，则

$$y=x^2+2$$

就是所求过点(1,3)且切线斜率为 $2x$ 的曲线方程.

例 2 某种商品的需求量 Q 对价格 P 的弹性为 $1.5P$. 已知该商品的最大需求量为 800（即 $P=0$ 时，$Q=800$），求需求量 Q 与价格 P 的函数关系.

解 设所求的函数关系为 $Q=Q(P)$，根据需求价格弹性的定义，有

$$\begin{cases}\dfrac{P}{Q}\dfrac{\mathrm{d}Q}{\mathrm{d}P}=-1.5P, & (9.5.3)\\ Q\big|_{P=0}=800. & (9.5.4)\end{cases}$$

为求出 $Q=Q(P)$，我们可以将（9.5.3）式改写成

$$\frac{\mathrm{d}Q}{Q}=\frac{\mathrm{d}P}{P}(-1.5P),$$

即

$$\frac{\mathrm{d}Q}{Q}=-1.5\mathrm{d}P.$$

两边积分，得

$$\ln Q=-1.5P+C_1.$$

即

$$Q=\mathrm{e}^{-1.5P+C_1}=C\mathrm{e}^{-1.5P}\quad (C=\mathrm{e}^{C_1}).$$

再由（9.5.4）可知：当 $P=0$ 时，$Q=800$，于是 C=800. 所以，Q 与 P 的函数关系为

$$Q=800\mathrm{e}^{-1.5P}.$$

例 3 已知某厂的纯利润 L 对广告费 x 的变化率 $\dfrac{\mathrm{d}L}{\mathrm{d}x}$ 与常数 A 和纯利润 L 之差成正比，当 $x=0$ 时 $L=L_0$，试求纯利润 L 与广告费 x 之间的函数关系.

解 由题意列出方程

$$\begin{cases}\dfrac{\mathrm{d}L}{\mathrm{d}x}=k(A-L), & (k\text{ 为常数})\\ L\big|_{x=0}=L_0.\end{cases}$$

分离变量 $\dfrac{\mathrm{d}L}{A-L}=k\mathrm{d}x$，两边积分

$$-\ln(A-L)=kx+\ln C_1,$$

$$A-L=C\mathrm{e}^{-kx}\qquad (\text{其中 } C=\frac{1}{C_1}).$$

$$L=A-C\mathrm{e}^{-kx}.$$

由初始条件 $L\big|_{x=0}=L_0$ 解得 $C=A-L_0$.

所以，纯利润与广告费的函数关系为

$$L = A - (A - L_0)\mathrm{e}^{-kx}.$$

习题 9.5

1．某商品的需求量对价格 P 的弹性为 $-P\ln 3$，已知该商品的最大需求量为 1500（即当 $P=0$ 时，$Q=1500$），求需求量 Q 对价格的函数关系.

2．某国的国民收入 y 随时间 t 的变化率为 $-0.003y+0.00304$，假定 $y(0)=0$，求国民收入与时间 t 的关系.

3．已知储存在仓库中的汽油的加仑数 x 与支付仓库管理费 y 之间的关系是

$$\begin{cases} \dfrac{\mathrm{d}y}{\mathrm{d}x} = ax+b, \\ y\big|_{x=0} = y_0. \end{cases}$$

试求函数 y 与 x 的关系式.

4．某种商品的消费量 x 随收入 I 的变化满足方程 $\dfrac{\mathrm{d}x}{\mathrm{d}I} = x + a\mathrm{e}^x$（$a$ 为常数），当 $I=0$ 时 $x=x_0$，求函数 $x=x(I)$ 的表达式.

本章小结

1．关于基本概念的小结

在这一章里，我们讲了常微分方程的阶、解、通解、初始条件和特解等一系列基本概念．对于这些基本概念必须准确、清楚地理解．特别是解这个概念．因为微分方程涉及到积分运算，所以通解中包含一组常数，这说明微分方程有无穷多个解．而在附加一组初始条件之后，从通解中唯一地确定了一个特解，即初始问题的解.

2．可用初等积分法解出的方程的类型有：变量可分离的方程；齐次方程；一阶线性方程；可降阶的高阶方程.

有一些常微分方程是无法用初等积分法求出其解的．因此判断所给方程的类型便十分重要，而解决它们的关键是掌握住相应的代换.

3．简单的二阶常系数非齐次线性微分方程

要了解线性微分方程的解的结构，以及特征根法和常数变易法.

4．了解解应用问题的步骤.

（1）把具体问题化为微分方程问题；

（2）求微分方程的通解；

（3）把方程的解返回应用问题，给出问题的解答.

为了复习和使用上的方便，将讨论过的方程的解法列成表（附表）附在下面，供读者参考.

	类型	一般形式	解法
一阶方程	可分离变量	$y' = f(x)g(y)$	化成 $\dfrac{dy}{g(y)} = f(x)dx$，两边积分
	齐次方程	$y' = f(\dfrac{y}{x})$	设 $y = ux$
	线性方程	$y' + p(x)y = q(x)$	$y = e^{-\int p(x)dx}\left(\int q(x)e^{\int p(x)dx}dx + C\right)$
可降阶的二阶方程	直接积分	$\dfrac{d^2y}{dx^2} = f(x)$	连续积分两次
	不显含 y	$y'' = f(x, y')$	设 $y' = p(x)$，则 $\dfrac{d^2y}{dx^2} = \dfrac{dp}{dx}$
	不显含 x	$y'' = f(y, y')$	设 $y' = p(y)$，则 $\dfrac{d^2y}{dx^2} = p \cdot \dfrac{dp}{dy}$
可降阶的二阶方程	齐次方程	$y'' + py' + qy = 0$	解特征方程 $r^2 + pr + q = 0$ 当 $r_1 \neq r_2$ 时，$y = C_1e^{r_1x} + C_2e^{r_2x}$ 当 $r_1 = r_2$ 时，$y = e^{r_1x}(C_1 + C_2x)$ 当 $r_1 = \alpha \pm i\beta$ 时， $y = e^{\alpha x}(C_1\cos\beta x + C_2\sin\beta x)$
常系数二阶线性方程	非齐次方程	$y'' + py' + qy = f(x)$	$y = Y + y^*$ 当 $f(x) = e^{\lambda x}P_m(x)$ 时，设 $y^* = x^k e^{\lambda x}Q_m(x)$（$k = 0,1,2$）， 当 $f(x) = e^{\lambda x}[P_l(x)\cos\omega x + P_n(x)\sin\omega x]$ 时，设 $y^* = x^k e^{\lambda x}[R_m^{(1)}(x)\cos\omega x + R_m^{(2)}(x)\sin\omega x]$ $m = \max\{l, n\}$（$k = 0,1$）

复习题 9

1．求下列微分方程的通解：

（1）$xy' - y\ln y = 0$；

（2）$(x^2 + y^2)dx - xydy = 0$；

（3）$(x^2 - 1)y' + 2xy - \cos x = 0$；

（4）$y' + y\cos x = e^{-\sin x}$；

（5）$2y'' + y' - y = 2e^x$；

（6）$y'' - 2y' + 5y = e^x\sin 2x$；

（7）$y'' + 3y' + 2y = 3xe^{-x}$．

2．求下列微分方程满足初始条件的特解：

（1）$(1+x)\mathrm{d}y+(y+x^2+x^3)\mathrm{d}x=0$，$y|_{x=0}=1$；

（2）$(1+y^2)\mathrm{d}x=x\mathrm{d}y$，$y|_{x=1}=0$；

（3）$(y^3+xy)y'=1$，$y|_{x=0}=0$．

3．写出下列方程的特解形式：

（1）$y''-5y'+6y=x\mathrm{e}^x$；

（2）$y''+3y'+2y=(x^2+1)\mathrm{e}^{-x}$；

（3）$y''+2y'+y=x\mathrm{e}^{-x}$．

自测题 9

1．填空题

（1）微分方程 $x^3\mathrm{d}x+y^2\mathrm{d}y=0$ 的阶数是______________；

（2）微分方程 $y'+y=1$ 的通解为______________；

（3）微分方程 $y^2y'=x^2$ 满足初始条件 $y|_{x=1}=2$ 的特解为______________；

（4）微分方程 $\dfrac{\mathrm{d}y}{\mathrm{d}x}-f(y)g(x)=0$ 分离变量后得 $\displaystyle\int\frac{1}{f(y)}\mathrm{d}y=$______________；

（5）若某二阶线性非齐次微分方程的通解为 $C_1y_1+C_2y_2+y_3$，其中 y_3 是该方程的某一个特解，y_1 和 y_2 必定是对应的齐次微分方程的两个______________．

2．选择题

（1）下列函数中（　　）为微分方程 $y'-y=2\sin x$ 的解．

A．$y=\sin x+\cos x$；　　B．$y=\sin x-\cos x$；

C．$y=-\sin x+\cos x$；　　D．$y=-\sin x-\cos x$．

（2）微分方程 $x\mathrm{d}y+2y\mathrm{d}x=0$ 的通解为（　　）．

A．$y=Cx$；　　B．$y=Cx^2$；

C．$y=\dfrac{C}{x}$；　　D．$y=\dfrac{C}{x^2}$．

（3）下列微分方程中（　　）既是一阶可分离变量微分方程，又是一阶非齐次线性微分方程．

A．$y'=\dfrac{1}{y}+x$；　　B．$y'=y^2$；

C．$y'+y=x$；　　D．$y'+2xy=x$．

（4）在下列一阶微分方程中（　　）不可分离变量．

A．$y'=\mathrm{e}^{x+y}$；　　B．$(x-1)yy'-y^2=1$；

C．$y'=x(2\sqrt{y}-y')$；　　D．$y'+3y=\mathrm{e}^{2x}$．

（5）微分方程 $y''-y=0$ 的通解是（　　）．

A．$y=C\mathrm{e}^x$；　　B．$y=C\mathrm{e}^{-x}$；

C. $y=\mathrm{e}^{x}+\mathrm{e}^{-x}$；　　　　D. $y=C_1\mathrm{e}^{x}+C_2\mathrm{e}^{-x}$.

3. 判断题

（1）微分方程的通解是一个函数族.　（　）

（2）线性微分方程所含的未知函数及其导数都是一次的.　（　）

（3）$(y')^4+y(y'')^3=x^5$ 是 4 阶微分方程.　（　）

（4）包含未知函数的方程就是微分方程.　（　）

（5）二阶线性非齐次微分方程通解的结构是 $y=Y+y^*$，y^* 是满足该方程的任意一个特解，Y 是对应的线性齐次微分方程的通解.　（　）

4. 求下列微分方程的通解：

（1）$y'\tan x-y=0$；　　（2）$\dfrac{\mathrm{d}y}{\mathrm{d}x}=\mathrm{e}^{x-y}+2x\mathrm{e}^{-y}$；

（3）$y'+y\tan x=\sec x$；　　（4）$y''+2y'=\mathrm{e}^{-2x}$；

（5）$y''+y=\cos x$.

5. 求下列微分方程满足初始条件的特解：

（1）$xy'-2y=x^2\cos x$，$y|_{x=\frac{\pi}{2}}=0$；

（2）$y''=\dfrac{2xy'}{x^2+1}$，$y|_{x=0}=1$，$y'|_{x=0}=3$；

（3）$y''+5y'+4y=20\mathrm{e}^{x}$，$y|_{x=0}=0$，$y'|_{x=0}=-2$.

6. 试从曲线族 $y=C_1\mathrm{e}^{x}+C_2\mathrm{e}^{-2x}$ 中求出满足条件 $y(0)=1$，$y'(0)=-2$ 的曲线.

第 10 章　无穷级数

本章学习目标

- 了解数项级数的基本概念，会用比较判别法、比值判别法判别正项级数的收敛性
- 了解函数的泰勒级数和麦克劳林级数的基本知识，掌握有关幂级数的收敛半径和收敛区间的计算
- 掌握将函数 $f(x)$ 展成 $(x-x_0)$ 的幂级数的方法

10.1　数项级数的概念与性质

10.1.1　数项级数的概念

定义 1　设给定数列 $u_1,u_2,u_3,\cdots,u_n,\cdots$，则表达式

$$u_1+u_2+u_3+\cdots+u_n+\cdots$$

称为（数项）无穷级数，简称（数项）级数，记为 $\sum_{n=1}^{\infty}u_n$，即

$$\sum_{n=1}^{\infty}u_n=u_1+u_2+u_3+\cdots+u_n+\cdots, \tag{10.1.1}$$

其中第 n 项 u_n 称为级数的一般项或通项.

注意　级数定义式（10.1.1）只是形式上的和式，如何理解无穷多项相加的含义呢？我们从级数的前 n 项的和出发，当级数无限增加时我们用极限来研究此问题.

设级数的前 n 项的和（又称部分和）为

$$S_n=u_1+u_2+u_3+\cdots+u_n. \tag{10.1.2}$$

当 n 依次取 1，2，…时得到一个部分和数列 $\{S_n\}$：

$$S_1=u_1;$$
$$S_2=u_1+u_2;$$
$$\cdots\cdots\cdots$$
$$S_n=u_1+u_2+\cdots+u_n;$$
$$\cdots\cdots$$

由该数列极限的情况定义级数收敛或发散.

定义 2 当$n\to\infty$时如果级数（10.1.1）的部分和数列$\{S_n\}$有极限S，即

$$\lim_{n\to\infty}S_n=S,$$

则称级数（10.1.1）收敛，S称为级数（10.1.1）的和，记作

$$S=\sum_{n=1}^{\infty}u_n.$$

若部分和数列$\{S_n\}$没有极限，则称级数（10.1.1）发散.

定义 3 若级数$\sum\limits_{n=1}^{\infty}u_n$收敛，则称

$$r_n=S-S_n=u_{n+1}+u_{n+2}+\cdots$$

为级数$\sum\limits_{n=1}^{\infty}u_n$的余项.

例 1 讨论几何级数

$$\sum_{n=0}^{\infty}u^n=1+u+u^2+\cdots+u^n+\cdots$$

的收敛性（此级数又称为等比级数）.

解 （1）当公比$u=1$时，此级数为

$$\sum_{n=0}^{\infty}1=1+1+1+\cdots+1+\cdots,$$

其前n项和为

$$S_n=\sum_{i=0}^{n-1}u_i=\sum_{i=0}^{n-1}1=1+1+1+\cdots+1=n,$$

$$\lim_{n\to\infty}S_n=\lim_{n\to\infty}n=\infty.$$

因此当$u=1$时此级数发散；

当$u=-1$时，此级数为

$$\sum_{n=0}^{\infty}(-1)^n=1-1+1-1+\cdots+(-1)^n+\cdots,$$

其前n项和为

$$S_n=\sum_{i=0}^{n-1}u_i=1-1+1+\cdots+(-1)^{n-1}=\begin{cases}0, & n\text{为奇数},\\ 1. & n\text{为偶数}.\end{cases}$$

可知$\lim\limits_{n\to\infty}S_n$不存在，因此该级数当$u=-1$时发散.

（2）当$|u|<1$时，有

$$S_n=1+u+u^2+\cdots+u^n=\frac{1-u^n}{1-u},$$

$$\lim_{n\to\infty} S_n = \lim_{n\to\infty}\frac{1-u^n}{1-u} = \frac{1}{1-u} \qquad |u|<1,$$

此时该级数收敛；

（3）当$|u|>1$时，有

$$\lim_{n\to\infty} u^n = \infty,$$

故

$$\lim_{n\to\infty} S_n = \lim_{n\to\infty}(1+u+u^2+\cdots+u^{n-1}) = \infty \quad |u|>1,$$

此时该级数发散.

综上所述，当$|u|<1$时，级数$\sum_{n=0}^{\infty} u_n$收敛且其和为$\frac{1}{1-u}$；当$|u|\geqslant 1$时级数$\sum_{n=0}^{\infty} u_n$发散.

注意 几何级数的收敛性应该熟记，以后作为标准级数使用.

例 2 判别级数$\sum_{n=1}^{\infty}\frac{2}{n(n+1)}$的收敛性.

解 由于$u_n = \frac{2}{n(n+1)} = 2\left(\frac{1}{n}-\frac{1}{n+1}\right)$，因此

$$\begin{aligned} S_n &= 2\left[\frac{1}{1\cdot 2}+\frac{1}{2\cdot 3}+\cdots+\frac{1}{n(n+1)}\right] \\ &= 2\left[\left(1-\frac{1}{2}\right)+\left(\frac{1}{2}-\frac{1}{3}\right)+\left(\frac{1}{3}-\frac{1}{4}\right)+\cdots+\left(\frac{1}{n}-\frac{1}{n+1}\right)\right] \\ &= 2\left(1-\frac{1}{n+1}\right), \end{aligned}$$

因此

$$\lim_{n\to\infty} S_n = \lim_{n\to\infty} 2\left(1-\frac{1}{n+1}\right) = 2.$$

所以原级数收敛，其和$S=2$.

例 3 判别级数$\sum_{n=1}^{\infty}\ln\left(1+\frac{1}{n}\right)$的收敛性.

解 由于

$$\begin{aligned} S_n &= \sum_{t=1}^{n}\ln\left(1+\frac{1}{t}\right) = \ln 2+\ln\frac{3}{2}+\cdots+\ln\frac{n+1}{n} \\ &= \ln\left(2\times\frac{3}{2}\times\cdots\times\frac{n+1}{n}\right) = \ln(n+1), \end{aligned}$$

故

$$\lim_{n\to\infty} S_n = \lim_{n\to\infty}\ln(n+1) = \infty,$$

所以原级数发散.

10.1.2 数项级数的性质

根据级数的定义，级数有如下性质：

性质 1 若级数 $\sum_{n=1}^{\infty} u_n$ 收敛，其和为 S，又设 k 为常数，则 $\sum_{n=1}^{\infty} ku_n$ 也收敛，且和为 kS；若级数 $\sum_{n=1}^{\infty} u_n$ 发散，且 $k \neq 0$，则 $\sum_{n=1}^{\infty} ku_n$ 必定发散.

性质 2 若级数 $\sum_{n=1}^{\infty} u_n$ 收敛，其和为 S，级数 $\sum_{n=1}^{\infty} v_n$ 也收敛，其和为 σ，则 $\sum_{n=1}^{\infty} (u_n \pm v_n)$ 必收敛，其和为 $S \pm \sigma$.

例 4 判别级数 $\sum_{n=1}^{\infty} \left(\frac{1}{2^{n-1}} - \frac{1}{3^{n-1}} \right)$ 的收敛性.

解 因为 $\sum_{n=1}^{\infty} \frac{1}{2^{n-1}}$ 与 $\sum_{n=1}^{\infty} \frac{1}{3^{n-1}}$ 都是公比的绝对值小于 1 的等比级数，因此都收敛，由性质 2 知该级数收敛.

性质 3 增加或去掉级数的有限项，不改变级数的收敛性，但须注意，在级数收敛的情况下，其和一般也会改变.

例 5 判别级数 $\sum_{n=3}^{\infty} \frac{1}{2^n} = \frac{1}{2^3} + \frac{1}{2^4} + \cdots + \frac{1}{2^n} + \cdots$ 的收敛性.

解 级数 $1 + \frac{1}{2} + \frac{1}{2^2} + \frac{1}{2^3} + \frac{1}{2^4} + \cdots + \frac{1}{2^n} + \cdots$ 为等比级数，且公比 $u = \frac{1}{2}$，

因此级数 $1 + \frac{1}{2} + \frac{1}{2^2} + \frac{1}{2^3} + \frac{1}{2^4} + \cdots + \frac{1}{2^n} + \cdots$ 收敛，

由性质 3 知，级数 $\sum_{n=3}^{\infty} \frac{1}{2^n} = \frac{1}{2^3} + \frac{1}{2^4} + \cdots + \frac{1}{2^n} + \cdots$ 收敛.

性质 4（级数收敛的必要条件） 若级数 $\sum_{n=1}^{\infty} u_n$ 收敛，则必有 $\lim_{n \to \infty} u_n = 0$.

注意 此性质是级数收敛的必要条件，但不是充分条件，主要用于证明级数发散.

例 6 判别级数 $\sum_{n=1}^{\infty} \frac{n+1}{n+2} = \frac{2}{3} + \frac{3}{4} + \cdots + \frac{n+1}{n+2} + \cdots$ 的收敛性.

解 所给级数的通项
$$u_n=\frac{n+1}{n+2},$$
$$\lim_{n\to\infty}u_n=\lim_{n\to\infty}\frac{n+1}{n+2}=1\neq 0,$$
可知原级数为发散级数.

习题 10.1

1．写出下列级数的一般项：

（1）$1-\frac{1}{3}+\frac{1}{5}-\frac{1}{7}+\cdots$；

（2）$\frac{3}{2}+\frac{4}{2^2}+\frac{5}{2^3}+\frac{6}{2^4}+\cdots$；

（3）$\frac{\sqrt{x}}{2}+\frac{x}{2\cdot 4}+\frac{x\sqrt{x}}{2\cdot 4\cdot 6}+\frac{x^2}{2\cdot 4\cdot 6\cdot 8}+\cdots$；

（4）$\frac{a^2}{3}-\frac{a^3}{5}+\frac{a^4}{7}-\frac{a^5}{9}+\cdots$.

2．根据级数收敛、发散的定义判定下列级数的收敛性：

（1）$\sum_{n=1}^{\infty}(\sqrt{n+1}-\sqrt{n})$；

（2）$\frac{1}{1\cdot 3}+\frac{1}{3\cdot 5}+\frac{1}{5\cdot 7}+\cdots+\frac{1}{(2n-1)\cdot(2n+1)}+\cdots$.

3．判别下列级数的收敛性：

（1）$\frac{8}{9}+\frac{8^2}{9^2}-\frac{8^3}{9^3}+\cdots$；

（2）$\frac{1}{3}+\frac{1}{6}+\frac{1}{9}+\frac{1}{12}+\frac{1}{15}+\cdots$；

（3）$\frac{3}{2}+\frac{3^2}{2^2}+\frac{3^3}{2^3}+\frac{3^4}{2^4}+\cdots$；

（4）$\left(\frac{1}{2}+\frac{1}{3}\right)+\left(\frac{1}{2^2}+\frac{1}{3^2}\right)+\left(\frac{1}{2^3}+\frac{1}{3^3}\right)+\cdots$.

10.2 正项级数及其敛散性

10.2.1 正项级数收敛的充分必要条件

如果级数 $\sum_{n=1}^{\infty}u_n$ 中的每一项均满足 $u_n\geqslant 0$（$n=1,2,3,\cdots$），则称该级数为正项

级数. 显然级数$\sum\limits_{n=1}^{\infty}u_n$的前$n$项和数列$\{S_n\}$是单调递增的，由数列极限存在准则知，如果数列$\{S_n\}$单调且有界，则$\lim\limits_{n\to\infty}S_n$必存在；此外，若$\lim\limits_{n\to\infty}S_n$存在，则数列$\{S_n\}$必定有界，因此得到级数收敛的充分必要条件.

定理 1　正项级数收敛的充分必要条件是它的部分和数列$\{S_n\}$有界.

此定理是判别级数是否收敛的基本法则，但应用起来很不方便，常用以下几种方法来判别级数的收敛性.

10.2.2　正项级数的比较审敛法

定理 2（比较审敛法）　设有两个正项级数$\sum\limits_{n=1}^{\infty}u_n$和$\sum\limits_{n=1}^{\infty}v_n$.

（1）如果已知级数$\sum\limits_{n=1}^{\infty}v_n$收敛，且有$u_n\leqslant v_n$（$n=1,2,\cdots$），则级数$\sum\limits_{n=1}^{\infty}u_n$也收敛；

（2）如果已知级数$\sum\limits_{n=1}^{\infty}v_n$发散，且有$u_n\geqslant v_n$（$n=1,2,\cdots$），则级数$\sum\limits_{n=1}^{\infty}u_n$也发散.

例 1　判别级数$\sum\limits_{n=1}^{\infty}\sin\dfrac{\pi}{2^n}$的收敛性.

解　所给级数的通项为$u_n=\sin\dfrac{\pi}{2^n}$且$u_n>0$（$n=1,2,\cdots$），因而$\sum\limits_{n=1}^{\infty}\sin\dfrac{\pi}{2^n}$为正项级数，因为$\sin\dfrac{\pi}{2^n}\leqslant\dfrac{\pi}{2^n}$. 若取$v_n=\dfrac{\pi}{2^n}$，则级数$\sum\limits_{n=1}^{\infty}v_n=\sum\limits_{n=1}^{\infty}\dfrac{\pi}{2^n}$为几何级数，公比为$\dfrac{1}{2}$，因此$\sum\limits_{n=1}^{\infty}v_n=\sum\limits_{n=1}^{\infty}\dfrac{\pi}{2^n}$为收敛级数，由比较判别法可知级数$\sum\limits_{n=1}^{\infty}\sin\dfrac{\pi}{2^n}$收敛.

例 2　讨论$p-$级数$\sum\limits_{n=1}^{\infty}\dfrac{1}{n^p}$的收敛性，其中常数$p>0$.

解　（1）当$p=1$时，该级数称为调和级数，调和级数的部分和为

$$S_n=1+\frac{1}{2}+\frac{1}{3}+\cdots+\frac{1}{n}.$$

下面借助几何图形来分析其极限. 如图 10.1 所示，由曲线$y=\dfrac{1}{x}$、直线$y=0$、$x=1$和$x=n+1$所围成的曲边梯形面积与图中阴影部分面积之间的关系，阴影中各矩形面积分别为

$$A_1=1,\ A_2=\frac{1}{2},\ A_3=\frac{1}{3},\ \cdots,\ A_n=\frac{1}{n}.$$

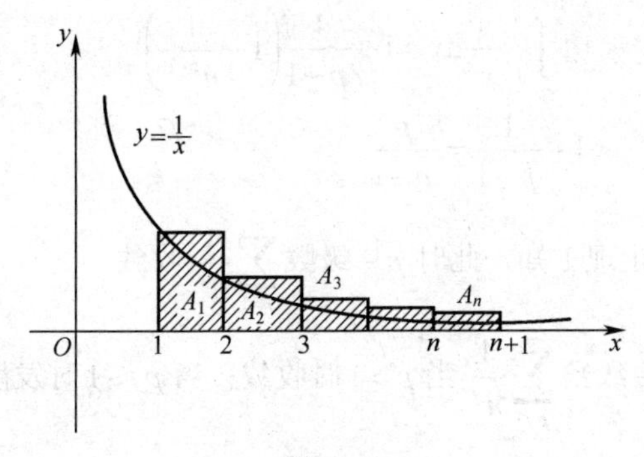

图 10.1

它们的和恰为调和级数的部分和，其值显然大于曲边梯形的面积

$$\begin{aligned}S_n&=1+\frac{1}{2}+\frac{1}{3}+\cdots+\frac{1}{n}\\&=A_1+A_2+A_3+\cdots+A_n\\&>\int_1^{n+1}\frac{1}{x}\mathrm{d}x\\&=\ln(n+1),\end{aligned}$$

由于

$$\lim_{n\to\infty}\ln(n+1)=\infty,$$

所以

$$\lim_{n\to\infty}S_n=\infty.$$

所以调和级数 $\sum_{n=1}^{\infty}\frac{1}{n}$ 发散.

（2）当 $p<1$ 时，$u_n=\frac{1}{n^p}\geqslant\frac{1}{n}$，由比较审敛法和 $\sum_{n=1}^{\infty}\frac{1}{n}$ 发散知，级数 $\sum_{n=1}^{\infty}\frac{1}{n^p}$ 也发散.

（3）当 $p>1$ 时，$p-$级数的部分和为

$$S_n=1+\frac{1}{2^p}+\frac{1}{3^p}+\cdots+\frac{1}{n^p},$$

在图 10.2 中曲线方程为 $y=\frac{1}{x^p}$（$p>1$），各阴影部分的面积分别为

$$B_1=1,\ B_2=\frac{1}{2^p},\ B_3=\frac{1}{3^p},\ \cdots,\ B_n=\frac{1}{n^p},$$

其和就是 $p-$级数的部分和，于是由面积之间的关系得

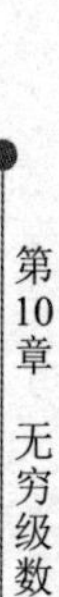

$$S_n = 1+\frac{1}{2^p}+\frac{1}{3^p}+\cdots+\frac{1}{n^p}=1+(B_2+B_3+\cdots+B_n)$$
$$<1+\int_1^n \frac{1}{x^p}\mathrm{d}x = 1+\frac{1}{p-1}\left(1-\frac{1}{n^{p-1}}\right)$$
$$<1+\frac{1}{p-1}=\frac{p}{p-1}.$$

所以$\{S_n\}$有界，由定理1知，此时$p-$级数$\sum_{n=1}^{\infty}\frac{1}{n^p}$收敛.

综上所述，$p-$级数$\sum_{n=1}^{\infty}\frac{1}{n^p}$当$p>1$时收敛；当$p\leqslant 1$时发散.

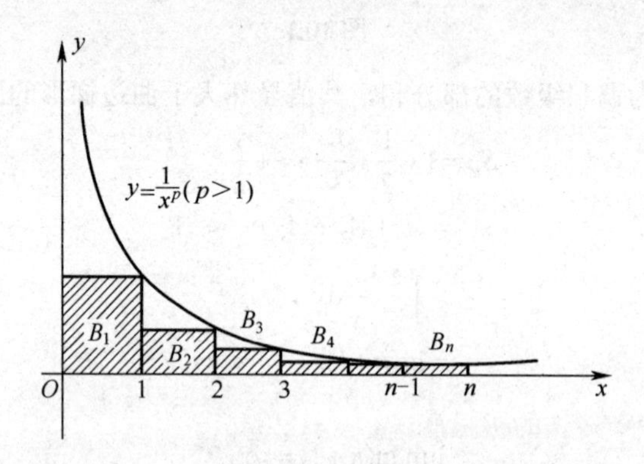

图 10.2

注意　$p-$级数$\sum_{n=1}^{\infty}\frac{1}{n^p}$的敛散性是今后用比较判别法判别级数收敛与否的重要标准，应熟练掌握. 在用比较判别法判断正项级数$\sum_{n=1}^{\infty}u_n$是否收敛之前，应准确寻找已知的收敛或发散级数$\sum_{n=1}^{\infty}v_n$作为比较的标准，这正是利用比较判别法的难点. 如要判断级数$\sum_{n=1}^{\infty}u_n$收敛，则应适当放大，使放大后的级数小于等于已知的收敛级数$\sum_{n=1}^{\infty}v_n$；如要判断级数$\sum_{n=1}^{\infty}u_n$发散，则应适当缩小，使缩小后的级数大于等于已知的发散级数$\sum_{n=1}^{\infty}v_n$. 常用作比较的标准级数有：

几何级数 $(a>0)\ \sum_{n=1}^{\infty} au^n$ 当 $0<u<1$ 时收敛；当 $u\geqslant 1$ 时发散.

$p-$ 级数 $\sum_{n=1}^{\infty}\frac{1}{n^p}$ 当 $p>1$ 时收敛；当 $p\leqslant 1$ 时发散.

例 3 判别级数 $\sum_{n=1}^{\infty}\frac{1}{2n-1}$ 的收敛性.

解 因为所给级数的通项为 $u_n=\frac{1}{2n-1}>\frac{1}{2n}$，而级数 $\sum_{n=1}^{\infty}\frac{1}{2n}$ 发散，所以级数 $\sum_{n=1}^{\infty}\frac{1}{2n-1}$ 也发散.

例 4 判定级数 $\sum_{n=1}^{\infty}\frac{1}{\sqrt{1+n^3}}$ 的收敛性.

解 因为所给级数的通项为 $u_n=\frac{1}{\sqrt{1+n^3}}<\frac{1}{\sqrt{n^3}}=\frac{1}{n^{\frac{3}{2}}}$，而级数 $\sum_{n=1}^{\infty}\frac{1}{n^{\frac{3}{2}}}$ 为 $p=\frac{3}{2}$ 的 p 级数，为收敛级数，所以级数 $\sum_{n=1}^{\infty}\frac{1}{\sqrt{1+n^3}}$ 收敛.

定理 3（比较审敛法的极限形式） 设级数 $\sum_{n=1}^{\infty}u_n$ 和 $\sum_{n=1}^{\infty}v_n$ 为正项级数，如果

$$\lim_{n\to\infty}\frac{u_n}{v_n}=l\ （0<l<+\infty），$$

则级数 $\sum_{n=1}^{\infty}u_n$ 和 $\sum_{n=1}^{\infty}v_n$ 有相同的收敛性.

例 5 判定级数 $\sum_{n=1}^{\infty}\frac{1}{\sqrt{1+n^2}}$ 的收敛性.

解 因为所给级数的通项 $u_n=\frac{1}{\sqrt{1+n^2}}$，

而调和级数 $\sum_{n=1}^{\infty}\frac{1}{n}$ 发散，其通项 $v_n=\frac{1}{n}$，且有

$$\lim_{n\to\infty}\frac{u_n}{v_n}=\lim_{n\to\infty}\frac{\frac{1}{\sqrt{1+n^2}}}{\frac{1}{n}}=1,$$

所以级数 $\sum_{n=1}^{\infty}\frac{1}{\sqrt{1+n^2}}$ 发散.

例 6 判定级数 $\sum_{n=1}^{\infty}\frac{1}{\sqrt{1+n^3}}$ 的收敛性.

解 因为所给级数的通项 $u_n=\frac{1}{\sqrt{1+n^3}}$，而 $p-$级数 $\sum_{n=1}^{\infty}\frac{1}{n^{\frac{3}{2}}}$ 收敛，且有

$$\lim_{n\to\infty}\frac{u_n}{v_n}=\lim_{n\to\infty}\frac{\frac{1}{\sqrt{1+n^3}}}{\frac{1}{n^{\frac{3}{2}}}}=1,$$

所以级数 $\sum_{n=1}^{\infty}\frac{1}{\sqrt{1+n^3}}$ 收敛.

10.2.3 正项级数的比值审敛法

定理 4（比值审敛法） 设有正项级数 $\sum_{n=1}^{\infty}u_n$，如果 $\lim_{n\to\infty}\frac{u_{n+1}}{u_n}=\rho$，则

（1）当 $\rho<1$ 时，级数收敛；

（2）当 $\rho>1$（或 $\rho=\infty$）时，级数发散；

（3）当 $\rho=1$ 时，级数可能收敛也可能发散.

例 7 判定级数 $\sum_{n=1}^{\infty}\frac{n+2}{2^n}$ 的收敛性.

解 所给级数为正项级数，其中

$$u_n=\frac{n+2}{2^n},\ u_{n+1}=\frac{n+3}{2^{n+1}},$$

$$\lim_{n\to\infty}\frac{u_{n+1}}{u_n}=\lim_{n\to\infty}\frac{\frac{n+3}{2^{n+1}}}{\frac{n+2}{2^n}}=\lim_{n\to\infty}\frac{n+3}{n+2}\cdot\frac{2^n}{2^{n+1}}=\frac{1}{2},$$

由比值审敛法可知所给级数收敛.

例 8 判定级数 $\sum_{n=1}^{\infty}\frac{a^n}{n!}$（$a>0$）的收敛性.

解 所给级数为正项级数，其中

$$u_n=\frac{a^n}{n!},\ u_{n+1}=\frac{a^{n+1}}{(n+1)!},$$

$$\lim_{n\to\infty}\frac{u_{n+1}}{u_n}=\lim_{n\to\infty}\frac{\frac{a^{n+1}}{(n+1)!}}{\frac{a^n}{n!}}=\lim_{n\to\infty}\frac{n!}{(n+1)!}\cdot\frac{a^{n+1}}{a^n}=\lim_{n\to\infty}\frac{a}{n+1}=0,$$

由比值审敛法可知所给级数收敛.

例 9 判定级数 $\sum_{n=1}^{\infty}\frac{2n+1}{n^2+1}$ 的收敛性.

解 所给级数为正项级数，其中

$$u_n=\frac{2n+1}{n^2+1},\ u_{n+1}=\frac{2n+3}{(n+1)^2+1},$$

$$\lim_{n\to\infty}\frac{u_{n+1}}{u_n}=\lim_{n\to\infty}\frac{\frac{2n+3}{(n+1)^2+1}}{\frac{2n+1}{n^2+1}}=\lim_{n\to\infty}\frac{n^2+1}{(n+1)^2+1}\cdot\frac{2n+3}{2n+1}=1,$$

因此用比值判别法无法判断该级数的收敛性，但由于调和级数 $\sum_{n=1}^{\infty}\frac{1}{n}$ 发散且有

$$\lim_{n\to\infty}\frac{u_n}{v_n}=\lim_{n\to\infty}\frac{\frac{2n+1}{n^2+1}}{\frac{1}{n}}=\lim_{n\to\infty}\frac{2n^2+n}{n^2+1}=2,$$

由定理 3 知该级数发散.

习题 10.2

1．用比较审敛法或其极限形式判别下列级数的收敛性：

（1）$\sum_{n=1}^{\infty}\frac{n+1}{n^3}$；（2）$\sum_{n=1}^{\infty}\frac{1}{\sqrt{1+n^2}}$；

（3）$\sum_{n=1}^{\infty}\frac{1}{2n-1}$；（4）$\sum_{n=1}^{\infty}\frac{1+n}{1+n^2}$；

（5）$\sum_{n=1}^{\infty}\frac{1}{(n+1)(n+4)}$；（6）$\sum_{n=1}^{\infty}\sin\frac{\pi}{2^n}$.

2．用比值审敛法判别下列级数的收敛性：

（1）$\sum_{n=1}^{\infty}\frac{n+2}{2^n}$；（2）$\sum_{n=1}^{\infty}\frac{a^n}{n!}$；

（3）$\sum_{n=1}^{\infty}\frac{(1000)^n}{n!}$；（4）$\sum_{n=1}^{\infty}\frac{n!}{2^n+1}$；

（5）$\sum_{n=1}^{\infty}\frac{n!}{n^n}$；（6）$\sum_{n=1}^{\infty}\frac{(2n-1)!}{2^n\cdot n!}$.

10.3　任意项级数

在级数$\sum_{n=1}^{\infty}u_n$中，如果对于某些n，u_n可取任意值，此时级数为任意项级数，为了研究任意项级数，我们先来学习一种较简单的级数——交错级数.

10.3.1　交错级数及其审敛法

交错级数是指级数的各项是正负相间的(即一正一负地出现)级数，设$u_n \geqslant 0$，则交错级数的一般形式为

$$u_1-u_2+u_3-u_4+\cdots+(-1)^{n-1}u_n+\cdots=\sum_{n=1}^{\infty}(-1)^{n-1}u_n\ . \qquad (10.3.1)$$

定理 1（莱布尼兹审敛法）　如果交错级数$\sum_{n=1}^{\infty}(-1)^{n-1}u_n$满足条件：

（1）$u_n \geqslant u_{n+1}$（$n=1,2,3,\cdots$）；

（2）$\lim\limits_{n\to\infty}u_n=0$.

则此交错级数收敛，且其和$S \leqslant u_1$，其余项r_n的绝对值$|r_n| \leqslant u_{n+1}$，如图 10.3 所示.

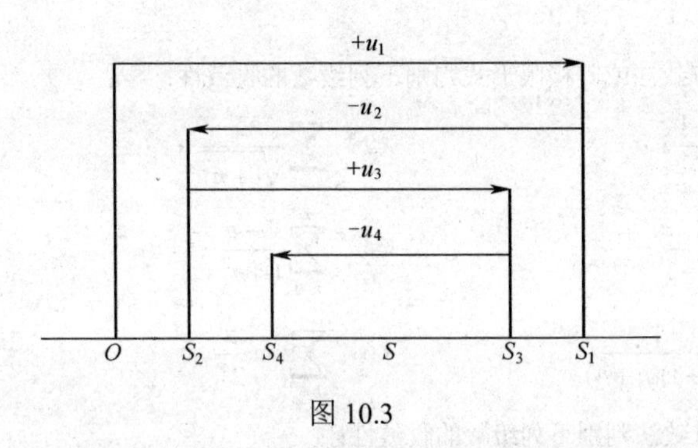

图 10.3

例 1　判别级数$\sum_{n=1}^{\infty}(-1)^{n-1}\frac{1}{n}$的收敛性.

解　所给级数为交错级数，且满足条件

（1）$u_n=\frac{1}{n}>\frac{1}{n+1}=u_{n+1}$（$n=1,2,3,\cdots$）；

（2）$\lim\limits_{n\to\infty}u_n=\lim\limits_{n\to\infty}\frac{1}{n}=0$.

由定理 1 可知此级数收敛.

10.3.2 绝对收敛与条件收敛

对于任意项级数$\sum_{n=1}^{\infty}u_n$，其中u_n可正可负，为了研究它的收敛性，我们先来研究将其各项取绝对值变为正项级数$\sum_{n=1}^{\infty}|u_n|$的收敛性，从而再确定级数$\sum_{n=1}^{\infty}u_n$的收敛性.

定理 2 如果级数$\sum_{n=1}^{\infty}|u_n|$收敛，则级数$\sum_{n=1}^{\infty}u_n$一定收敛.

定义 如果级数$\sum_{n=1}^{\infty}|u_n|$收敛，则称级数$\sum_{n=1}^{\infty}u_n$绝对收敛；如果级数$\sum_{n=1}^{\infty}u_n$收敛而级数$\sum_{n=1}^{\infty}|u_n|$发散，则称级数$\sum_{n=1}^{\infty}u_n$条件收敛.

例 2 级数$\sum_{n=1}^{\infty}(-1)^n\frac{1}{n}$为收敛的交错级数，而级数$\sum_{n=1}^{\infty}|(-1)^n\frac{1}{n}|=\sum_{n=1}^{\infty}\frac{1}{n}$却为发散的级数，因此$\sum_{n=1}^{\infty}(-1)^n\frac{1}{n}$为条件收敛.

例 3 判定级数$\sum_{n=1}^{\infty}\frac{\sin n\alpha}{n^2}$是绝对收敛还是条件收敛.

解 因为$|u_n|=\left|\frac{\sin n\alpha}{n^2}\right|\leqslant\frac{1}{n^2}$，而级数$\sum_{n=1}^{\infty}\frac{1}{n^2}$收敛，所以$\sum_{n=1}^{\infty}\left|\frac{\sin n\alpha}{n^2}\right|$也收敛，故$\sum_{n=1}^{\infty}\frac{\sin n\alpha}{n^2}$绝对收敛.

习题 10.3

判别下列级数是否收敛，若收敛，是绝对收敛还是条件收敛?

（1）$\sum_{n=1}^{\infty}(-1)^n\frac{1}{\sqrt{n}}$；

（2）$\sum_{n=1}^{\infty}(-1)^n\frac{1}{2n+1}$；

（3）$\sum_{n=1}^{\infty}(-1)^{n-1}\frac{n+1}{2n+1}$；

（4）$\sum_{n=1}^{\infty}(-1)^{n-1}\frac{1}{\ln(n+1)}$；

（5）$\sum_{n=1}^{\infty}(-1)^{n-1}\frac{n}{3^{n-1}}$；

（6）$\sum_{n=1}^{\infty}(-1)^n\sin\frac{1}{n^2}$.

10.4 幂级数

10.4.1 幂级数的概念

前面研究的级数为常数项级数，如果级数的每一项均为定义在区间(a,b)上的函数$u_n(x)$，则称级数$\sum_{n=1}^{\infty}u_n(x)=u_1(x)+u_2(x)+\cdots+u_n(x)+\cdots$为函数项级数.

定义 1 设$u_1(x)$，$u_2(x)$，$\cdots$，$u_n(x)$，$\cdots$是定义在区间(a,b)上的函数列，则以$u_n(x)$为一般项的级数

$$\sum_{n=1}^{\infty}u_n(x)=u_1(x)+u_2(x)+\cdots+u_n(x)+\cdots \quad (10.4.1)$$

称为函数项级数.

对于确定的$x_0\in(a,b)$，级数$\sum_{n=1}^{\infty}u_n(x_0)$成为常数项级数.

定义 2 如果级数

$$\sum_{n=1}^{\infty}u_n(x_0)=u_1(x_0)+u_2(x_0)+\cdots+u_n(x_0)+\cdots$$

收敛，则称x_0为函数项级数的收敛点，若级数在x_0点发散，则称x_0为该级数的发散点．由收敛点组成的集合称为函数项级数的收敛域.

函数项级数在它的收敛域上是关于x的函数，称其为和函数，记作$S(x)$，即

$$S(x)=\sum_{n=1}^{\infty}u_n(x).$$

在函数项级数的收敛域上，和函数$S(x)$与前n项和$S_n(x)$有关系

$$\lim_{n\to\infty}S_n(x)=S(x).$$

余项$r_n(x)=S(x)-S_n(x)$，显然$\lim_{n\to\infty}r_n(x)=0$.

定义 3 形如

$$a_0+a_1(x-x_0)+a_2(x-x_0)^2+\cdots+a_n(x-x_0)^n+\cdots \quad (10.4.2)$$

的级数称为关于$(x-x_0)$的幂级数，其中常数$a_0,a_1,\cdots,a_n,\cdots$称为幂级数的系数．特别地，当$x_0=0$时，上式变成

$$\sum_{n=0}^{\infty}a_nx^n=a_0+a_1x+a_2x^2+\cdots+a_nx^n+\cdots, \quad (10.4.3)$$

称为x的幂级数.

如果通过变换$t=x-x_0$，则级数（10.4.2）就变成级数（10.4.3）．因此，下面

我们只讨论形如（10.4.3）的幂级数.

定理 1（阿贝尔定理） 如果幂级数$\sum_{n=0}^{\infty}a_nx^n$在$x=x_0$（$x_0\neq 0$）处收敛，则对所有满足$|x|<|x_0|$的$x$，该幂级数绝对收敛；对所有满足$|x|>|x_0|$的$x$，该幂级数发散.

阿贝尔定理表明，如果幂级数$\sum_{n=0}^{\infty}a_nx^n$在$x=x_0$（$x_0\neq 0$）处收敛，则在开区间$(-|x_0|,|x_0|)$内的任何点$x$，幂级数都绝对收敛；如果幂级数$\sum_{n=0}^{\infty}a_nx^n$在$x=x_0$（$x_0\neq 0$）处发散，则对闭区间$[-|x_0|,|x_0|]$以外的所有点$x$，该幂级数都发散.

因此我们有如下结论：级数（10.4.3）的收敛点总是在数轴上连续分布并且在关于原点对称的一个区间上，端点可能例外．因此必有一个完全确定的正数R存在，满足

（1）当$|x|<R$时，$\sum_{n=0}^{\infty}a_nx^n$绝对收敛；

（2）当$|x|>R$时，$\sum_{n=0}^{\infty}a_nx^n$发散；

（3）当$x=-R$或$x=R$时，$\sum_{n=0}^{\infty}a_nx^n$可能收敛也可能发散.

定义 4 称上述R为幂级数$\sum_{n=0}^{\infty}a_nx^n$的收敛半径，由收敛点构成的区间为幂级数的收敛区间.

定理 2 设幂级数$\sum_{n=0}^{\infty}a_nx^n$的系数满足

$$\lim_{n\to\infty}\left|\frac{a_{n+1}}{a_n}\right|=\rho .$$

（1）如果$\rho\neq 0$，则$R=\dfrac{1}{\rho}$；

（2）如果$\rho=0$，则$R=+\infty$；

（3）如果$\rho=+\infty$，则$R=0$.

例 1 求幂级数$\sum_{n=1}^{\infty}\dfrac{x^n}{n}$的收敛半径和收敛区间.

解 由于$a_n=\dfrac{1}{n}$，$a_{n+1}=\dfrac{1}{n+1}$，因此

$$\lim_{n\to\infty}\left|\frac{a_{n+1}}{a_n}\right|=\lim_{n\to\infty}\frac{n}{n+1}=1\text{，}$$

可知收敛半径 $R=\frac{1}{\rho}=1$.

当 $x=-1$ 时，原级数变为收敛的交错级数 $\sum_{n=1}^{\infty}(-1)^n\frac{1}{n}$；当 $x=1$ 时，原级数变为发散的调和级数 $\sum_{n=1}^{\infty}\frac{1}{n}$. 因此原级数的收敛区间为 $[-1,1)$.

例 2 求幂级数 $\sum_{n=0}^{\infty}\frac{x^{n+1}}{(n+1)!}$ 的收敛半径和收敛区间.

解 $a_n=\frac{1}{(n+1)!}$，$a_{n+1}=\frac{1}{(n+2)!}$，因此

$$\lim_{n\to\infty}\left|\frac{a_{n+1}}{a_n}\right|=\lim_{n\to\infty}\frac{(n+1)!}{(n+2)!}=\lim_{n\to\infty}\frac{1}{n+2}=0\text{，}$$

所以该级数的收敛半径为 $+\infty$，收敛区间为 $(-\infty,+\infty)$.

例 3 求幂级数 $\sum_{n=1}^{\infty}\frac{1}{n}(x-1)^n$ 的收敛半径和收敛区间.

解 由于所给级数不是级数的标准形式，可设 $y=x-1$，则原级数变为 $\sum_{n=1}^{\infty}\frac{1}{n}y^n$，

$$\lim_{n\to\infty}\left|\frac{a_{n+1}}{a_n}\right|=\lim_{n\to\infty}\frac{n}{n+1}=1 .$$

收敛半径为 1，即当 $-1\leqslant x-1<1$ 时级数收敛，所以级数的收敛区间为 $[0,2)$.

10.4.2 幂级数的性质

1. 幂级数的运算

设有两个幂级数

$$\sum_{n=0}^{\infty}a_nx^n=S(x)$$

及

$$\sum_{n=0}^{\infty}b_nx^n=G(x)\text{，}$$

分别在 $(-R_1,R_1)$，$(-R_2,R_2)$ 内收敛，它们可进行下列运算：

（1）加法

$$\sum_{n=0}^{\infty}a_nx^n+\sum_{n=0}^{\infty}b_nx^n=\sum_{n=0}^{\infty}(a_n+b_n)x^n=S(x)+G(x).$$

（2）减法

$$\sum_{n=0}^{\infty}a_nx^n-\sum_{n=0}^{\infty}b_nx^n=\sum_{n=0}^{\infty}(a_n-b_n)x^n=S(x)-G(x).$$

（3）乘法

$$\sum_{n=0}^{\infty}a_nx^n\cdot\sum_{n=0}^{\infty}b_nx^n$$

$$=a_0b_0+(a_0b_1+a_1b_0)x+(a_0b_2+a_1b_1+a_2b_0)x^2+\cdots+(a_0b_n+a_1b_{n-1}+\cdots+a_nb_0)x^n+\cdots$$

$$=\sum_{n=0}^{\infty}(a_0b_n+a_1b_{n-1}+\cdots+a_nb_0)x^n=S(x)\cdot G(x).$$

上述三种运算在$(-R_1,R_1)$，$(-R_2,R_2)$中较小的区间内成立.

2. 幂级数的解析性质

设幂级数$\sum\limits_{n=0}^{\infty}a_nx^n=S(x)$在$(-R,R)$内收敛，则该幂级数具有下列性质：

（1）在$(-R,R)$内$S(x)$是连续函数；

（2）在$(-R,R)$内$S(x)$可导，且有逐项求导公式

$$S'(x)=(\sum_{n=0}^{\infty}a_nx^n)'=\sum_{n=0}^{\infty}(a_nx^n)'=n\sum_{n=0}^{\infty}a_nx^{n-1}.$$

逐项求导以后的幂级数与原幂级数有相同的收敛半径，但在收敛区间的端点处，级数的收敛性可能会改变.

（3）在$(-R,R)$内$S(x)$可积，且有逐项积分公式

$$\int_0^x S(x)\,\mathrm{d}x=\int_0^x(\sum_{n=0}^{\infty}a_nx^n)\mathrm{d}x=\sum_{n=0}^{\infty}\int_0^x(a_nx^n)\mathrm{d}x=\sum_{n=0}^{\infty}\frac{a_n}{n+1}x^{n+1}.$$

逐项积分后的幂级数与原幂级数有相同的收敛半径，但在收敛区间的端点处，级数的收敛性可能会改变.

例4　求幂级数$\sum\limits_{n=1}^{\infty}nx^{n-1}=1+2x+3x^2+\cdots+nx^{n-1}+\cdots$的和函数，其中$|x|<1$.

解　因为$nx^{n-1}=(x^n)'$，所以有

$$\sum_{n=1}^{\infty}nx^{n-1}=\sum_{n=1}^{\infty}(x^n)'.$$

又

$$\sum_{n=1}^{\infty}x^n=\frac{1}{1-x}\quad（|x|<1），$$

逐项求导得

$$(\sum_{n=1}^{\infty} x^n)' = \sum_{n=1}^{\infty} (x^n)' = \left(\frac{1}{1-x}\right)' = \frac{1}{(1-x)^2} \quad (|x|<1),$$

所以

$$\sum_{n=1}^{\infty} nx^{n-1} = \frac{1}{(1-x)^2} \quad (|x|<1).$$

习题 10.4

1．求下列幂级数的收敛区间：

（1）$\sum_{n=1}^{\infty} nx^n$；（2）$\sum_{n=1}^{\infty} (-1)^n \frac{x^n}{n^2}$；

（3）$\sum_{n=1}^{\infty} \frac{x^n}{2^n n!}$；（4）$\sum_{n=1}^{\infty} (-1)^{n-1} \frac{x^n}{n \cdot 3^n}$；

（5）$\sum_{n=1}^{\infty} \frac{2^n x^n}{n^2+1}$；（6）$\sum_{n=1}^{\infty} (-1)^{n-1} \frac{(x+1)^n}{n}$；

（7）$\sum_{n=1}^{\infty} \frac{(x-5)^n}{\sqrt{n}}$；（8）$\sum_{n=1}^{\infty} (-1)^n \frac{x^{2n+1}}{2n+1}$．

2．求下列级数的和函数：

（1）$\sum_{n=1}^{\infty} \frac{n}{n+1} x^n \quad (-1,1)$；（2）$\sum_{n=1}^{\infty} \frac{x^{2n-1}}{2n-1} \quad (-1,1)$.

10.5 函数展开成幂级数

10.5.1 泰勒级数

定义 1 如果函数 $f(x)$ 在包含 x_0 的某区间 (a,b) 内有任意阶导数，则对此区间内任意点 x 有

$$f(x) = f(x_0) + f'(x_0)(x-x_0) + \frac{f''(x_0)}{2!}(x-x_0)^2 + \cdots + \frac{f^{(n)}(x_0)}{n!}(x-x_0)^n + R_n(x), \tag{10.5.1}$$

称上式为函数 $f(x)$ 的泰勒公式，系数 $f(x_0)$，$f'(x_0)$，$\frac{f''(x_0)}{2!}$，…，$\frac{f^{(n)}(x_0)}{n!}$ 称为泰勒系数．余项 $R_n(x) = \frac{f^{(n+1)}(\xi)}{(n+1)!}(x-x_0)^{n+1}$（$\xi$ 介于 x 与 x_0 之间）称为拉格朗日型

余项.

如果 $x_0=0$，则泰勒公式变为

$$f(x)=f(0)+f'(0)x+\frac{f''(0)}{2!}x^2+\cdots+\frac{f^{(n)}(0)}{n!}x^n+R_n(x)\text{，}\qquad(10.5.2)$$

称为麦克劳林公式，其中余项

$$R_n(x)=\frac{f^{(n+1)}(\xi)}{(n+1)!}x^{n+1}\text{（}\xi\text{ 为 }x\text{ 与 }0\text{ 之间的某个值）.}$$

定义 2　如果函数 $f(x)$ 在包含 x_0 的某区间 (a,b) 内有任意阶导数，则存在级数

$$\sum_{n=0}^{\infty}\frac{f^{(n)}(x_0)}{n!}(x-x_0)^n=f(x_0)+f'(x_0)(x-x_0)+\frac{f''(x_0)}{2!}(x-x_0)^2$$

$$+\cdots+\frac{f^{(n)}(x_0)}{n!}(x-x_0)^n+\cdots\text{，}\qquad(10.5.3)$$

称为函数 $f(x)$ 在 $x=x_0$ 处的泰勒级数.

我们可用下述定理来判断泰勒级数的收敛性：

定理　设 $f(x)$ 在 $x=x_0$ 的某邻域内存在任意阶导数，则函数 $f(x)$ 的泰勒级数式在该邻域内收敛于 $f(x)$ 的充分必要条件是泰勒公式的余项的极限 $\lim\limits_{n\to\infty}R_n(x)=0$.

特别地，在泰勒级数中当 $x_0=0$ 时泰勒级数变为

$$\sum_{n=0}^{\infty}\frac{f^{(n)}(0)}{n!}x^n=f(0)+f'(0)x+\frac{f''(0)}{2!}x^2+\cdots+\frac{f^{(n)}(0)}{n!}x^n+\cdots\text{，}\qquad(10.5.4)$$

称为 $f(x)$ 的麦克劳林级数.

如果函数 $f(x)$ 在 $x=0$ 的某邻域内存在任意阶导数，就可以写出 $f(x)$ 的麦克劳林级数；如果麦克劳林级数在 $x_0=0$ 的某邻域内收敛于 $f(x)$，则称 $f(x)$ 可展开成麦克劳林级数. 如果函数 $f(x)$ 能展开成 x 的幂级数，那么它一定就是麦克劳林级数，也就是说 $f(x)$ 的幂级数展开式是唯一的.

10.5.2　函数的幂级数展开

函数展开为幂级数有两种主要方法：一是按幂级数的定义直接将函数展开为幂级数；另一种是通过已知的幂级数展开式以及幂级数的性质将函数展开成幂级数. 前者称为直接展开法，后者称为间接展开法.

直接展开的主要步骤为：

（1）求出 $f(x)$ 的各阶导数 $f'(x)$，$f''(x)$，$f'''(x)$，…，$f^{(n)}(x)$，…，再求出函数及各阶导数在 $x=0$ 点的值 $f(0)$，$f'(0)$，$f''(0)$，…，$f^{(n)}(0)$，…；

（2）作幂级数 $f(0)+f'(0)x+\frac{f''(0)}{2!}x^2+\cdots+\frac{f^{(n)}(0)}{n!}x^n+\cdots$，并求出其收敛半径 R；

（3）在收敛区间内考察余项 $R_n(x)$ 的极限

$$\lim_{n\to\infty}R_n(x)=\lim_{n\to\infty}\frac{f^{(n+1)}(\xi)}{(n+1)!}x^{n+1}\quad（\xi 为 0 与 x 之间的某个值）.$$

若 $\lim\limits_{n\to\infty}R_n(x)=0$，则 $f(x)$ 可展成幂级数，否则不能展成幂级数.

例 1 将函数 $f(x)=\mathrm{e}^x$ 展成 x 的幂级数.

解 $f^{(n)}(x)=\mathrm{e}^x$，$f^{(n)}(0)=1$ （$n=0,1,2,\cdots$）.

作幂级数

$$\sum_{n=0}^{\infty}\frac{x^n}{n!}=1+x+\frac{x^2}{2!}+\cdots+\frac{x^n}{n!}+\cdots,$$

其收敛半径 $R=+\infty$，余项 $R_n(x)=\dfrac{\mathrm{e}^{\xi}}{(n+1)!}x^{n+1}$，$\xi$ 在 0 与 x 之间.

$$|R_n(x)|=\frac{\mathrm{e}^{\xi}}{(n+1)!}|x|^{n+1}<\mathrm{e}^{|x|}\frac{|x|^{n+1}}{(n+1)!},$$

对任意指定的 $x\in(-\infty,+\infty)$，由比值审敛法可知 $\sum\limits_{n=0}^{\infty}\dfrac{|x|^{n+1}}{(n+1)!}$ 收敛，由级数收敛的必要条件得 $\lim\limits_{n\to\infty}\dfrac{|x|^{n+1}}{(n+1)!}=0$.

对于任意的 $x\in(-\infty,+\infty)$，$\mathrm{e}^{|x|}$ 是有限的，从而

$$\lim_{n\to\infty}\mathrm{e}^{|x|}\frac{|x|^{n+1}}{(n+1)!}=0,$$

所以

$$\lim_{n\to\infty}R_n(x)=0.$$

因此

$$\mathrm{e}^x=1+x+\frac{x^2}{2!}+\cdots+\frac{x^n}{n!}+\cdots\quad(-\infty<x<+\infty).$$

例 2 将函数 $f(x)=\sin x$ 展成 x 的幂级数.

解 由于 $f^{(n)}(x)=\sin^{(n)}x=\sin\left(\dfrac{n\pi}{2}+x\right)$ （$n=1,2,3,\cdots$），

故

$$f(0)=0,\ f^{(2n)}(0)=0,\ f^{(2n-1)}(0)=(-1)^{n-1}\quad（n=1,2,3,\cdots），$$

作幂级数

$$x-\frac{x^3}{3!}+\frac{x^5}{5!}-\frac{x^7}{7!}+\cdots+(-1)^{n-1}\frac{x^{2n-1}}{(2n-1)!}+\cdots,$$

对于 $x\in(-\infty,+\infty)$ 其余项有

$$|R_{2n+1}(x)|=\left|\frac{f^{(2n+1)}(\xi)}{(2n+1)!}x^{2n+1}\right|=\left|\frac{\sin[\xi+(2n+1)\cdot\frac{\pi}{2}]}{(2n+1)!}x^{2n+1}\right|\leqslant\frac{|x|^{2n+1}}{(2n+1)!}.$$

当 $n\to\infty$ 时有 $R_{2n+1}(x)\to 0$，因此

$$\sin x=x-\frac{x^3}{3!}+\frac{x^5}{5!}-\frac{x^7}{7!}+\cdots+(-1)^{n-1}\frac{x^{2n-1}}{(2n-1)!}+\cdots \quad (-\infty<x<+\infty).$$

由于 $\cos x=(\sin x)'$，所以由 $\sin x$ 的展式可得：

$$\cos x=(\sin x)'=\left(x-\frac{x^3}{3!}+\frac{x^5}{5!}-\frac{x^7}{7!}+\cdots+(-1)^{n-1}\frac{x^{2n-1}}{(2n-1)!}+\cdots\right)'$$

$$=1-\frac{x^2}{2!}+\frac{x^4}{4!}-\frac{x^6}{6!}+\cdots+(-1)^{n-1}\frac{x^{2(n-1)}}{(2n-2)!}+\cdots \quad (-\infty<x<+\infty).$$

即

$$\cos x=1-\frac{x^2}{2!}+\frac{x^4}{4!}-\frac{x^6}{6!}+\cdots+(-1)^{n}\frac{x^{2n}}{(2n)!}+\cdots \quad (-\infty<x<+\infty).$$

直接展开法计算量比较大，而且研究其余项是否趋于零也较困难，为此经常采用间接展开法，即利用一些已知的函数的幂级数的展开式及幂级数的运算法则、解析性质或变量代换将函数展开为幂级数．常用的展开式有

$$\frac{1}{1-x}=1+x+x^2+\cdots+x^n+\cdots \quad (-1<x<1);$$

$$\frac{1}{1+x}=1-x+x^2-x^3+\cdots+(-1)^n x^n+\cdots \quad (-1<x<1);$$

$$\sin x=x-\frac{x^3}{3!}+\frac{x^5}{5!}-\frac{x^7}{7!}+\cdots+(-1)^{n-1}\frac{x^{2n-1}}{(2n-1)!}+\cdots \quad (-\infty<x<+\infty);$$

$$\mathrm{e}^x=1+x+\frac{x^2}{2!}+\cdots+\frac{x^n}{n!}+\cdots \quad (-\infty<x<+\infty).$$

例 3 将函数 $f(x)=\ln(1+x)$ 展成 x 的幂级数．

解 由

$$\frac{1}{1+x}=1-x+x^2-x^3+\cdots+(-1)^n x^n+\cdots \quad (-1<x<1),$$

得

$$\ln(1+x)=\int_0^x\frac{1}{1+x}\mathrm{d}x$$

$$=x-\frac{x^2}{2}+\frac{x^3}{3}-\frac{x^4}{4}+\cdots+(-1)^{n-1}\frac{x^n}{n}+\cdots \quad (-1<x\leqslant 1).$$

逐项积分后所得的级数，当 $x=1$ 时，级数变为 $\sum_{n=1}^{\infty}(-1)^{n-1}\frac{1}{n}$ 为收敛的交错级数；

当 $x=-1$ 时，级数为 $\sum_{n=1}^{\infty}\left(-\frac{1}{n}\right)$，为发散级数. 因此所求幂级数的收敛区间为 $(-1,1]$.

例 4 将函数 $f(x)=\frac{1}{x-4}$ 展成 x 的幂级数.

解 所给函数可变形为

$$f(x)=\frac{1}{x-4}=-\frac{1}{4-x}=-\frac{1}{4}\cdot\frac{1}{1-\frac{x}{4}},$$

由 $$\frac{1}{1-x}=1+x+x^2+\cdots+x^n+\cdots \quad (-1<x<1),$$

得 $$\frac{1}{1-\frac{x}{4}}=1+\frac{x}{4}+\left(\frac{x}{4}\right)^2+\left(\frac{x}{4}\right)^3+\cdots+\left(\frac{x}{4}\right)^n+\cdots \quad \left(-1<\frac{x}{4}<1\right),$$

所以 $$f(x)=-\frac{1}{4}\cdot\frac{1}{1-\frac{x}{4}}$$

$$=-\frac{1}{4}\left[1+\frac{x}{4}+\left(\frac{x}{4}\right)^2+\left(\frac{x}{4}\right)^3+\cdots+\left(\frac{x}{4}\right)^n+\cdots\right]$$

$$=-\frac{1}{4}-\frac{x}{4^2}-\frac{x^2}{4^3}-\frac{x^3}{4^4}-\cdots-\frac{x^n}{4^{n+1}}-\cdots \quad (-4<x<4).$$

习题 10.5

1．将下列各函数展成 x 的幂级数，并求收敛区间：

（1）$\ln(a+x)$ （$a>0$）；（2）$\arctan x$；（3）$\frac{x}{2x^2+3x-2}$.

2．将函数 $f(x)=\frac{1}{x}$ 展开成 $(x-3)$ 的幂级数.

3．将函数 $f(x)=\frac{1}{x^2+3x+2}$ 展开成 $(x+4)$ 的幂级数.

本章小结

比较判别法的极限形式比比较判别法（非极限形式）用起来方便些，用比较判别法或其极限形式判别正项级数的收敛性时，需要选取收敛性已知的正项级数与所给级数作比较，常用的比较级数有

几何级数（$a>0$）$\sum_{n=1}^{\infty}au^n$，当 $0<u<1$ 时收敛；当 $u\geqslant 1$ 时发散.

p－级数 $\sum_{n=1}^{\infty}\frac{1}{n^p}$ 当 $p>1$ 时收敛；当 $p\leqslant 1$ 时发散．

比值判别法的特点是利用级数的本身判别其收敛性，不用另找作为比较的级数，当正项级数的一般项 u_n 是一些因子的乘积形式，且 u_n 中含有 $n!$ 或 c^n（c 为常数）因子时，用比值判别法比较简便，这是因为在 $\frac{u_{n+1}}{u_n}$ 中能使阶乘符号消失；对于 c^n，能使 n 次幂消失；对于 $n!$ 往往能利用公式：$\lim_{n\to\infty}\left(1+\frac{1}{n}\right)^n=\mathrm{e}$ 求极限．

判别常数项级数 $\sum_{n=1}^{\infty}u_n$ 的一般方法是：先看一般项 u_n 当 $n\to\infty$ 时是否趋于零．如果 u_n 不趋于零（当 $n\to\infty$ 时），则立即就能肯定级数发散；如果 $\lim_{n\to\infty}u_n=0$ 或 $\lim_{n\to\infty}u_n$ 不易求时，则用级数收敛性的判别法进行判别，这时要看级数的类型，对于正项级数可用比较判别法、比较判别法的极限形式、比值判别法、级数的性质，正项级数收敛的充分必要条件来判别．其中比值判别法比较方便，比较判别法或其极限形式需要找比较级数，往往比较困难，但它是基础，当比值判别法失效或较困难时可考虑比较判别法的极限形式或比较判别法．究竟选用哪一种判别法比较简单，要看一般项 u_n 有何特点，如果是交错级数，可用莱布尼兹判别法，如果是任意项级数，则一般用绝对收敛判别法来判别．

求幂级数的和函数关键是将该级数与和函数已知的级数相比较，看有何不同，然后采取变量代换法、代数运算法、逐项求导法、逐项积分法，将所给幂级数转化成和函数已知的级数的形式．

复习题 10

1．判别下列级数的收敛性：

（1）$\sum_{n=1}^{\infty}\mathrm{e}^{-\frac{1}{n^2}}$；　（2）$\frac{1}{1\times 4}+\frac{1}{4\times 7}+\cdots+\frac{1}{(3n-2)(3n+1)}+\cdots$；

（3）$\sum_{n=1}^{\infty}\frac{\sqrt{n}}{\sqrt{n^4+1}}$；　（4）$\sum_{n=1}^{\infty}\frac{\pi^{2n}}{(2n)!}$；

（5）$\sum_{n=1}^{\infty}\frac{n^n}{n!\cdot 2^n}$；　（6）$\sum_{n=1}^{\infty}\frac{5^n(n+1)!}{(2n)!}$．

2．下列级数是否收敛？若收敛，是绝对收敛还是条件收敛？

（1）$\sum_{n=1}^{\infty}(-1)^{n+1}\frac{2n+1}{n(n+1)}$；　（2）$\sum_{n=1}^{\infty}\frac{n\cos\frac{n\pi}{3}}{2^n}$．

3．求下列幂级数的收敛半径和收敛域：

（1）$\sum_{n=1}^{\infty}\frac{2n+1}{n!}x^{2n+1}$；　　（2）$\sum_{n=1}^{\infty}\frac{(2x+1)^n}{n}$；

（3）$\sum_{n=1}^{\infty}\frac{(x-1)^{n-1}}{n\cdot 3^n}$．

4．将下列函数展成 x 的幂级数：

（1）$f(x)=\frac{x}{2+x}$；　　（2）$f(x)=\ln\frac{1}{3x+4}$．

5．将 $f(x)=\frac{1}{x^2+4x+3}$ 展开成 $(x-1)$ 的幂级数，并写出收敛区间．

自测题 10

1．填空题

（1）$\frac{2}{1}-\frac{3}{2}+\frac{4}{3}-\frac{5}{4}+\frac{6}{5}-\cdots$ 的一般项 $u_n=$________；

（2）级数 $\sum_{n=0}^{\infty}\frac{x^2 n}{3^n}$ 的收敛区间是________；

（3）级数 $\sum_{n=1}^{\infty}(-1)^{n-1}\frac{x^n}{n}$ 的收敛半径 $R=$________；

（4）幂级数 $1+x+\frac{1}{2!}x^2+\cdots+\frac{1}{n!}x^n+\cdots$ 的收敛域是________；

（5）幂级数 $\sum_{n=0}^{\infty}n!x^n$ 的收敛半径 $R=$________．

2．选择题

（1）当（　）时，无穷级数 $\sum_{n=1}^{\infty}(-1)^n u_n$（$u>0$）绝对收敛．

A．$u_{n+1}\leqslant u_n$　（$n=1,2,\cdots$）；

B．$\lim\limits_{n\to\infty}u_n=0$；

C．$u_{n+1}\leqslant u_n$（$n=1,2,\cdots$），$\lim\limits_{n\to\infty}u_n=0$；

D．$\sum_{n=1}^{\infty}u_n$（$u>0$）收敛．

（2）级数 $\sum_{n=1}^{\infty}u_n$ 与 $\sum_{n=1}^{\infty}v_n$ 满足 $u_n\leqslant v_n$（$n=1,2,\cdots$），则（　）．

A．$\sum_{n=1}^{\infty}v_n$ 收敛时，$\sum_{n=1}^{\infty}u_n$ 也收敛；　　B．$\sum_{n=1}^{\infty}u_n$ 发散时，$\sum_{n=1}^{\infty}v_n$ 也发散；

C．$\sum_{n=1}^{\infty} v_n$ 收敛时，$\sum_{n=1}^{\infty} u_n$ 未必收敛；　　D．$\sum_{n=1}^{\infty} v_n$ 发散时，$\sum_{n=1}^{\infty} u_n$ 必发散.

（3）级数 $\sum_{n=1}^{\infty}(u_{2n-1}+u_{2n})$ 是收敛的，则（　　）.

A．$\sum_{n=1}^{\infty} u_n$ 必收敛；　　B．$\sum_{n=1}^{\infty} u_n$ 未必收敛；

C．$\lim\limits_{n\to\infty} u_n = 0$；　　D．$\sum_{n=1}^{\infty} u_n$ 发散.

（4）级数 $\sum_{n=1}^{\infty} u_n$ 收敛，则必有（　　）.

A．$\sum_{n=1}^{\infty}(u_{2n-1}+u_{2n})$ 发散；　　B．$\sum_{n=1}^{\infty} ku_n$ 发散 $(k \neq 0)$；

C．$\sum_{n=1}^{\infty}|u_n|$ 收敛；　　D．$\lim\limits_{n\to\infty} u_n = 0$.

（5）当（　　）时级数 $\sum_{n=1}^{\infty}\frac{a}{q^n}$ 收敛（a 为常数）.

A．$q<1$；　　B．$|q|<1$；

C．$q>-1$；　　D．$|q|>1$.

（6）若级数 $\sum_{n=1}^{\infty} u_n$ 收敛，则下列级数收敛的是（　　）.

A．$\sum_{n=1}^{\infty} 100u_n$；　　B．$\sum_{n=1}^{\infty}(u_n+100)$；

C．$\sum_{n=1}^{\infty} u_n^{100}$；　　D．$\sum_{n=1}^{\infty}\frac{100}{u_n}$.

（7）若级数 $\sum_{n=1}^{\infty} u_n$ 与 $\sum_{n=1}^{\infty} v_n$ 分别收敛于 S_1 与 S_2，则（　　）式未必成立.

A．$\sum_{n=1}^{\infty}(u_n \pm v_n) = S_1 \pm S_2$；　　B．$\sum_{n=1}^{\infty} ku_n = kS_1$；

C．$\sum_{n=1}^{\infty} kv_n = kS_2$；　　D．$\sum_{n=1}^{\infty}\frac{u_n}{v_n} = \frac{S_1}{S_2}$.

（8）级数 $\sum_{n=1}^{\infty}\frac{(-1)^{n-1}}{3^n}$ 不是（　　）.

A．交错级数；　　B．等比级数；

C．条件收敛；　　D．绝对收敛.

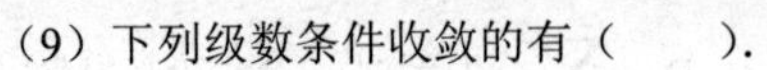
（9）下列级数条件收敛的有（　　）.

A. $\sum_{n=1}^{\infty}\frac{(-1)^{n-1}}{\sqrt{n}}$；　　B. $\sum_{n=1}^{\infty}(-1)^{n-1}(\frac{2}{3})^{n}$；

C. $\sum_{n=1}^{\infty}(-1)^{n-1}\frac{n}{\sqrt{2n^2+1}}$；　　D. $\sum_{n=1}^{\infty}(-1)^{n-1}\frac{1}{\sqrt{2n^2+4}}$.

（10）下列级数绝对收敛的有（　　）.

A. $\sum_{n=1}^{\infty}\frac{(-1)^{n-1}}{n}$；　　B. $\sum_{n=1}^{\infty}(-1)^{n-1}\frac{n}{2n-1}$；

C. $\sum_{n=1}^{\infty}\frac{(-1)^{n-1}}{3^n}$；　　D. $\sum_{n=1}^{\infty}\frac{(-1)^{n}}{\sqrt{n}}$.

（11）下列级数发散的有（　　）.

A. $\sum_{n=1}^{\infty}(-1)^{n-1}\frac{1}{\ln(n+1)}$；　　B. $\sum_{n=1}^{\infty}\frac{1}{3^n}$；

C. $\sum_{n=1}^{\infty}\frac{(-1)^{n-1}}{3^n}$；　　D. $\sum_{n=1}^{\infty}\frac{n}{3^{\frac{n}{2}}}$.

（12）幂级数 $\sum_{n=1}^{\infty}\frac{x^n}{n}$ 的收敛区间是（　　）.

A. $[-1,1]$；　　B. $[-1,1)$；

C. $(-1,1)$；　　D. $(-1,1]$.

（13）函数 $f(x)=\mathrm{e}^{-x^2}$ 展成 x 的幂级数为（　　）.

A. $1+x^2+\frac{x^4}{2!}+\frac{x^6}{3!}+\cdots$；　　B. $1-x^2+\frac{x^4}{2!}-\frac{x^6}{3!}+\cdots$；

C. $1+x+\frac{x^2}{2!}+\frac{x^3}{3!}+\cdots$；　　D. $1-x+\frac{x^2}{2!}-\frac{x^3}{3!}+\cdots$.

3. 计算题

（1）判定级数 $\sum_{n=1}^{\infty}(-1)^n\frac{1}{\sqrt{n^2-n}}$ 的收敛性，若收敛，指明是条件收敛还是绝对收敛；

（2）求幂级数 $\sum_{n=1}^{\infty}\frac{(x-1)^{2n-1}}{n\cdot 2^n}$ 的收敛区间；

（3）求级数 $\sum_{n=1}^{\infty}(-1)^n\frac{x^{2n+1}}{2n+1}$ 在收敛区间内的和函数.

附录1　积分表

说明：公式中的α，a，b，…均为实数，n为正整数.

一、含有$a+bx$的积分

1．$\displaystyle\int (a+bx)^{\alpha}\mathrm{d}x=\begin{cases}\dfrac{(a+bx)^{\alpha+1}}{b(\alpha+1)}+C，当\alpha\neq -1;\\ \dfrac{1}{b}\ln|a+bx|+C，当\alpha=-1;\end{cases}$

2．$\displaystyle\int \frac{x}{a+bx}\mathrm{d}x=\frac{x}{b}-\frac{a}{b^2}\ln|a+bx|+C$；

3．$\displaystyle\int \frac{x^2}{a+bx}\mathrm{d}x=\frac{1}{b^3}\left[\frac{1}{2}(a+bx)^2-2a(a+bx)+a^2\ln|a+bx|\right]+C$；

4．$\displaystyle\int \frac{x}{(a+bx)^2}\mathrm{d}x=\frac{1}{b^2}\left(\frac{a}{a+bx}+\ln|a+bx|\right)+C$；

5．$\displaystyle\int \frac{x^2}{(a+bx)^2}\mathrm{d}x=\frac{x}{b^2}-\frac{a^2}{b^3(a+bx)}-\frac{2a}{b^3}\ln|a+bx|+C$；

6．$\displaystyle\int \frac{\mathrm{d}x}{x(a+bx)}=\frac{1}{a}\ln\left|\frac{x}{a+bx}\right|+C$；

7．$\displaystyle\int \frac{\mathrm{d}x}{x^2(a+bx)}=\frac{1}{ax}+\frac{b}{a^2}\ln\left|\frac{x}{a+bx}\right|+C$；

8．$\displaystyle\int \frac{\mathrm{d}x}{x(a+bx)^2}=\frac{1}{a(a+bx)}-\frac{1}{a^2}\ln\left|\frac{a+bx}{x}\right|+C$；

二、含有$\sqrt{a+bx}$的积分

9．$\displaystyle\int x\sqrt{a+bx}\,\mathrm{d}x=\frac{2(3bx-2a)(a+bx)^{\frac{3}{2}}}{15b^2}+C$；

10．$\displaystyle\int x^2\sqrt{a+bx}\mathrm{d}x=\frac{2(15b^2x^2-12abx+8a^2)(a+bx)^{\frac{3}{2}}}{105b^3}+C$；

11．$\displaystyle\int \frac{x}{\sqrt{a+bx}}\mathrm{d}x=\frac{2(bx-2a)\sqrt{a+bx}}{3b^2}+C$；

12．$\displaystyle\int \frac{x^2}{\sqrt{a+bx}}\mathrm{d}x=\frac{2(3b^2x^2-4abx+8a^2)\sqrt{a+bx}}{15b^3}+C$；

13. $$\int\frac{\mathrm{d}x}{x\sqrt{a+bx}}=\begin{cases}\dfrac{1}{\sqrt{a}}\ln\dfrac{\left|\sqrt{a+bx}-\sqrt{a}\right|}{\sqrt{a+bx}+\sqrt{a}}+C,\ 当a>0;\\ \dfrac{2}{\sqrt{-a}}\arctan\sqrt{\dfrac{a+bx}{-a}}+C,\ 当a<0;\end{cases}$$

14. $$\int\frac{\mathrm{d}x}{x^2\sqrt{a+bx}}=-\frac{\sqrt{a+bx}}{ax}-\frac{b}{2a}\int\frac{\mathrm{d}x}{x\sqrt{a+bx}}+C;$$

15. $$\int\frac{\sqrt{a+bx}}{x}\mathrm{d}x=2\sqrt{a+bx}+a\int\frac{\mathrm{d}x}{x\sqrt{a+bx}}+C;$$

16. $$\int\frac{\sqrt{a+bx}}{x^2}\mathrm{d}x=-\frac{\sqrt{a+bx}}{x}+\frac{b}{2}\int\frac{\mathrm{d}x}{x\sqrt{a+bx}}+C;$$

三、含有$a^2\pm x^2$的积分

17. $$\int\frac{\mathrm{d}x}{(a^2+x^2)^n}=\begin{cases}\dfrac{1}{a}\arctan x+C,\ 当n=1;\\ \dfrac{x}{2(n-1)a^2(a^2+x^2)^{n-1}}+\dfrac{2n-3}{2(n-1)a^2}\displaystyle\int\frac{\mathrm{d}x}{(a^2+x^2)^{n-1}}+C,\ 当n>1;\end{cases}$$

18. $$\int\frac{x\mathrm{d}x}{(a^2+x^2)^n}=\begin{cases}\dfrac{1}{2}\ln(a^2+x^2)+C,\ 当n=1;\\ -\dfrac{1}{2(n-1)(a^2+x^2)^{n-1}}+C,\ 当n>1;\end{cases}$$

19. $$\int\frac{\mathrm{d}x}{a^2-x^2}=\frac{1}{2a}\ln\left|\frac{a+x}{a-x}\right|+C;$$

四、含有$\sqrt{a^2-x^2}$（$a>0$）的积分

20. $$\int\sqrt{a^2-x^2}\mathrm{d}x=\frac{x}{2}\sqrt{a^2-x^2}+\frac{a^2}{2}\arcsin\frac{x}{a}+C;$$

21. $$\int x\sqrt{a^2-x^2}\mathrm{d}x=-\frac{1}{3}(a^2-x^2)^{\frac{3}{2}}+C;$$

22. $$\int x^2\sqrt{a^2-x^2}\mathrm{d}x=\frac{x}{8}(2x^2-a^2)\sqrt{a^2-x^2}+\frac{a^4}{8}\arcsin\frac{x}{a}+C;$$

23. $$\int\frac{\mathrm{d}x}{\sqrt{a^2-x^2}}=\arcsin\frac{x}{a}+C;$$

24. $$\int\frac{x\mathrm{d}x}{\sqrt{a^2-x^2}}=-\sqrt{a^2-x^2}+C;$$

25. $$\int\frac{x^2\mathrm{d}x}{\sqrt{a^2-x^2}}=-\frac{x}{2}\sqrt{a^2-x^2}+\frac{a^2}{2}\arcsin\frac{x}{a}+C;$$

26. $\int (a^2-x^2)^{\frac{3}{2}}\,\mathrm{d}x=\frac{x}{8}(5a^2-2x^2)\sqrt{a^2-x^2}+\frac{3a^4}{8}\arcsin\frac{x}{a}+C$；

27. $\int \frac{\mathrm{d}x}{(a^2-x^2)^{\frac{3}{2}}}=\frac{x}{a^2\sqrt{a^2-x^2}}+C$；

28. $\int \frac{x\mathrm{d}x}{(a^2-x^2)^{\frac{3}{2}}}=\frac{1}{\sqrt{a^2-x^2}}+C$；

29. $\int \frac{x^2\mathrm{d}x}{(a^2-x^2)^{\frac{3}{2}}}=\frac{x}{\sqrt{a^2-x^2}}-\arcsin\frac{x}{a}+C$；

30. $\int \frac{\mathrm{d}x}{x\sqrt{a^2-x^2}}=\frac{1}{a}\ln\left|\frac{a-\sqrt{a^2-x^2}}{x}\right|+C$；

31. $\int \frac{\mathrm{d}x}{x^2\sqrt{a^2-x^2}}=-\frac{\sqrt{a^2-x^2}}{a^2x}+C$；

32. $\int \frac{\mathrm{d}x}{x^3\sqrt{a^2-x^2}}=-\frac{\sqrt{a^2-x^2}}{2a^2x^2}-\frac{1}{2a^3}\ln\left|\frac{a+\sqrt{a^2-x^2}}{x}\right|+C$；

33. $\int \frac{\sqrt{a^2-x^2}}{x}\,\mathrm{d}x=\sqrt{a^2-x^2}+a\ln\left|\frac{a-\sqrt{a^2-x^2}}{x}\right|+C$；

34. $\int \frac{\sqrt{a^2-x^2}}{x^2}\mathrm{d}x=-\frac{\sqrt{a^2-x^2}}{x}-\arcsin\frac{x}{a}+C$；

五、含有$\sqrt{x^2\pm a^2}$（$a>0$）的积分

35. $\int \sqrt{x^2\pm a^2}\,\mathrm{d}x=\frac{x}{2}\sqrt{x^2\pm a^2}\pm\frac{a^2}{2}\ln\left|x+\sqrt{x^2\pm a^2}\right|+C$；

36. $\int x\sqrt{x^2\pm a^2}\,\mathrm{d}x=\frac{1}{3}(x^2\pm a^2)^{\frac{3}{2}}+C$；

37. $\int x^2\sqrt{x^2\pm a^2}\,\mathrm{d}x=\frac{x}{8}(2x^2\pm a^2)\sqrt{x^2\pm a^2}-\frac{a^4}{8}\ln\left|x+\sqrt{x^2\pm a^2}\right|+C$；

38. $\int \frac{\mathrm{d}x}{\sqrt{x^2\pm a^2}}=\ln\left|x+\sqrt{x^2\pm a^2}\right|+C$；

39. $\int \frac{x\mathrm{d}x}{\sqrt{x^2\pm a^2}}=\sqrt{x^2\pm a^2}+C$；

40. $\int \frac{x^2\mathrm{d}x}{\sqrt{x^2\pm a^2}}=\frac{x}{2}\sqrt{x^2\pm a^2}\mp\frac{a^2}{2}\ln\left|x+\sqrt{x^2\pm a^2}\right|+C$；

41. $\int (x^2 \pm a^2)^{\frac{3}{2}} dx = \frac{x}{8}(2x^2 \pm 5a^2)\sqrt{x^2 \pm a^2} + \frac{3a^4}{8}\ln\left|x + \sqrt{x^2 \pm a^2}\right| + C$；

42. $\int \frac{dx}{(x^2 \pm a^2)^{\frac{3}{2}}} = \pm\frac{x}{a^2\sqrt{x^2 \pm a^2}} + C$；

43. $\int \frac{x dx}{(x^2 \pm a^2)^{\frac{3}{2}}} = -\frac{1}{\sqrt{x^2 \pm a^2}} + C$；

44. $\int \frac{x^2 dx}{(x^2 \pm a^2)^{\frac{3}{2}}} = -\frac{x}{\sqrt{x^2 \pm a^2}} + \ln\left|x + \sqrt{x^2 \pm a^2}\right| + C$；

45. $\int \frac{dx}{x^2\sqrt{x^2 \pm a^2}} = \mp\frac{\sqrt{x^2 \pm a^2}}{a^2 x} + C$；

46. $\int \frac{dx}{x^3\sqrt{x^2 + a^2}} = -\frac{\sqrt{x^2 + a^2}}{2a^2x^2} + \frac{1}{2a^3}\ln\frac{x + \sqrt{x^2 + a^2}}{|x|} + C$；

47. $\int \frac{dx}{x^3\sqrt{x^2 - a^2}} = \frac{\sqrt{x^2 - a^2}}{2a^2x^2} + \frac{1}{2a^3}\arccos\frac{a}{x} + C$；

48. $\int \frac{\sqrt{x^2 + a^2}}{x}dx = \sqrt{x^2 + a^2} + a\ln\frac{\sqrt{x^2 + a^2} - a}{|x|} + C$；

49. $\int \frac{\sqrt{x^2 - a^2}}{x}dx = \sqrt{x^2 - a^2} - a\arccos\frac{a}{|x|} + C$；

50. $\int \frac{\sqrt{x^2 \pm a^2}}{x^2}dx = -\frac{\sqrt{x^2 \pm a^2}}{x} + \ln\left|x + \sqrt{x^2 \pm a^2}\right| + C$；

51. $\int \frac{dx}{x\sqrt{x^2 + a^2}} = \frac{1}{a}\ln\frac{\sqrt{x^2 + a^2} - a}{|x|} + C$；

52. $\int \frac{dx}{x\sqrt{x^2 - a^2}} = \begin{cases} \frac{1}{a}\arccos\frac{a}{x} + C，x > a; \\ -\frac{1}{a}\arccos\frac{a}{x} + C，x < -a; \end{cases}$

六、含有 $a+bx+cx^2$（$c>0$）的积分

53. $\int \frac{dx}{a + bx + cx^2} = \begin{cases} \frac{2}{\sqrt{4ac - b^2}}\arctan\frac{2cx + b}{\sqrt{4ac - b^2}} + C，当b^2 < 4ac; \\ \frac{1}{\sqrt{b^2 - 4ac}}\ln\left|\frac{\sqrt{b^2 - 4ac} - b - 2cx}{\sqrt{b^2 - 4ac} + b + 2cx}\right| + C，当b^2 > 4ac; \end{cases}$

七、含有$\sqrt{a+bx+cx^2}$ （$c>0$）的积分

54. $\int \frac{\mathrm{d}x}{\sqrt{a+bx+cx^2}} = \begin{cases} \frac{1}{\sqrt{c}} \ln\left|2cx+b+2\sqrt{c(a+bx+cx^2)}\right|+C，当c>0; \\ -\frac{1}{\sqrt{-c}} \arcsin\frac{2cx+b}{\sqrt{b^2-4ac}}+C，当b^2>4ac，c<0; \end{cases}$

55. $\int \sqrt{a+bx+cx^2}\,\mathrm{d}x = \frac{2cx+b}{4c}\sqrt{a+bx+cx^2}+\frac{4ac-b^2}{8c}\int\frac{\mathrm{d}x}{\sqrt{a+bx+cx^2}}$；

56. $\int \frac{x\mathrm{d}x}{\sqrt{a+bx+cx^2}} = \frac{1}{c}\sqrt{a+bx+cx^2}-\frac{b}{2c}\int\frac{\mathrm{d}x}{\sqrt{a+bx+cx^2}}$；

八、含有三角函数的积分

57. $\int \sin ax\mathrm{d}x = -\frac{1}{a}\cos ax + C$；

58. $\int \cos ax\mathrm{d}x = \frac{1}{a}\sin ax + C$；

59. $\int \tan ax\mathrm{d}x = -\frac{1}{a}\ln|\cos ax| + C$；

60. $\int \cot ax\mathrm{d}x = \frac{1}{a}\ln|\sin ax| + C$；

61. $\int \sin^2 ax\mathrm{d}x = \frac{1}{2a}(ax-\sin ax\cos ax) + C$；

62. $\int \cos^2 ax\mathrm{d}x = \frac{1}{2a}(ax+\sin ax\cos ax) + C$；

63. $\int \sec ax\mathrm{d}x = \frac{1}{a}\ln|\sec ax+\tan ax| + C$；

64. $\int \csc ax\mathrm{d}x = -\frac{1}{a}\ln|\csc ax+\cot ax| + C$；

65. $\int \sec x\tan x\mathrm{d}x = \sec x + C$；

66. $\int \csc x c\cot x\,\mathrm{d}\,x = -\csc x + C$；

67. $\int \sin ax\sin bx\mathrm{d}x = -\frac{\sin(a+b)x}{2(a+b)}+\frac{\sin(a-b)x}{2(a-b)}+C$，当$a\neq b$；

68. $\int \sin ax\cos bx\mathrm{d}x = -\frac{\cos(a+b)x}{2(a+b)}-\frac{\cos(a-b)x}{2(a-b)}+C$，当$a\neq b$；

69. $\int \cos ax\cos bx\mathrm{d}x = \frac{\sin(a+b)x}{2(a+b)}+\frac{\sin(a-b)x}{2(a-b)}+C$，当$a\neq b$；

70. $\int \sin^n x\mathrm{d}x = -\frac{1}{n}\sin^{n-1}x\cos x + \frac{n-1}{n}\int \sin^{n-2}x\mathrm{d}x$；

71. $\int \cos^n x\mathrm{d}x = \frac{1}{n}\cos^{n-1}x\sin x + \frac{n-1}{n}\int \cos^{n-2}x\mathrm{d}x$；

72. $\int \tan^n x\mathrm{d}x = \frac{1}{n-1}\tan^{n-1}x - \int \tan^{n-2}x\mathrm{d}x$，$n>1$；

73. $\int \cot^n x\mathrm{d}x = -\frac{1}{n-1}\cot^{n-1}x - \int \cot^{n-2}x\mathrm{d}x$，$n>1$；

74. $\int \sec^n x\mathrm{d}x = \frac{1}{n-1}\tan x\sec^{n-2}x + \frac{n-2}{n-1}\int \sec^{n-2}x\mathrm{d}x$，$n>1$；

75. $\int \csc^n x\mathrm{d}x = -\frac{1}{n-1}\cot x\csc^{n-2}x + \frac{n-2}{n-1}\int \csc^{n-2}x\mathrm{d}x$，$n>1$；

76. $$\int \sin^m x\cos^n x\mathrm{d}x = \frac{\sin^{m+1}x\cos^{n-1}x}{m+n} + \frac{n-1}{m+n}\int \sin^m x\cos^{n-2}x\mathrm{d}x$$
$$= -\frac{\sin^{m-1}x\cos^{n+1}x}{m+n} + \frac{m-1}{m+n}\int \sin^{m-2}x\cos^n x\mathrm{d}x;$$

77. $$\int \frac{\mathrm{d}x}{a+b\cos x} = \begin{cases} \frac{2}{\sqrt{a^2-b^2}}\arctan\left(\sqrt{\frac{a+b}{a-b}}\tan\frac{x}{2}\right)+C, & \text{当} a^2>b^2; \\ \frac{1}{\sqrt{b^2-a^2}}\ln\left|\frac{b+a\cos x+\sqrt{b^2-a^2}\sin x}{a+b\cos x}\right|+C, & \text{当} a^2<b^2; \end{cases}$$

九、其他形式的积分

78. $\int x^n \mathrm{e}^{ax}\mathrm{d}x = \frac{1}{a}x^n\mathrm{e}^{ax} - \frac{n}{a}\int x^{n-1}\mathrm{e}^{ax}\mathrm{d}x$；

79. $\int x^a \ln x\mathrm{d}x = \frac{x^{a+1}}{(a+1)^2}\left[(a+1)\ln x - 1\right]+C$，当 $a\neq -1$；

80. $\int x^n \sin x\mathrm{d}x = -x^n\cos x + n\int x^{n-1}\cos x\mathrm{d}x$；

81. $\int x^n \cos x\mathrm{d}x = x^n\sin x - n\int x^{n-1}\sin x\mathrm{d}x$；

82. $\int \mathrm{e}^{ax}\sin bx\mathrm{d}x = \frac{\mathrm{e}^{ax}(a\sin bx - b\cos bx)}{a^2+b^2}+C$；

83. $\int \mathrm{e}^{ax}\cos bx\mathrm{d}x = \frac{\mathrm{e}^{ax}(a\cos bx + b\sin bx)}{a^2+b^2}+C$；

84. $\int \arcsin\frac{x}{a}\mathrm{d}x = x\arcsin\frac{x}{a} + \sqrt{a^2-x^2}+C$，$a>0$；

85. $\int \arccos\frac{x}{a}\mathrm{d}x = x\arccos\frac{x}{a} - \sqrt{a^2 - x^2} + C$，$a > 0$；

86. $\int \arctan\frac{x}{a}\mathrm{d}x = x\arctan\frac{x}{a} - \frac{a}{2}\ln(a^2 + x^2) + C$；

87. $\int x^n \arcsin x\mathrm{d}x = \frac{1}{n+1}\left(x^{n+1}\arcsin x - \int\frac{x^{n+1}}{\sqrt{1-x^2}}\mathrm{d}x\right)$；

88. $\int x^n \arctan x\mathrm{d}x = \frac{1}{n+1}\left(x^{n+1}\arctan x - \int\frac{x^{n+1}}{\sqrt{1+x^2}}\mathrm{d}x\right)$；

十、几个常用的定积分

89. $\int_{-\pi}^{\pi}\cos nx\mathrm{d}x = \int_{-\pi}^{\pi}\sin nx\,\mathrm{d}\,x = 0$；

90. $\int_{-\pi}^{\pi}\cos mx\sin nx\,\mathrm{d}\,x = 0$；

91. $\int_{-\pi}^{\pi}\cos mx\cos nx\mathrm{d}x = \begin{cases}0, & m \ne n;\\ \pi, & m = n;\end{cases}$

92. $\int_{-\pi}^{\pi}\sin mx\sin nx\mathrm{d}x = \begin{cases}0, & m \ne n;\\ \pi, & m = n;\end{cases}$

93. $\int_{0}^{\pi}\sin mx\sin nx\mathrm{d}x = \int_{0}^{\pi}\cos mx\cos nx\mathrm{d}x = \begin{cases}0, & m \ne n;\\ \frac{\pi}{2}, & m = n;\end{cases}$

94. $\int_{0}^{\frac{\pi}{2}}\sin^n x\mathrm{d}x = \int_{0}^{\frac{\pi}{2}}\cos^n x\mathrm{d}x = \begin{cases}\frac{n-1}{n}\cdot\frac{n-3}{n-2}\cdots\cdots\frac{4}{5}\cdot\frac{2}{3}, & (n\text{ 为奇数});\\ \frac{n-1}{n}\cdot\frac{n-3}{n-2}\cdots\cdots\frac{3}{4}\cdot\frac{1}{2}\cdot\frac{\pi}{2}, & (n\text{ 为偶数});\end{cases}$

95. $\int_{0}^{\frac{\pi}{2}}\sin^{2m+1}x\cos^n x\mathrm{d}x = \frac{2\cdot4\cdot6\cdots2m}{(n+1)(n+3)\cdots(n+2m+1)}$；

96. $\int_{0}^{\frac{\pi}{2}}\sin^{2m}x\cos^{2n}x\mathrm{d}x = \frac{1\cdot3\cdot5\cdots\cdots(2n-1)\cdot1\cdot3\cdot5\cdots(2m-1)}{2\cdot4\cdot6\cdots(2m+2n)}\cdot\frac{\pi}{2}$.

附录 2　习题答案

第 1 章

习题 1.1

1.（1）不是；（2）不是.
2.（1）$[-2,1)\cup(1,-2]$；（2）$(-3,3)$.
3.（1）奇；（2）奇.
4. 1，$\frac{1}{4}$，2.
5.（1）$y=\ln u$，$u=v^2$，$v=2x+1$；（2）$y=u^2$，$u=\sin v$，$v=3x+1$.
6.（1）$y=\sqrt{x+1}+1, [-1,+\infty)$；（2）$Q=\frac{1}{3}(P+5)$.
7. x^2+x+3，x^2-x+3.
8. 总成本为 2000，平价成本为 20.

习题 1.2

1.（1）收敛，0；（2）收敛，1；（3）收敛，0；
（4）收敛，0；（5）发散；（6）收敛，$\frac{4}{3}$.
2. $\lim\limits_{x\to0^-}f(x)=-1$，$\lim\limits_{x\to0^+}f(x)=0$，$\lim\limits_{x\to0}f(x)$不存在.
3.（1）无穷大；（2）无穷大；（3）无穷大；（4）无穷小；（5）无穷小；（6）无穷小.

习题 1.3

1.（1）9；（2）0；（3）$\frac{1}{3}$；（4）0；（5）$\frac{1}{2}$.
2.（1）$\frac{3}{4}$；（2）$\frac{5}{2}$；（3）e^2；（4）e^{-4}；（5）e^3.
3.（1）$\frac{2}{5}$；（2）$\frac{3}{2}$.

习题 1.4

1.（1）$x=-2$ 为无穷间断点；
（2）$x=2$ 为无穷间断点；$x=1$ 为可去间断点，补充定义 $f(1)=-2$，则函数在 $x=1$ 处连续；

（3） $x=0$ 为可去间断点，补充定义 $f(0)=1$；

（4） $x=0$ 为可去间断点，补充定义 $f(0)=\frac{1}{2}$；

（5） $x=1$ 为跳跃间断点；

（6） $x=0$ 为可去间断点，补充定义 $f(0)=1$.

2．不连续.

3．（1） $a=8$；（2） $a=1$.

复习题 1

1． $a=\frac{7}{3}$， $b=-2$.

2．定义域为 $[1,4)$.

3．（1）偶函数；（2）奇函数.

4．（1） $y=\frac{x+1}{x-1}$；（2） $y=\mathrm{e}^{1-x}-2$.

5． $y=u^2$，$u=\sin v$，$v=2x+5$.

6．（1）1；（2） $\frac{2}{3}$；（3） -2；（4） $\frac{4}{3}$.

7． $\frac{1}{2}$.

8． $a=\pi$.

9． $R(Q)=\begin{cases}280Q, & Q\leqslant 900,\\ 50400+224Q, & 900<Q\leqslant 2000.\end{cases}$

自测题 1

1．（1） $(-\infty,-2]\cup(2,+\infty)$；（2） $y=\ln(x+1)$；（3）4；（4）1；

（5）第一类（可去）；（6） -2.

2．（1）D；（2）B；（3）C；（4）B.

3．（1） $f(2)=1$，$f(x+1)=x^2$；（2）e；（3） e^3；（4） $k=1$.

4．（1） $C=C(Q)=C_1+C_2(Q)=12000+10Q$；

（2） $R=R(Q)=PQ=30Q$；

（3） $L=L(Q)=R(Q)-C(Q)=20Q-12000$.

第 2 章

习题 2.1

1．（1） -1；（2） $\frac{1}{5}$.

2．（1）$\frac{1}{x\ln 3}$；（2）$\frac{1}{6}x^{-\frac{5}{6}}$；（3）$\frac{2}{3\sqrt[3]{x}}$；（4）$-\sin x$．

3．（1）正确；（2）不正确；（3）正确；（4）不正确．

4．切线方程：$x+y-2=0$，法线方程：$x-y=0$．

5．$a=2x_0$，$b=-x_0^2$．

习题 2.2

1．（1）$a^x(1+x\ln a)+7e^x$；

（2）$3\tan x+3x\sec^2 x+\tan x\cdot\sec x$；

（3）$\frac{1+\sin t+\cos t}{(1+\cos t)^2}$；

（4）$\frac{1}{2x\sqrt{1+\ln x}}$；

（5）$5(x^2-x)^4(2x-1)$；

（6）$6\cos(3x+6)$；

（7）$-3\cos^2 x\cdot\sin x$；

（8）$\cos x\cdot\sec^2 x$．

2．（1）$y''=-2\sin x-x\cdot\cos x$；（2）$y''=4e^{2x-1}$．

3．（1）$\frac{dy}{dx}=\frac{2x-y}{x-2y}$；

（2）$\frac{dy}{dx}=\frac{\cos y-\cos(x+y)}{x\cdot\sin y+\cos(x+y)}$．

习题 2.3

1．（1）$dy=(1-\frac{1}{2}\ln\sqrt{x})\frac{dx}{\sqrt{x^3}}$；

（2）$dy=\frac{dx}{4\sqrt{x}\sqrt{1-x}\sqrt{\arcsin\sqrt{x}}}$；

（3）$dy=8x\cdot\tan(1+2x^2)\cdot\sec^2(1+2x^2)dx$；

（4）$dy=\left(\frac{3\sin 3x}{2\sqrt{\cos 3x}}+\frac{1}{\sin x}\right)dx$．

2．（1）$\frac{1}{a}\arctan\frac{x}{a}$；（2）$\frac{1}{2}x^2$；（3）$2\sqrt{x}$；（4）$\arcsin x$．

3．（1）2.0052；（2）1.0434．

复习题 2

1．（1）不正确；（2）不正确；（3）不正确；（4）不正确．

2．（1） $\dfrac{2\sec x[(1+x^2)\tan x-2x]}{(1+x^2)^2}$；

（2） $\dfrac{x-(1+x^2)\arctan x}{x^2(1+x^2)}-\dfrac{1}{\sqrt{1-x^2}}$；

（3） $\dfrac{2x+x^2}{(1+x)^2}$；

（4） $1+\csc x-x\csc x\cot x$；

（5） $-\dfrac{1+\cos x}{\sin^2 x}-\cos x$；

（6） $-\dfrac{x+1}{\sqrt{x}(x-1)^2}$；

（7） $-\dfrac{1}{x^2}\mathrm{e}^{\tan\frac{1}{x}}\cdot\sec^2\dfrac{1}{x}$；

（8） $\dfrac{3}{2\sqrt{3x}\sqrt{1-3x}}$．

3． $y''=2\ln x+3$．

4．（1） $\dfrac{\mathrm{d}y}{\mathrm{d}x}=\dfrac{-y^2\mathrm{e}^x}{1+y\mathrm{e}^x}$；（2） $\dfrac{\mathrm{d}y}{\mathrm{d}x}=\dfrac{x+y}{x-y}$．

5． $y''=\dfrac{\mathrm{e}^{2y}(3-y)}{(2-y)^3}$．

自测题 2

1．（1） $y=2x-2$；（2）6；（3） $\dfrac{1}{2\sqrt{x}}\cos\sqrt{x}\cdot f'(\sin\sqrt{x})$．

2．（1）A；（2）D；（3）D.

3．（1） $y'=-\dfrac{2}{x^2}\cot\dfrac{1}{x}$；（2） $y''=2\arctan x+\dfrac{2x}{1+x^2}$；（3） $\mathrm{d}y=\left(\dfrac{3}{x}+\cot x\right)\mathrm{d}x$．

第 3 章

习题 3.1

2． $\xi=\pm\dfrac{\sqrt{3}}{3}$．

习题 3.2

1．（1）5；（2） -4；（3） $\dfrac{m}{n}a^{m-n}$；（4）1；（5）∞；

（6）3；（7）1；（8）$\frac{1}{2}$；（9）0；（10）$\frac{1}{2}$.

习题 3.3

1.（1）在 $\left(-\infty,\frac{1}{2}\right)$ 内单调增加，在 $\left(\frac{1}{2},+\infty\right)$ 单调减少；

（2）在 $(-\infty,-1]$ 和 $[1,+\infty)$ 上单调减少，在 $[-1,1]$ 上单调增加；

（3）在 $[0,100]$ 上单调增加，在 $[100,+\infty)$ 上单调减少；

（4）在 $(-\infty,+\infty)$ 内单调增加.

3.（1）极大值 $y(-1)=17$，极小值 $y(3)=-47$；

（2）极小值 $y(-1)=-2$，极大值 $y(1)=2$；

（3）极小值 $y(-1)=0$，极大值 $y\left(\frac{1}{2}\right)=\frac{81}{8}\sqrt[3]{18}$，极小值 $y(5)=0$；

（4）极小值 $y\left(e^{-\frac{1}{2}}\right)=-\frac{1}{2e}$；

（5）无极值；

（6）极小值 $y(0)=0$，极大值 $y(\pm 1)=\frac{1}{e}$.

4.（1）最大值 $y(1)=2$，最小值 $y(-1)=-10$；

（2）最大值 $y(4)=\frac{3}{5}$，最小值 $y(0)=-1$；

（3）最大值 $y\left(-\frac{\pi}{2}\right)=\frac{\pi}{2}$，最小值 $y\left(\frac{\pi}{2}\right)=-\frac{\pi}{2}$；

（4）最大值 $y\left(\frac{\pi}{4}\right)=1$，最小值为 $y(0)=0$.

5. $\frac{a}{6}$.

习题 3.4

1.（1）在 $(-\infty,1)$ 凹，在 $(1,+\infty)$ 凸，拐点为$(1,2)$；

（2）在 $(-\infty,+\infty)$ 凹，无拐点；

（3）在 $(-\infty,0)$ 凹，在 $(0,+\infty)$ 凸，拐点为$(0,0)$；

（4）在 $(-1,1)$ 凹，在 $(-\infty,-1)$ 和 $(1,+\infty)$ 凸，拐点为 $(-1,\ln 2)$ 和 $(1,\ln 2)$；

（5）在 $(-\infty,-2)$ 凸，在 $(-2,+\infty)$ 凹，拐点为 $(-2,-\frac{2}{e^2})$.

2.（1）$y=0$ 水平渐近线；

（2）$x=-2$ 铅直渐近线，$y=0$ 水平渐近线；

（3）$y=0$ 水平渐近线，$x=0$ 铅直渐近线；

（4）$x=0$ 铅直渐近线；

（5） $y=-1$ 水平渐近线.

习题 3.5

1.（1）9.5 元；（2）13 元.

2.（1）1775，约 1.97；（2）约 1.58；（3）1.5，约 1.67.

3．9975，199.5，199.

4．50000.

5．250.

6.（1） $R(20)=120$ ， $R(30)=120$ ， $\bar{R}(20)=6$ ， $\bar{R}(30)=4$ ， $R'(20)=2$ ， $R'(30)=-2$ ；
（2）25.

7.（1）3;（2）6.

8．5 批.

9．100 台.

10.（1）263.01 吨；（2）19.66 批/年；（3）一个周期为 18.31 天；（4）22408.74 元.

复习题 3

2.（1） $-\frac{1}{6}$ ；（2）0；（3）1；（4） $e^{\frac{1}{2}(\ln^2 a-\ln^2 b)}$ ；（5） $\frac{1}{a}$ ；（6） $-\frac{1}{2}$ ；（7）0；（8） $\frac{1}{2}$.

3. $\sqrt{\frac{ac}{2b}}$.

4.（1） $\frac{499}{450}$ ；（2）（0.025，0.024953125）.

5. $(b,2b^3)$.

6．156250 元.

自测题 3

1.（1） $\frac{\pi}{2}$ ；（2） $\frac{\sqrt{3}}{3}$ ；（3）极大，极小；（4）>；（5）0，异号；
（6）单增；（7） $x=-3$ ；（8） $ax+C$.

2.（1）×；（2）√；（3）×；（4）√；（5）×；
（6）×；（7）×；（8）×；（9）×；（10）×.

3.（1）D；（2）C；（3）C；（4）D；（5）D；
（6）A；（7）B；（8）D；（9）C；（10）C.

4.（1） $\frac{1}{2}$ ；（2） $\frac{1}{2}$ ；（3） $\frac{1}{\sqrt{3}}$ ；（4）1，令 $y=(1+x^2)^{\frac{1}{x}}$ ，则 $\ln y=\frac{1}{x}\ln(1+x^2)$.

5． $f'(x)=3-3x^2$ ， $f''(x)=-6x$ ，令 $f'(x)=0$ 得 $x=\pm1$ ；令 $f''(x)=0$ 得 $x=0$. 列表讨论如下：

x	$(-\infty,-1)$	-1	$(-1,0)$	0	$(0,1)$	1	$(1,+\infty)$
$f'(x)$	$-$	0	$+$		$+$	0	$-$
$f''(x)$	$+$		$+$	0	$-$		$-$
$f(x)$	↘	极小值 0	↗	(0,0) 拐点	↗	极大值 2	↘

图略.

第 4 章

习题 4.1

1．$y=1+\ln x$.

2.（1）$\frac{4}{7}x^{\frac{7}{2}}+C$；（2）$-3\cos x+2\sin x+C$；（3）$\frac{2^x}{\ln 2}+\tan x+C$；

（4）$\frac{3^x e^x}{1+\ln 3}+C$；（5）$\frac{1}{2}x^2+\frac{4}{3}x^{\frac{3}{2}}+x+C$；（6）$x-2\ln|x|-\frac{1}{x}+C$；

（7）$-\frac{4}{x}+\frac{4}{3}x+\frac{x^3}{27}+C$；（8）$\frac{x^2}{2}-\arctan x+C$；

（9）$4\tan x+x+C$；（10）$-\cot x-\tan x+C$.

习题 4.2

1.（1）$-\frac{1}{12}(1-3x)^4+C$；

（2）$\frac{1}{3}\sin(3x-2)+C$；

（3）$-\sqrt{3-x^2}+C$；

（4）$\ln\left|1+x^3\right|+C$；

（5）$-\frac{1}{2}e^{-x^2}+C$；

（6）$\frac{1}{2\ln 5}5^{2x+3}+C$；

（7）$\frac{2}{3}(x-1)^{\frac{3}{2}}+2\sqrt{x-1}+C$；

（8）$e^{\arcsin x}+C$；

（9）$\ln|1+\tan x|+C$；

（10）$2\sqrt{1+\ln x}+C$.

2.（1）$\frac{2}{3}\left[\sqrt{3x}-\ln(1+\sqrt{3x})\right]+C$；

（2）$\sqrt{x^2+4x+5}-2\ln(\sqrt{x^2+4x+5}+x-2)+C$；

（3）$\ln\left|\frac{\sqrt{1+e^x}-1}{\sqrt{1+e^x}+1}\right|+C$；

（4）$\sqrt{x^2+1}+\ln\left|\frac{\sqrt{1+x^2}-1}{x}\right|+C$.

习题 4.3

（1）$\frac{1}{2}\left(xe^{2x}-\frac{1}{2}e^{2x}\right)+C$；

（2）$-\frac{1}{2}x\cos 2x+\frac{1}{4}\sin 2x+C$；

（3）$\frac{1}{2}x^2\arcsin x+\frac{x}{4}\sqrt{1-x^2}-\frac{1}{4}\arcsin x+C$；

（4）$x^2\sin x+2x\cos x-2\sin x+C$；

（5）$e^{\arctan x}\arctan x-e^{\arctan x}+C$；

（6）$x\ln x-x+C$；

（7）$\frac{1}{6}x^3-\frac{1}{4}x^2\sin 2x-\frac{1}{4}x\cos 2x+\frac{1}{8}\sin 2x+C$；

（8）$2\sqrt{x}e^{\sqrt{x}}-2e^{\sqrt{x}}+C$.

复习题 4

1.（1）$-\frac{\ln x}{2x^2}-\frac{1}{4x^2}+C$；

（2）$\ln\left|\ln x+\sqrt{1+(\ln^2 x)^2}\right|+C$；

（3）$-\frac{5}{72}(1-3x^4)^{\frac{6}{5}}+C$；

（4）$e^{\arctan x}+C$；

（5）$x\ln(1+x^2)-2x+2\arctan x+C$；

（6）$\ln|\csc x-\cot x|+\cos x+C$；

（7）$\frac{1}{4}(x+2\ln|\cos x+2\sin x|)+C$；

（8）$\frac{1}{5}e^x(\sin 2x-2e^x\cos 2x)+C$；

（9）$-3\sqrt[3]{x^2}\cdot\cos\sqrt[3]{x}+6\sqrt[3]{x}\sin\sqrt[3]{x}+6\cos\sqrt[3]{x}+C$；

（10）$\tan\frac{x}{2}+C$.

2．$xf(x)+C$．

3．（1）$\frac{x}{2}\sqrt{16-3x^2}+\frac{8}{3}\sqrt{3}\arcsin\frac{\sqrt{3}}{4}x+C$；

（2）$-\frac{1}{13}e^{-2x}(2\sin 3x+3\cos 3x)+C$；

（3）$\frac{1}{\sqrt{21}}\ln\left|\frac{\sqrt{3}\tan\frac{x}{2}+\sqrt{7}}{\sqrt{3}\tan\frac{x}{2}-\sqrt{7}}\right|+C$；

（4）$x\ln^3 x-3x\ln^2 x+6x\ln x-6x+C$．

自测题 4

1．（1）$\frac{1}{2}F(x^2)+C$；（2）$-2xe^{-x^2}$；（3）$2e^{\sqrt{x}}+C$．

2．（1）D；（2）B；（3）C．

3．（1）$-\frac{1}{9}(2-3x^2)\sqrt{2-3x^2}+C$；

（2）$2\ln x-\frac{1}{2}\ln^2 x+C$；

（3）$-\frac{1}{4}(2x^2+2x+1)e^{-2x}+C$；

（4）$\frac{1}{2}x\sin 2x+\frac{1}{4}\cos 2x+C$；

（5）$x\tan x+\ln|\cos x|+C$；

（6）$x(\ln^2 x-2\ln x+2)+C$．

第 5 章

习题 5.1

1．$A=\int_{-1}^{2}(2x^2+3)dx$．

2．（1）1；（2）$\frac{\pi}{4}a^2$；（3）0；（4）$k(b-a)$．

4．（1）$>$；（2）$<$．

5．（1）$24\leqslant\int_{2}^{5}(x^2+4)dx\leqslant 87$；

（2）$\pi\leqslant\int_{\frac{\pi}{4}}^{\frac{5\pi}{4}}\sqrt{1+\sin^2 x}dx\leqslant\sqrt{2}\pi$．

习题 5.2

1. $\cos^2 1$，0 .

2. $-f(x), -\sqrt[3]{x}\cdot\ln(x^2+1)$.

3.（1）20；（2）$\frac{\pi}{6}$；（3）$\frac{271}{6}$；（4）$\frac{\pi}{3}$；（5）$\sqrt{3}-1$；（6）1；（7）0；（8）2.

4. $y=\ln x+\ln 2$.

5. $\frac{9}{8}$.

6.（1）1；（2）1.

习题 5.3

1.（1）$8\ln 2-5$；（2）$\frac{11}{3}$；（3）$\frac{\sqrt{3}}{2}+\frac{\pi}{6}$；（4）$1-\ln\frac{1+\mathrm{e}}{2}$；（5）$\arctan \mathrm{e}-\frac{\pi}{4}$；
（6）$\frac{\pi}{2}$；（7）$\frac{7}{72}$；（8）$\frac{2}{7}$；（9）2；（10）$\mathrm{e}^{\mathrm{e}}-\mathrm{e}$.

2.（1）0；（2）0；（3）0；（4）2.

4.（1）$\frac{1}{4}\left(1-\frac{3}{\mathrm{e}^2}\right)$；（2）$\frac{1}{4}(\mathrm{e}^2+1)$；（3）$\frac{\mathrm{e}^{\pi}-2}{5}$；（4）$\frac{\pi}{4}-\frac{1}{2}$；
（5）$\frac{\pi^2}{2}-4$；（6）$\frac{\mathrm{e}}{2}(\sin 1-\cos 1)+\frac{1}{2}$.

习题 5.4

1.（1）$\frac{1}{3}$；（2）$\frac{1}{\lambda}$；（3）发散；（4）发散.

复习题 5

1.（1）$-\frac{\ln x}{2x^2}-\frac{1}{4x^2}+C$；

（2）$-8\sqrt{4-x^2}+\frac{8}{3}(4-x^2)^{\frac{3}{2}}+C$；

（3）$\mathrm{e}^{\arctan x}+C$；

（4）$\ln|\csc x-\cot x|+\cos x+C$；

（5）$x\ln(1+x^2)-2x+2\arctan x+C$.

2.（1）$\frac{2}{5}(1-\mathrm{e}^{\pi})$；（2）$\frac{3}{8}\pi$；（3）$2\arctan 2-\frac{\pi}{2}$；（4）5.

3. $k\leqslant 1$ 时发散；$k>1$ 时收敛于 $\frac{1}{(k-1)(\ln 2)^{k-1}}$.

5. $\frac{27}{24}$.

自测题 5

1. 略
2. （1）A；（2）B；（3）A.
3. （1）$1-\frac{\pi}{4}$；（2）$2\left(1+2\ln\frac{2}{3}\right)$；（3）$\frac{\pi}{16}$；

（4）$\frac{1}{4}(3e^4+1)$；（5）$\frac{1}{4}(\pi-2\ln 2)$.

第 6 章

习题 6.1

1. （1）$\frac{1}{2}$；（2）$\frac{2\pi\sqrt{\pi}}{3}-2$；（3）5；（4）1.
2. 18.
3. （1）$a^2\left(\frac{\pi}{6}+\frac{\sqrt{3}}{4}\right)$；（2）$6\pi a^2$.
4. （1）$\frac{32}{2}\pi$；（2）$\frac{32}{5}\pi$，8π.

习题 6.2

1. $C(x)=x^2+10x+20$（万元/箱）.
2. $Q=11$（单位），$111\frac{1}{3}$（元）.
3. $200Q-\frac{1}{4}Q^2$.

复习题 6

1. $\frac{40}{3}$.
2. （1）$\frac{5}{4}\pi+\frac{3\sqrt{3}}{2}$；（2）$\frac{\pi}{6}+\frac{1}{2}-\frac{\sqrt{3}}{2}$.
3. （1）$\frac{48}{5}\pi$，$\frac{24}{5}\pi$；（2）$4\pi^2$，$\frac{4}{3}\pi$.
5. $200Q-\frac{Q^2}{100}$；$200-\frac{Q}{100}$.

自测题 6

1．（1）D；（2）C．

2．（1）$2\pi+\frac{4}{3}$，$6\pi-\frac{4}{3}$；（2）$\frac{32}{3}$；（3）$\frac{3\pi}{2}$．

3．$R(Q)=100Qe^{-\frac{Q}{10}}$．

第 7 章

习题 7.1

1．（1）$D=\{(x,y)|\, x\neq 0$，且 $y\neq 0$，$x\in\mathbf{R}$，$y\in\mathbf{R}\}$；

（2）$D=\{(x,y)|\, \frac{x^2}{a^2}+\frac{y^2}{b^2}\leqslant 1$，$x\in\mathbf{R}$，$y\in\mathbf{R}\}$；

（3）$D=\{(x,y)|\, x+y>0$，且 $x-y>0$，$x\in\mathbf{R}$，$y\in\mathbf{R}\}$；

（4）$D=\{(x,y)|\, x>0$，且 $x>y$，$x\in\mathbf{R}$，$y\in\mathbf{R}\}$；

（5）全平面；

（6）$D=\{(x,y)|\, -1\leqslant x\leqslant 1$，且 $y\geqslant 1$ 或 $y\leqslant -1\}$．

2．（1）$f\left(\frac{1}{2},3\right)=\frac{5}{3}$，$f(1,-1)=-2$；

（2）$f(-x,-y)=\frac{x^2-y^2}{2xy}$，$f\left(\frac{1}{x},\frac{1}{y}\right)=\frac{y^2-x^2}{2xy}$．

3．（1）$-\frac{1}{4}$；（2）1；（3）∞；（4）0．

习题 7.2

1．（1）$z'_x=y+\frac{1}{y}$，$z'_y=x-\frac{x}{y^2}$；

（2）$z'_x=ye^{xy}$，$z'_y=xe^{xy}$；

（3）$z'_x=\frac{1}{2\sqrt{x}}\left(\sin\frac{y}{x}-\frac{2y}{x}\cos\frac{y}{x}\right)$，$z'_y=\frac{1}{\sqrt{x}}\cos\frac{y}{x}$；

（4）$z'_x=\frac{-y}{x^2+y^2}$，$z'_y=\frac{x}{x^2+y^2}$；

（5）$z'_x\big|_{(1,1)}=1$，$z'_y\big|_{(1,1)}=2\ln 2+1$；

（6）$z'_x\big|_{(1,0)}=1$，$z'_y\big|_{(1,0)}=\frac{1}{2}$．

2.（1）$\frac{\partial^2 z}{\partial x^2}=12x^2-8y^2$，$\frac{\partial^2 z}{\partial x\partial y}=-16xy$，$\frac{\partial^2 z}{\partial y^2}=12y^2-8x^2$；

（2）$\frac{\partial^2 z}{\partial x^2}=60x^2y+20xy^3$，$\frac{\partial^2 z}{\partial x\partial y}=20x^3+60xy^2$，

$\frac{\partial^2 z}{\partial y^2}=-60x^2y$，$\frac{\partial^2 z}{\partial y\partial x}=20x^3-60xy^2$．

习题 7.3

1.（1）$\mathrm{d}z=2xy^3\mathrm{d}x+3x^2y^2\mathrm{d}y$；

（2）$\mathrm{d}z=\frac{1}{2\sqrt{xy}}\mathrm{d}x-\frac{\sqrt{xy}}{2y^2}\mathrm{d}y$；

（3）$\mathrm{d}z=\mathrm{e}^{x-2y}\mathrm{d}x-2\mathrm{e}^{x-2y}\mathrm{d}y$，$\mathrm{d}z=\frac{4x}{2x^2+3y^2}\mathrm{d}x+\frac{6y}{2x^2+3y^2}\mathrm{d}y$．

2.（1）$\mathrm{d}z=22.4$；（2）$\mathrm{d}z=1.3\mathrm{e}^8$．

3.（1）2.95；（2）108.9078．

习题 7.4

1.（1）$\frac{\partial z}{\partial x}=\frac{2x}{y^2}\ln(3x-2y)+\frac{3x^2}{y^2(3x-2y)}$，

$\frac{\partial z}{\partial y}=-\frac{2x^2}{y^3}\ln(3x-2y)-\frac{2x^2}{y^2(3x-2y)}$；

（2）$\frac{\mathrm{d}z}{\mathrm{d}t}=\sin 2t+2t\sin t+t^2\cos t+4t^3$；

（3）$\frac{\partial z}{\partial x}=\sin(x^2+y^2)+2x^2\cos(x^2+y^2)+4x+2x\mathrm{e}^{x^2+y^2}$，

$\frac{\partial z}{\partial y}=2yx\cos(x^2+y^2)+2y\mathrm{e}^{x^2+y^2}$；

（4）$\frac{\partial z}{\partial x}=2xf'_u+y\mathrm{e}^{xy}f'_v$，$\frac{\partial z}{\partial y}=-2yf'_u+x\mathrm{e}^{xy}f'_v$．

2.（1）$\frac{\partial z}{\partial x}=\frac{x^2-yz}{xy-z^2}$，$\frac{\partial z}{\partial y}=\frac{y^2-xz}{xy-z^2}$；

（2）$\frac{\mathrm{d}y}{\mathrm{d}x}=\frac{1-\mathrm{e}^y}{x\mathrm{e}^y-1}$；

（3）$\frac{\partial z}{\partial x}=\frac{1+yz\sin(xyz)}{1-xy\sin(xyz)}$，$\frac{\partial z}{\partial y}=\frac{1+xz\sin(xyz)}{1-xy\sin(xyz)}$；

（4）$\frac{\partial z}{\partial x}=\frac{yz}{\mathrm{e}^z-xy}$，$\frac{\partial z}{\partial y}=\frac{xz}{\mathrm{e}^z-xy}$．

习题 7.5

1．（1）极小值 $f(1,0)=-1$；（2）极大值 $f(3,-2)=30$；

（3）极大值 $f\left(-\dfrac{10}{3},-\dfrac{10}{3}\right)=\dfrac{500}{27}$．

2．$x=y=z=\sqrt{\dfrac{a}{3}}$，$V=\dfrac{a}{3}\sqrt{\dfrac{a}{3}}$．

复习题 7

1．不是．

2．（1）$\begin{cases}|x|<1,\\|y|\leqslant 1,\end{cases}$ 或 $\begin{cases}|x|>1,\\|y|\geqslant 1;\end{cases}$（2）$\begin{cases}4x\geqslant y^2,\\0<x^2+y^2<1.\end{cases}$

3．（1）0；（2）-4．

4．（1）$\dfrac{\partial z}{\partial x}=\dfrac{y\sqrt{x^y}}{2x(1+x^y)}$，$\dfrac{\partial z}{\partial y}=\dfrac{\sqrt{x^y}\ln x}{2(1+x^y)}$；

（2）$\dfrac{\partial z}{\partial x}=\dfrac{\mathrm{e}^{xy}(y\mathrm{e}^x+y\mathrm{e}^y-\mathrm{e}^x)}{(\mathrm{e}^x+\mathrm{e}^y)^2}$，$\dfrac{\partial z}{\partial y}=\dfrac{\mathrm{e}^{xy}(x\mathrm{e}^x+x\mathrm{e}^y-\mathrm{e}^y)}{(\mathrm{e}^x+\mathrm{e}^y)^2}$；

$$\mathrm{d}z=\frac{\mathrm{e}^{xy}(y\mathrm{e}^x+y\mathrm{e}^y-\mathrm{e}^x)}{(\mathrm{e}^x+\mathrm{e}^y)^2}\mathrm{d}x+\frac{\mathrm{e}^{xy}(x\mathrm{e}^x+x\mathrm{e}^y-\mathrm{e}^y)}{(\mathrm{e}^x+\mathrm{e}^y)^2}\mathrm{d}y;$$

（3）$\dfrac{\mathrm{d}u}{\mathrm{d}x}=\mathrm{e}^{ax}\sin x$；

（4）$\dfrac{\partial z}{\partial x}=-\mathrm{e}^z-2xy$，$\dfrac{\partial z}{\partial y}=-x^2$．

5．极小值 $z\big|_{(1,1)}=5$．

6．极小值点 $\left(\dfrac{ab^2}{a^2+b^2},\dfrac{a^2b}{a^2+b^2}\right)$，极小值为 $z=\dfrac{a^2b^2}{a^2+b^2}$．

自测题 7

1．（1）A；（2）C；（3）B；（4）A；（5）A；（6）D；

（7）C；（8）B；（9）C；（10）B．

2．（1）$\{(x,y)|\quad xy>0\}$；（2）偏导数存在不一定连续；（3）一定；

（4）$\mathrm{d}z=f'_x\mathrm{d}x+f'_y\mathrm{d}y$；（5）驻点不一定是极值点．

3．（1）$f(x,y)=\dfrac{x^2(1-y)}{1+y}$；

（2）$\dfrac{\partial z}{\partial x}=\dfrac{yz}{z^2-xy}$，$\dfrac{\partial z}{\partial y}=\dfrac{xz}{z^2-xy}$；

（3）$\frac{dy}{dx}=\frac{y^2-e^x}{\cos y-2xy}$；

（4）$\frac{du}{dt}=\frac{e^{2t}(t-1)-(t+1)}{e^t t^2}$；

（5）极大值 $z\big|_{\substack{x=2\\y=-2}}=8$.

第 8 章

习题 8.1

1．（1）$\iint\limits_D x^2 y\mathrm{d}\sigma$；（2）$\iint\limits_D \sin xy\mathrm{d}\sigma$.

2．（1）$I_1=0$；（2）$I_2<0$；（3）$I_3>0$.

3．（1）$2\leqslant I\leqslant 8$；（2）$0\leqslant I\leqslant 16$.

习题 8.2

1．（1）$\frac{76}{3}$；（2）$\frac{9}{4}$；（3）$\frac{35}{8}$.

2．（1）$\frac{\pi}{2}$；（2）$\frac{a^3}{3}$；（3）$2\pi\ln\frac{5}{3}$.

复习题 8

1．$8\pi(5-\sqrt{2})\leqslant I\leqslant 8\pi(5+\sqrt{2})$.

2．$I_1<I_2$.

3．$I=\int_0^1\int_0^x f(x,y)\mathrm{d}y\mathrm{d}x=\int_0^1\int_y^1 f(x,y)\mathrm{d}x\mathrm{d}y$.

4．$I=\int_1^2\int_1^y f(x,y)\mathrm{d}x\mathrm{d}y+\int_2^4\int_{\frac{y}{2}}^2 f(x,y)\mathrm{d}x\mathrm{d}y$.

5．（1）$\frac{3}{2}$；（2）$(e-1)^2$；（3）$\frac{33}{140}$；（4）0；（5）$\frac{\pi}{4}\left(1-\frac{1}{e}\right)$；（6）$\frac{\pi}{3}R^3$.

自测题 8

1．（1）$\iint\limits_D f(x,y)\mathrm{d}x\mathrm{d}y$；（2）$\pi r^2$；（3）$\int_0^{2\pi}\int_1^2 r\mathrm{d}r\mathrm{d}\theta$.

2．（1）√；（2）×；（3）√.

3．（1）B；（2）B；（3）C.

4.（1）-2；（2）$14a^4$；（3）$\frac{3}{64}\pi^2$.

第 9 章

习题 9.1

1.（1）是一阶微分方程;（2）不是微分方程;（3）是一阶微分方程;
（4）是一阶微分方程;（5）是二阶微分方程;（6）不是微分方程.

2.（1）不是方程的解;（2）是特解;（3）不是方程的解.

3. $e^y - \frac{15}{16} = \left(x + \frac{1}{4}\right)^2$.

4. $y = k\ln x + 2$.

习题 9.2

1.（1）$y = -\ln(\cos x + C)$；

（2）$e^x + e^{-y} + C = 0$；

（3）$(e^x + 1)(e^y - 1) = C$；

（4）$\frac{x^2}{2} + \frac{x^3}{3} = \frac{y^2}{2} + \frac{y^3}{3} + C$；

（5）$\ln\frac{y}{x} = Cx + 1$.

2.（1）$y^2 = 3(x-1)^2 + 1$；（2）$\ln y = \tan\frac{x}{2}$；（3）$\sqrt{y} = x^2$.

习题 9.3

1.（1）$y = C(x+1)^2 + \left(\frac{x^2}{2} + x\right)(x+1)^2$；

（2）$y = Ce^{-3x} + e^{-2x}$；

（3）$y = x^2\left(C - \frac{1}{3}\cos 3x\right)$；

（4）$y = (x-1) + Ce^{-x}$；

（5）$y = \frac{3}{8}x^3 + C_1x + C_2$.

2.（1）$y = \frac{1}{2}(e^x + \sin x - \cos x)$；

（2）$y = 2e^{x^3}$；

（3）$y = x^2(x\ln x - x + 2)$；

（4） $y=\frac{2}{3}x^3+2x+1$.

习题 9.4

1．不能．因为 y_1，y_2 线性相关． $y=C_1y_1+C_2y_3$ 是通解，这里的 y_1，y_3 线性无关．

2．（1） $y=C_1\mathrm{e}^{x}+C_2\mathrm{e}^{-5x}$ ；

（2） $y=C_1\mathrm{e}^{2x}+C_2\mathrm{e}^{-\frac{4}{3}x}$ ；

（3） $y=(C_1+C_2x)\mathrm{e}^{-\frac{3}{2}x}$ ；

（4） $y=\mathrm{e}^{-x}(C_1\cos 2x+C_2\sin 2x)$.

3．（1） $y^*=x(ax^2+bx+c)$ ；

（2） $y^*=Ax^2\mathrm{e}^{-\frac{3}{2}x}$ ；

（3） $y^*=x\mathrm{e}^{-x}(A\sin 2x+B\cos 2x)$.

4．（1） $y=(C_1+C_2x)\mathrm{e}^{3x}+(x+3)\mathrm{e}^{2x}$ ；

（2） $y=C_1\mathrm{e}^{-2x}+C_2\mathrm{e}^{-x}+\left(\frac{3}{2}x^2-3x\right)\mathrm{e}^{-x}$ ；

（3） $y=C_1\cos x+C_2\sin x+\frac{1}{2}x\sin x$ ；

（4） $y=-5\mathrm{e}^{x}+\frac{7}{2}\mathrm{e}^{2x}+\frac{5}{2}$.

习题 9.5

1． $Q=1500\times 3^{-P}$.

2． $y=1.013(1-\mathrm{e}^{-0.003t})$.

3． $y=\frac{a}{2}x^2+bx+y_0$.

4． $x=\mathrm{e}^{I}(aI+x_0)$.

复习题 9

1．（1） $y=\mathrm{e}^{Cx}$ ；（2） $y^2=x^2\ln Cx^2$ ；（3） $y=\frac{\sin x-C}{x^2-1}$ ；

（4） $y=(x+C)\mathrm{e}^{-\sin x}$ ；（5） $y=C_1\mathrm{e}^{\frac{x}{2}}+C_2\mathrm{e}^{-x}+\mathrm{e}^{x}$ ；

（6） $y=\mathrm{e}^{x}(C_1\cos 2x+C_2\sin 2x)-\frac{x}{4}\mathrm{e}^{x}\cos 2x$ ；

（7） $y=C_1\mathrm{e}^{-x}+C_2\mathrm{e}^{2x}+\left(\frac{3}{2}x^2-3x\right)\mathrm{e}^{-x}$.

2.（1） $y=\frac{1}{1+x}\left(-\frac{1}{4}x^4-\frac{1}{3}x^3+1\right)$；

（2） $y=\tan(\ln x)$；

（3） $x=-y^2-2+2e^{\frac{y^2}{2}}$．

3.（1） $y^*=(ax+b)e^x$；

（2） $y^*=x(ax^2+bx+c)e^{-x}$；

（3） $y^*=x^2(ax+b)e^{-x}$．

自测题 9

1.（1）1；（2）$1+Ce^{-x}$；（3）$\sqrt[3]{x^2+7}$；（4）$\int g(x)dx$；（5）线性无关的特解.

2.（1）D；（2）D；（3）D；（4）D；（5）D.

3.（1）√；（2）√；（3）×；（4）×；（5）√.

4.（1） $y=C\sin x$；

（2） $y=\ln(e^x+e^y+C)$；

（3） $y=\cos x(\tan x+C)$；

（4） $y=C_1+C_2e^{-2x}-\frac{1}{2}xe^{-2x}$；

（5） $y=C_1\cos x+C_2\sin x+\frac{1}{2}x\sin x$．

5.（1） $y=x^2(\sin x-1)$；

（2） $y=x^2+3x+1$；

（3） $y=2e^{-4x}-4e^{-x}+2e^x$．

6. $y=e^{-2x}$．

第 10 章

习题 10.1

1.（1）$(-1)^{n+1}\frac{1}{2n-1}$；（2） $\frac{n+2}{2^n}$；（3） $\frac{x^{\frac{n}{2}}}{2^n\cdot n!}$；（4） $(-1)^{n-1}\cdot\frac{a^{n+1}}{2n+1}$．

2.（1）发散；（2）收敛.

3.（1）收敛；（2）发散；（3）发散；（4）收敛.

习题 10.2

1.（1）收敛；（2）发散；（3）发散；（4）发散；（5）收敛；（6）收敛.

2.（1）收敛；（2）收敛；（3）收敛；（4）发散；（5）收敛；（6）发散.

习题 10.3

（1）条件收敛；（2）条件收敛；（3）发散；（4）条件收敛；

（5）绝对收敛；（6）绝对收敛；

习题 10.4

1.（1）$(-1,1)$；（2）$[-1,1]$；（3）$(-\infty,+\infty)$；（4）$(-3,3]$；（5）$\left[-\dfrac{1}{2},\dfrac{1}{2}\right]$；

（6）$(-2,0]$；（7）$[4,6)$；（8）$[-1,1]$.

2.（1）$\begin{cases}\dfrac{1}{1-x}+\dfrac{1}{x}\ln(1-x), & 0<|x|<1,\\ 0, & x=0\end{cases}$ $\left(\text{提示：作变换}\dfrac{n}{n+1}=\dfrac{(n+1)-1}{n}\right)$；

（2）$\dfrac{1}{2}\ln\dfrac{1+x}{1-x}\qquad(-1,1)$.

习题 10.5

1.（1）$\ln a+\sum\limits_{n=0}^{\infty}\dfrac{(-1)^n x^{n+1}}{(n+1)a^{n+1}}\quad(-a<x\leqslant a)$；

（2）$\sum\limits_{n=1}^{\infty}(-1)^{n-1}\dfrac{x^{2n-1}}{2n-1}\quad[-1,1]$；

（3）$\sum\limits_{n=0}^{\infty}\dfrac{1}{5}\left[(-1)^n\dfrac{1}{2^n}-2^n\right]x^n\quad\left(-\dfrac{1}{2},\dfrac{1}{2}\right)$.

2. $\dfrac{1}{x}=\dfrac{1}{3}\sum\limits_{n=0}^{\infty}(-1)^n\left(\dfrac{x-3}{3}\right)^n\quad(0<x<6)$.

3. $\dfrac{1}{x^2+3x+2}=\sum\limits_{n=0}^{\infty}\left(\dfrac{1}{2^{n+1}}-\dfrac{1}{3^{n+1}}\right)(x+4)^n\quad(-6<x<-2)$.

复习题 10

1.（1）发散；（2）收敛；（3）收敛；（4）收敛；（5）发散；（6）收敛.

2.（1）条件收敛；（2）绝对收敛.

3.（1）$R=+\infty$，$(-\infty+\infty)$；（2）$R=1$，$[-1,0)$；（3）$R=3$，$[-2,4)$.

4.（1）$\dfrac{x}{2+x}=\sum\limits_{n=1}^{\infty}(-1)^{n+1}\dfrac{x^n}{2^n}$，$(-2,2)$；

（2）$\ln\dfrac{1}{3x+4}=-\ln 4+\sum\limits_{n=1}^{\infty}(-1)^n\dfrac{3^n}{n\cdot 4^n}x^n$.

5. $\dfrac{1}{x^2+4x+3}=\sum\limits_{n=0}^{\infty}(-1)^n\left(\dfrac{1}{2^{n+2}}-\dfrac{1}{2^{2n+3}}\right)(x-1)^n$；收敛区间为$(-1,3)$．

自测题 10

1．（1）$(-1)^{n-1}\dfrac{n+1}{n}$；（2）$(-\sqrt{3},\sqrt{3})$；（3）$R=1$；（4）$(-\infty,+\infty)$；（5）$R=0$．

2．（1）D；（2）C；（3）B；（4）D；（5）D；（6）A；（7）D；
（8）C；（9）A；（10）C；（11）D；（12）B；（13）B．

3．（1）条件收敛；
（2）收敛区间为$(1-\sqrt{2},1+\sqrt{2})$．
提示：作变换$t=x-1$，则所给级数化为关于t的幂级数$\sum\limits_{n=1}^{\infty}\dfrac{t^{2n-1}}{n\cdot 2^n}$；
（3）$S(x)=\arctan x-x$（$-1<x<1$）．

参考文献

[1] 陈庆华．高等数学．北京：高等教育出版社，1999.
[2] 侯风波．经济数学．北京：高等教育出版社，2000.
[3] 顾静相．经济数学基础．北京：高等教育出版社，2004.
[4] 徐建豪，刘克宁．经济应用数学．北京：高等教育出版社，2003.
[5] 毛京中．高等数学学习指导．北京：北京理工大学出版社，2001.
[6] 王晓威．高等数学．北京：海潮出版社，2000.
[7] 喻德生，郑华盛．高等数学学习引导．北京：化学工业出版社，2000.
[8] 王双罗．微积分．石家庄：河北科学技术出版社，1997.
[9] 同济大学．高等数学．北京：高等教育出版社，2001.
[10] 张国楚，徐本顺，李祎．大学文科数学．北京：高等教育出版社，2002.
[11] 李铮，周放．高等数学．北京：科学出版社，2001.
[12] 周建莹，李正元．高等解题指南．北京：北京大学出版社，2002.
[13] 上海财经大学应用数学系．高等数学．上海：上海财经大学出版社，2003.
[14] 同济大学应用数学系．微积分．北京：高等教育出版社，2003.
[15] 蒋兴国，吴延东．高等数学．北京：机械工业出版社，2002.
[16] 赵树嫄．微积分．北京．中国人民大学出版社，2002.
[17] 盛祥耀．高等数学．北京：高等教育出版社，2002.
[18] 翟秀娜．高等数学．北京：海潮出版社，1999.
[19] 何春江．经济数学（第二版）．北京：中国水利水电出版社，2008.